数学建模与数据处理

主　编　贾丽丽　朴丽莎　杨金华　杨博宁
副主编　陈　黎　卢　冲　甘梦婷

科学出版社

北　京

内 容 简 介

编者根据高等院校数学建模课程的教学基本要求结合自身丰富的理论教学和竞赛指导经验编写本书。全书共 6 章，分别是绪论、方程模型、规划模型、图与网络模型、统计模型和论文写作及真题解析。另外，部分章节附有相应的程序。本书实用性强、通俗易懂，且能够启发和培养学生的自学能力。

本书可作为高等院校的数学建模课程教材，也可供准备参加教学建模竞赛的人员及数学建模爱好者参考。

图书在版编目(CIP)数据

数学建模与数据处理 / 贾丽丽等主编. —北京：科学出版社，2020.6

ISBN 978-7-03-063296-8

Ⅰ. ①数… Ⅱ. ①贾… Ⅲ. ①数学模型－高等学校－教材 ②数据处理－高等学校－教材 Ⅳ. ①O141.4 ②TP274

中国版本图书馆 CIP 数据核字(2019)第 255561 号

责任编辑：胡云志 郭学雯 / 责任校对：杨聪敏
责任印制：张 伟 / 封面设计：华路天然工作室

科 学 出 版 社 出版
北京东黄城根北街 16 号
邮政编码：100717
http://www.sciencep.com

北京盛通商印快线网络科技有限公司 印刷
科学出版社发行 各地新华书店经销
*
2020 年 6 月第 一 版 开本：720 × 1000 1/16
2023 年 1 月第四次印刷 印张：17 1/4
字数：420 000
定价：49.00 元
(如有印装质量问题，我社负责调换)

前　言

全国大学生数学建模竞赛创办于 1992 年，在近 30 年全国竞赛的推动下，数学建模教学和竞赛活动逐渐遍布全国各大院校。各高校纷纷开设数学建模课程，培养学生的科学计算能力和创新能力。与此同时，相关教材、辅导资料也不断地推陈出新。

本书是在结合数学建模竞赛的内容及特点，参考国内权威的数学建模教材的基础上，根据数学建模课程最新教学大纲编写而成的。编者不仅承担着数学建模相关课程教学，同时多次指导学生参加数学建模竞赛，具备丰富的理论和实践经验。本书既有理论知识讲解，又包含 MATLAB 编程软件在数学建模中的基本应用，最后，通过三篇竞赛获奖范文说明参赛论文的撰写要点。

本书由贾丽丽、朴丽莎、杨金华、杨博宁主编。参加编写的工作人员的分工如下：第 2 章和第 5 章由贾丽丽、甘梦婷编写；第 3 章和第 4 章由朴丽莎、卢冲编写；第 1 章、第 6 章由杨金华、杨博宁、陈黎编写。

本书在编写过程中，得到了云南大学、云南大学滇池学院等高校领导和专家的大力支持和帮助，他们提出了许多宝贵的意见和建议，科学出版社编辑及其他工作人员在组稿、定稿的过程中做了大量的工作，在此对他们表示由衷的感谢！

在此还要感谢云南大学滇池学院对我们工作的支持和帮助，感谢老一辈学者为我们所奠定的学科基础，感谢所有曾经修读过这门课程的学生，让我们在教学相长中获得了有益的反馈。同时，也向所有被我们引用的各类文献资料的作者，致以由衷的谢意和敬意。

限于编者学识水平，本书有需进一步修改和补充的地方，敬请前辈、同行和广大读者批评指正。

云南大学滇池学院教学建模编写组

2020 年 1 月

目　　录

第1章 绪　　论

随着计算机技术的迅速发展和普及，数学的应用在工程技术、自然科学、经济金融、商业管理、生物医学等各个领域日渐渗透，数学已经成为当代高新技术的重要组成部分，而数学建模作为数学的应用，为人们更好地探究自然和人文搭建起了理性的桥梁。

1.1　数学建模初探

1.1.1　数学建模简介

数学建模是利用数学方法解决实际问题的一种实践活动，通过抽象、简化、假设、引进变量等处理过程将实际问题数学化，并在此过程中建立数学模型。数学建模所涉及的问题范围广、学科多，包括农业、工业、政治、军事、经济等方方面面。

建模过程所涉及的广泛的学科知识主要有微分方程、数值计算、概率统计、排队论、规划论等。此外，基于大批量数据的处理，建模求解的过程中要求掌握一定的计算机编程及操作。本书重点讲解 MATLAB，读者可自行学习其他计算机语言，如 LINGO，以及常用统计软件，如 SPSS 等。

1.1.2　数学建模的一般步骤

(1)模型准备。了解问题背景，明确实际意义，掌握对象的各种相关信息，并用数学语言来描述问题。

(2)模型假设。根据实际对象的特征和建模的目的，对问题进行必要的简化，并用精准的语言提出恰当的假设。

(3)模型建立。在假设的基础上，利用适当的数学工具来描述各变量之间的数学关系，建立相应的数学结构。

(4)模型求解。利用获取的数据资料，借助编程软件等对模型的参数进行求解运算。

(5)模型检验。将模型求解结果与实际情形进行比较，以此验证模型的准确性和合理性。如果模型与实际较吻合，则需要对计算结果给出其实际含义并解释；如果吻合较差，则应该对假设、模型进行修改，并重复验证。

(6)模型应用。对于吻合实际情形的模型，可交付使用，从而可产生经济、社会效益。

1.1.3 数学建模竞赛简介

数学建模竞赛于 1985 年起源于美国，1992 年部分城市大学生数学模型联赛举行，这是全国性的首届竞赛。大学生数学建模竞赛是由中国工业与应用数学学会主办、每年一届的面向全体大学生的课外科技竞赛活动。数学建模竞赛目前已成为全国高等学校中规模最大的课外科技活动之一。

竞赛旨在提高学生运用数学模型和计算机技术解决实际问题的能力，培养具有创新精神的人才。竞赛题目不是抽象的数学难题，而是来源于工程技术、管理科学等方面经过简化的实际问题，没有事先设定的标准答案，给参赛者留有发挥创造力的较大空间。数学建模竞赛采取统一的形式，三名大学生组成一队，可以自由地收集资料、调查研究，可使用计算机、互联网及任何软件，在三天时间内通力协作，完成一篇高质量、高标准的论文。

1.2 MATLAB 软件入门

自 1981 年问世以来，MATLAB 在数学原理、数值方法和计算应用上的创造性处理模式，不仅使它具有无与伦比的精准有效的数学解算能力和卓越超群的函数、数据特征的图形揭示能力，而且使非数学专业人士和不完全掌握复杂算法要领的科研人员对 MATLAB 具有独特的亲和力和应用能力。此外，MATLAB 广泛而深刻地改变了各国高校理工科的教学模式，以及各国科技界的研究和设计模式。

本节主要介绍 MATLAB 软件的环境、数组与函数、MATLAB 二维绘图、MATLAB 三维绘图、M 文件、循环与分支选择结构六个部分。

1.2.1 MATLAB 软件的环境

1. MATLAB 的安装和启动

1）MATLAB 的安装

计算机用户常常需要自己安装 MATLAB。MATLAB R2014a 版要求 Windows 7 等平台。下面介绍用光盘安装 MATLAB 的方法。

（1）下载 MATLAB R2014a，并用解压工具解压到 MATLAB R2014a 文件夹中，如图 1-1 所示。

　　(a) Windows 8 以及 Windows 8.1 系统自带虚拟光驱，可以直接双击"Matlab_R2014a_Windows.iso"，用虚拟光驱加载后，双击"setup.exe"文件开始安装；

　　(b) Windows 7 则需要先将"Matlab_R2014a_Windows.iso"进行解压，然后双击"setup.exe"文件进行安装。

名称	修改日期	类型	大小
archives	2017/9/22 22:26	文件夹	
bin	2017/9/22 22:28	文件夹	
etc	2017/9/22 22:28	文件夹	
help	2017/9/22 22:28	文件夹	
java	2017/9/22 22:28	文件夹	
serial	2017/9/22 22:28	文件夹	
sys	2017/9/22 22:28	文件夹	
utils	2017/9/22 22:28	文件夹	
原安装完成时里面的libmwservices.dll文...	2017/9/23 0:17	文件夹	
autorun.inf	2006/6/17 3:50	安装信息	1 KB
install_guide.pdf	2013/12/31 11:44	Firefox HTML D...	4,097 KB
install_guide_ja_JP.pdf	2014/2/3 23:34	Firefox HTML D...	514 KB
Matlab_R2014a_Windows.iso	2015/9/18 12:07	光盘映像文件	7,684,270...
readme.txt	2013/12/28 7:19	文本文档	7 KB
setup.exe	2014/1/30 17:41	应用程序	172 KB
SetupSimple.exe	2014/1/30 17:41	应用程序	80 KB
version.txt	2014/2/21 15:38	文本文档	1 KB
安装说明.txt	2015/9/17 23:25	文本文档	1 KB

图 1-1　MATLAB 运行文件位置

　　(2) 选择"使用安装密钥"，单击"下一步"。

　　(3) 接受"许可协议"，单击"下一步"。

　　(4) 选择"我已有我的许可证的文件安装密钥"，并输入密钥，单击"下一步"。

　　(5) 选择安装路径，注意安装路径不要有中文名称，建议安装在非系统盘。

　　(6) 根据个人需求，选择要安装的 MATLAB 组件，单击"下一步"。

　　(7) 如果需要桌面快捷方式，可以勾选相关选项，继续下一步。

　　(8) 单击安装，开始安装软件。安装过程比较漫长，速度取决于计算机配置。

　　(9) 安装完成后，请选择"激活"。

　　(10) 选择"不使用 Internet 手动激活"。

　　(11) 选择"输入许可证文件的完整路径(包括文件名)"，浏览安装包里面 serial 文件夹下的许可证文件"license.lic"，插入许可证。

(12)到此激活工作完成。

(13)打开 serial 文件夹，32 位系统请打开"MATLAB32"，64 位系统请打开"MATLAB64"。

2)MATLAB 软件的启动

方法一：当 MATLAB 安装到硬盘上以后，一般会在 Windows 桌面上自动生成 MATLAB 程序的图标。在这种情况下，只要直接双击该图标即可启动 MATLAB。

方法二：假如 Windows 桌面没有 MATLAB 图标，那么直接双击 MATLAB\bin 目录下的 MATLAB.exe，即可启动 MATLAB。可将 MATLAB.exe 在 Windows 桌面上生成一个快捷操作图标。

2. MATLAB 界面的布局

首先来看 MATLAB R2014a 界面外貌(图 1-2)。

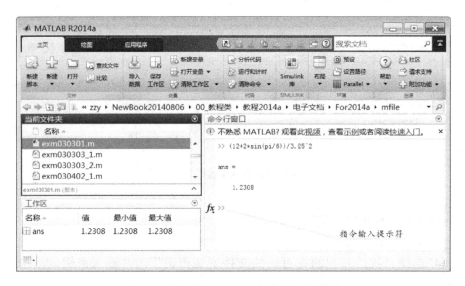

图 1-2　中文版 MATLAB 操作界面的外貌

1)命令行窗口(Command Window)

MATLAB 各种操作命令都是由命令行窗口开始的，用户可以在命令行窗口中输入 MATLAB 命令，实现其相应的功能。此命令行窗口主要包括文本的编辑区域和菜单栏(如四则运算；";"禁止显示变量的值；"↑↓"遍历以前的命令)。在命令行窗口空白区域右击，打开快捷菜单，各项命令功能如下。

Evaluate Selection：打开所选文本对应的表达式的值。

Open Selection：打开文本所对应的 MATLAB 文件。

Cut：剪切编辑命令。

Paste：粘贴编辑命令。

2）M 文件编辑/调试（Editor/Debug）窗口

MATLAB Editor/Debug 窗口是一个集编辑与调试两种功能于一体的工具环境。

A. M 文件（函数文件）

M 文件是一种和 Dos 环境中的批处理文件相似的脚本文件，对于简单问题，直接输入命令即可，但对于复杂的问题和需要反复使用的则需做成 M 文件（Script File）。

B. 创建 M 文件的方法

MATLAB 命令行窗口的 File/New/M-file。

在 MATLAB 命令行窗口运行 edit。

C. M 文件的扩展名：*.m

D. 执行 M 文件：F5

E. M 文件的调试

选择 Debug 菜单，其各项命令功能如下。

Step：逐步执行程序。

Step in：进入子程序中逐步执行调试程序。

Step out：跳出子程序中逐步执行调试程序。

run：执行 M 文件。

Go Until Cursor：执行到光标所在处。

Exit Debug Mode：跳出调试状态。

3）工作空间（Workspace）窗口

显示目前保存在内存中的 MATLAB 的数学结构、字节数、变量名以及类型窗口。

保存变量：File 菜单\Save Workspace as　　　命令行：save 文件名

装入变量：File 菜单\Import　Data　　　命令行：load 文件名

4）现在目录窗口（Current Directory）

MATLAB 启动后每次启动的当前文件夹默认为 MATLAB 根目录下的 bin 文件夹，建议将"当前文件夹"设置为自己定义的文件夹或是"C：\users\user\documents\MATLAB"文件夹。

5）命令历史窗口（Command History）

提供先前使用过的函数，可以复制或者再次执行这些命令。

6）MATLAB 帮助系统

MATLAB 在命令行窗口提供了可以获得帮助的命令，用户可以很方便地获得帮助信息。例如，在窗口中输入"help fft"就可以获得函数"fft"的信息。常用的帮助信息有 help、demo、doc、who、whos、what、which、lookfor、helpbrowser、helpdesk、exit、web 等。

1.2.2　数组与函数

1. 矩阵(数组)的输入

矩阵(数组)的输入包括直接输入、利用函数输入、特殊矩阵输入、矩阵的转置和逆矩阵输入四种方式。

1)直接输入

直接按行方式输入每个元素:同一行中的元素用逗号(,)或者用空格符来分隔,且空格个数不限;不同的行用分号(;)或者 Enter(回车键)分隔。所有元素处于一方括号([ ])内。

例 1.1　复数矩阵的创建。

```
Null_M=[ ]              %生成一个空矩阵
```

可建立复数矩阵。

```
R=[1,2,3;4,5,6]
I=[7,8,9;10,11,12]
Z=R+I*j
```

注　也可由 M 文件方式建立,今后使用键入 M 文件名的方式即可建立相应矩阵,可将变量以文件的方式保存为硬盘文件。

2)利用函数输入

(1)":"表达式,产生等差行向量。

start: step: end 或 start: end(step = 1),如 $t = 1: 20$。

(2)产生等距输入。

linspace(a, b, n):将$[a, b]$区间分成 $n-1$ 个等距小区间。

(3)产生随机排列。

randperm(n):产生 1~n 整数的随机排列。

3)特殊矩阵输入

zeros(n):生成 $n×n$ 全零阵。

zeros(a, b):元素全为 0 的 $a×b$ 矩阵。

zeros(size(A)):生成与矩阵 A 相同大小的全零阵。

ones(a, b):元素全为 1 的 $a×b$ 矩阵。

eye(a, b):对角线上的元素为 1 的 $a×b$ 矩阵。

rand(a, b):产生 $a×b$ 均匀分布的随机矩阵,其元素在(0, 1)内。

rand：无变量输入时只产生一个随机数。

randn(a, b)：产生 $a×b$ 正态分布的随机矩阵。

注　以上各函数同理具有与 zeros 相同的参数形式。

4）矩阵的转置和逆矩阵输入

(1)X 的转置：X'（图像顺时针旋转 90°，并水平镜像）。

例 1.2　读取图像像素信息，作转置并显示处理后的图像。

```
a=imread('D:\2-1.bmp');  %读取图像像素信息并存放在变量 a 中
b=a';  %转置
subplot(1,2,1),subimage(a),subplot(1,2,2),subimage(b)
```

(2)X 的逆矩阵 inv(X)。

2. 矩阵元素的访问及其大小的确定

单下标编址方式访问第 n 个元素：X(n)($n≥1$)。

单下标编址方式访问多个元素：X([n1, n2, n3, …])或 X(1：10)。

全下标编址方式访问数组元素：X(i, j)，访问数组 X 的第 i 行、第 j 列元素。

确定元素的个数：numel(X)。

确定矩阵的大小：[m, n] = size(X)。

确定数组的维数：ndims(X)。

注　以上例子以二维数组为例。

3. 矩阵的算数运算

矩阵的算术运算包括数与矩阵的运算、矩阵与矩阵的运算、关系运算、逻辑运算四种。

1）数与矩阵的运算

m + A：m 与 A 中各元素相加(m 为数，A 为矩阵)。

m–A：m 与 A 中各元素相减。

m×A：m 与 A 中各元素相乘。

m./A：m 除以 A 中各元素(没有 m/A)。

m\A：A 中各元素除以 m。

2）矩阵与矩阵的运算

A + B：A, B 对应元素相加。

A–B：A, B 对应元素相减。

A×B：A, B 矩阵按线性代数中矩阵乘法运算进行相乘(注意维数匹配)。

A.*B：A, B 对应元素相乘(注意维数相同)。

A/B：A 除以 B 矩阵（⇨$A \times B^{-1}$）（注意维数匹配）。

A./B：A 除以 B 中各元素。

A\B：B 除以 A 矩阵（⇨$A^{-1} \times B$）（注意维数匹配）。

A.\B：B 除以 A 中各元素。

A^m：相当于 $A \times A \times A \times \cdots$（$m$ 为小数即矩阵的开方运算，注意维数匹配）。

A.^m：矩阵 A 中各元素的 m 次方。

A.^B：矩阵 A 中各元素进行 B 中对应元素次方（注意维数相同）。

3）关系运算

<, <=, >, >=, ==, ～ =六种关系运算符。关系成立结果为 1，否则为 0。

4）逻辑运算

设矩阵 A 和 B 都是 $m \times n$ 矩阵或其中之一为标量，在 MATLAB 中定义了如下的逻辑运算：&、|、～、xor（真为 1，假为 0）。

A. 矩阵的与运算（&）

格式：A&B 或 and(A, B)。

说明：A 与 B 对应元素进行与运算，若两个数均非 0，则结果元素的值为 1，否则为 0。

B. 或运算（|）

格式：A|B 或 or(A, B)。

说明：A 与 B 对应元素进行或运算，若两个数均为 0，则结果元素的值为 0，否则为 1。

C. 非运算（～）

格式：～A 或 not(A)。

说明：若 A 的元素为 0，则结果元素的值为 1，否则为 0。

D. 异或运算（xor）

格式：xor(A, B)。

说明：A 与 B 对应元素进行异或运算，若相应的两个数中一个为 0，一个非 0，则结果元素的值为 0，否则为 1。

1.2.3　MATLAB 二维绘图

1. 基本平面图形绘制命令：plot

1）函数说明

功能：线性二维图。

格式如下。

plot(X,'s')：X 为实向量时，以该向量元素的下标为横坐标，元素值为纵坐标，绘出一条连续曲线。

plot(X,Y)：X, Y 为同维向量时，绘制以 X, Y 元素为横、纵坐标的曲线。其中，X 为向量，Y 为一维或多维矩阵时，绘出多条不同颜色的曲线。X 为这些曲线共同的横坐标。

plot(Y)：Y 的维数为 m，则 plot(Y)等价于 plot(X, Y)，其中 $X = 1 : m$。

plot(X1, Y1, X2, Y2,…)：其中 X_i 与 Y_i 成对出现。

plot(X1, Y1, LineSpec1, X2, Y2, LineSpec2, …)：将按顺序分别画出由三参数定义 X_i, Y_i, LineSpec$_i$ 的线条。其中参数 LineSpec$_i$ 指明了线条的类型、标记符号和画线用的颜色等。

可混合使用三参数和二参数的形式：

plot(X1,Y1,LineSpec1,X2,Y2,X3,Y3,LineSpec3)

plot(…,'PropertyName',PropertyValue,…)：对图形对象中指定的属性进行设置。

h = plot(…)：返回 line 图形对象句柄的列向量，一线条对应一句柄值。

2) 允许用户对线条定义的属性

A. 线型定义符（表 1-1）

表 1-1　线型定义符

定义符	-	--	:	-.
线型	实线(缺省值)	划线	点线	点划线

B. 线条宽度（Line Width）

指定线条的宽度，取值为整数（单位为像素点）。

C. 颜色定义符（表 1-2）

表 1-2　颜色定义符

定义符	r(red)	g(green)	b(blue)	c(cyan)
颜色	红色	绿色	蓝色	青色
定义符	m(magenta)	y(yellow)	k(black)	w(white)
颜色	品红	黄色	黑色	白色

D. 标记类型定义符（表 1-3）

表 1-3　标记类型定义符

定义符	+	o(字母)	*	.	×
标记类型	加号	小圆圈	星号	实点	交叉号

续表

定义符	d	^	v	>	<
标记类型	棱形	向上三角形	向下三角形	向右三角形	向左三角形
定义符	s	h	p		
标记类型	正方形	正六角星	正五角星		

E. 标记大小（Marker Size）

指定标记符号的大小尺寸，取值为整数（单位为像素）。

F. 标记面填充颜色（Marker Face Color）

指定用于填充标记面的颜色。取值见表 1-2。

G. 标记周边颜色（Marker Edge Color）

指定标记符颜色或者是标记符（小圆圈、正方形、棱形、正五角星、正六角星和四个方向的三角形）周边线条的颜色。取值见表 1-3。

3）坐标轴的设置

创建图形时，用户可以规定坐标的范围、数据间隔及坐标名称。用命令 axis 可以控制坐标轴的刻度及形式。

```
axis[Xmin,Xmax,Ymin,Ymax]
```

直角坐标图形的纵横比在默认的情况下与窗口纵横比相同，用 axis 可以控制图形纵横比的格式如下。

axis aquare：将两个轴的长度设置为相等。

axis equal：将坐标轴的标记间距设置为相等。

axis equal tight：将图形以紧缩的方式显示。

例如：

```
t=(pi*(0:1000)/1000);
y1=sin(t);y2=sin(10*t);y12=sin(t).*sin(10*t);
plot(t,y1);axis([0,pi,-1,-1])
```

4）图形标志

图形标志包括图名、坐标轴名、图形注释和图例，常用格式如下。

title(s)：书写图名。

xlable(s)：横坐标轴名。

ylable(s)：纵坐标轴名。

legend(s1,s2,…)：绘制曲线所用线型、色彩或数据点形图例。

text(xt,yt,s)：在图面 (x_t, y_t) 坐标处书写字符注释。

5）多子图

MATLAB 允许用户在同一图形框内布置几幅独立的子图。

subplot(m,n,k)：使 $m×n$ 幅子图中的第 k 幅成为当前图。图形中有 $m×n$ 幅图，k 是子图的编号。子图的序号原则是：左上方为第一幅，向右、下依次排号。subplot 产生的子图相互独立，所有绘图指令均可以在子图中应用。

6) 参数 LineSpec 的说明

参数 LineSepc 可以定义线条的三个属性：线型、标记符号和颜色。对线条的上述属性的定义用字符串来定义，例如，plot(x,y,'-.or')语句，其中参数(-.)表示画点划线，(o)表示在数据点 (x, y) 处画出小圆圈，(r)表示线和标记都用红色画出。

注　字符串中的字母、符号可任意组合。若仅指定了标记符，而没有指定线型，则 plot 只在数据点画出标记符，如 plot(x,y,'d')。

例 1.3　绘制函数 $y=t\cos(t)$ 和 $y=\exp(t/100)\sin(t-\pi/2)$ 的图像。

```
>>t = 0:pi/20:2*pi;
>>plot(t,t.*cos(t),'-.r*')
>>hold on
>>plot(t,exp(t/100).*sin(t-pi/2),'--mo')
>>hold off
```

例 1.4　绘制函数 $\sin(2t)$ 的图像。

```
>>t=1:0.1:2*pi
>>plot(t,sin(2*t),'-mo','LineWidth',2,…
                  'MarkerEdgeColor','k',…
                  'MarkerFaceColor',[0.49,1,0.63],…
                  'MarkerSize',5)
```

例 1.3 与例 1.4 图形的结果为图 1-3。

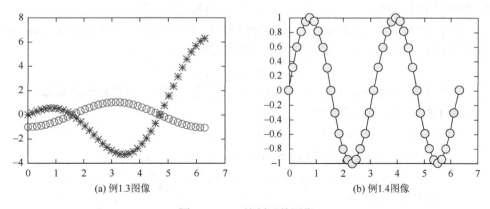

(a) 例1.3图像　　　　　　　　　　　(b) 例1.4图像

图 1-3　plot 绘制函数图像

2. 一元函数 $y=f(x)$ 的绘图命令：fplot

fplot 采用自适应步长控制来画出函数(function)的示意图，在函数变化激烈的区间，采用小的步长，否则采用大的步长。总之，使计算量最小，时间最短，图形尽可能精确。

注意 function 必须是函数，可以是一个 M 文件函数或者是一个包含符号变量的函数或函数数组，如'sin(x)*exp(2*x)'，'[sin(x),cos(x)]'。

函数说明

格式如下。

fplot('function',limits)：在指定的范围 limits 内画出一元函数图形。其中，limits 是一个指定 x 轴范围的向量[xmin xmax]或者是 x 轴和 y 轴范围的向量[xmin xmax ymin ymax]。

fplot('function',limits,LineSpec)：用指定的线型 LineSpec 画出函数 function。

fplot('function',limits,tol)：用相对误差值 tol 画出函数 function。相对误差的缺省值为 2×10^{-3}。

fplot('function',limits,tol,LineSpec)：用指定的相对误差值 tol 和指定的线型 LineSpec 画出函数 function 的图形。

fplot('function',limits,n)：当 $n\geqslant1$ 时，则至少画出 $n+1$ 个点(即至少把范围 limits 分成 n 个小区间)，最大步长不超过$(x_{max}-x_{min})/n$。

fplot('function',limits,…)：允许可选参数 tol，n 和 LineSpec 以任意组合方式输入。

[X,Y] = fplot('function',limits,…)：返回横坐标与纵坐标的值给变量 X 和 Y，此时 fplot 不画出图形。若想画出，可用命令 plot(X,Y)。

[…] = plot('function',limits,tol,n,LineSpec,P1,P2,…)：允许用户直接给函数 function 输入参数 P_1，P_2 等，其中函数 function 的定义形式为

$$y=function(x,P1,P2,\cdots)$$

若想用缺省的 tol，n 或 LineSpec 值，只需将空矩阵([ ])传递给函数即可。

例 1.5 fplot 绘制函数图像。

```
(1)>>fplot('tanh',[-2 2])
(2)>>subplot(2,2,1);fplot('humps',[0 1])
  >>subplot(2,2,2);fplot('abs(exp(-j*x*(0:9))*ones(10,
  1))',[0 2*pi])
  >>subplot(2,1,2);fplot('[tan(x),sin(x),cos(x)]',2*pi*
  [-1 1 -1 1])
```

图形的结果为图 1-4。

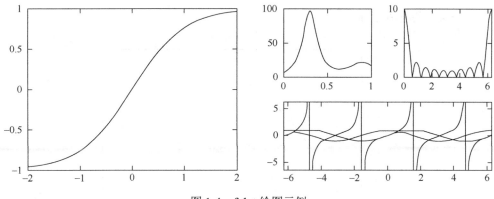

图 1-4　fplot 绘图示例

3. 快速函数作图：ezplot（Easy to Use Function Plotter）

函数说明

函数格式：

ezplot(f)

$f(x)$ 在默认域 $-2\pi<x<2\pi$ 上绘图

$f(x, y) = 0$ 在默认域 $-2\pi<x<2\pi$，$-2\pi<y<2\pi$ 上绘图

ezplot(f,[min,max])

$f(x)$ 在 $\min<x<\max$ 上绘图

$f(x, y) = 0$ 在 $\min<x<\max$，$\min<y<\max$ 上绘图

ezplot(f,[xmin,xmax,ymin,ymax])

$f(x, y) = 0$ 在 $x_{\min}<x<x_{\max}$，$y_{\min}<y<y_{\max}$ 上绘图

ezplot(x,y)

$x = x(t)$, $y = y(t)$ 在默认域 $0<t<2$ 上绘图

ezplot(x,y,[tmin,tmax])

$x = x(t)$, $y = y(t)$ 在 $t_{\min}<t<t_{\max}$ 上绘图

例 1.6　绘制函数 $y = -16x^2 + 64x + 96$ 的图像。

```
>>y='-16*x^2+64*x+96'    %函数式
y=
    -16*x^2+64*x+96
>>ezplot(y)
```

图形的结果为图 1-5。

图 1-5 中，ezplot 绘制了定义域为 $-2\pi\leqslant x\leqslant2\pi$ 的给定符号函数，当需要在其他自变量区间上绘图时，要指定自变量的范围，如：

```
>>ezplot(y,[0,6])            %绘制函数 y 在 0≤x≤6 上的图像
```

结果如图 1-6 所示。

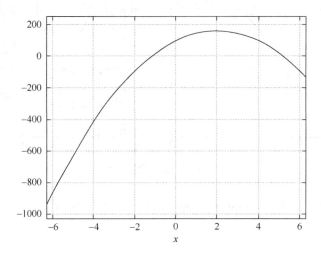

图 1-5　符号函数$-16x^2 + 64x + 96\,(-2\pi \leqslant x \leqslant 2\pi)$

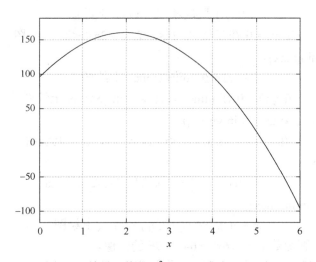

图 1-6　符号函数$-16x^2 + 64x + 96\,(0 \leqslant x \leqslant 6)$

绘制多条曲线：采用 hold on 或者 Y 为二维向量。

```
%定义 myfun 函数
function Y=myfun(x)
Y(:,1)=200*sin(x(:))./x(:);
Y(:,2)=x(:).^2;
 ezplot('myfun',[-20 20]);
```

注　ezplot 等价于 fplot 加上 title 和 xlabel，ylable。

```
>>fplot('myfun',[-20 20])
title('myfun'),xlabel('x'),ylabel('y')
```

1.2.4　MATLAB 三维绘图

1. 三维曲线、面填色命令

1）comet3 命令

功能：三维空间中的彗星图。彗星图为一个三维的动画图像，彗星头（一个小圆圈）沿着数据指定的轨道前进，彗星体为跟在彗星头后面的一段痕迹，彗星轨道为整个函数所画的实曲线。需要注意的是，该彗星轨迹的显示模式 EraseMode 为 none，所以用户不能打印出彗星轨迹（只能得到一个小圆圈），若用户调整窗口大小，则彗星会消失。

用法如下。

comet3(z)：用向量 z 中的数据显示一个三维彗星。

comet3(x, y, z)：显示一个彗星通过数据 x, y, z 确定的三维曲线。

comet3(x, y, z, p)：指定彗星体的长度为 p*length(y)。

例 1.7

```
>>t=-20*pi:pi/50:20*pi;
>>comet3((cos(2*t).^2).*sin(t),(sin(2*t).^2).*cos(t),t);
```

图形的结果为图 1-7。

2）fill3 命令

功能：用指定的颜色填充三维多边形。阴影类型为平面型和 Gouraud 型。

用法如下。

fill3(X, Y, Z, C)：填充由参数 X，Y 和 Z 确定的多边形。若 X，Y 或 Z 为矩阵，fill3 生成 n 个多边形，其中 n 为矩阵的列数。在必要的时候，fill3 会自动连接最后一个节点

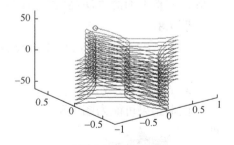

图 1-7　comet3 图示

和第一个节点。以便能形成封闭的多边形。参数 C 指定颜色，这里 C 为引用当前色图的下标向量或矩阵。若 C 为行向量，则 C 的维数必须等于 X 的列数和 Y 的列数；若 C 为列向量，则 C 的维数必须等于矩阵 X 的行数和 Y 的行数。

fill3(X, Y, Z, ColorSpec)：用指定的颜色 ColorSpec 填充由 X，Y 和 Z 确定的多边形。

fill3(X1, Y1, Z1, C1, X2, Y2, Z2, C2, …): 对多边形的不同区域用不同的颜色进行填充。

fill3(…, 'PropertyName', PropertyValue): 允许用户对特定的块(patch)属性进行设置。

h = fill3(…): 返回块图形对象的句柄向量, 每一块对应一个句柄。

运算规则:

(1)若 X, Y, Z 为同型的矩阵, fill3 生成 X, Y, Z 中相同位置的元素确定的顶点, 每一列生成一个多边形。

(2)若只有 X, Y 或 Z 为矩阵, 则 fill3 由列向量参数生成可用的同型矩阵。

(3)若用户对填充的颜色指定为 ColorSpec, 则 fill3 生成阴影类型为平面阴影(flat-shaded)的多边形, 且设置块的属性面颜色为 RGB 颜色形式的矩阵。

(4)若用户用矩阵 C 指定颜色, 命令 fill3 通过坐标轴属性 CLim 来调整 C 中的元素, 在引用当前色图之前, 用于指定颜色坐标轴的参数比例。

(5)若参数 C 为一行向量, 命令 fill3 生成带平面阴影的多边形, 同时设置补片对象的面颜色属性为 flat。向量 C 中的每一元素成为每一补片对象的颜色数据(Cdata)属性的值。

(6)若参数 C 为一矩阵, 命令 fill3 生成带内插颜色的多边形, 同时设置多边形补片对象的面颜色属性为插补(interp)。命令 fill3 对多边形顶点色图的下标指定的颜色采用线性内插算法, 同时多边形的颜色采用对顶点颜色用内插算法得到的颜色。矩阵 C 的每一列元素变成对应补片对象的 Cdata 属性值。

(7)若参数 C 为一列向量, 命令 fill3 先复制 C 的元素, 使之成为所需维数的矩阵, 再按上面的方法(6)进行计算。

例 1.8

```
>>X=10*rand(4);Y=10*rand(4);Z=10*rand(4);
>>C=rand(4);
>>fill3(X,Y,Z,C)
```

图形结果可能为图 1-8。

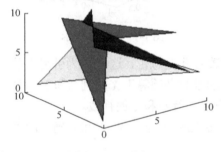

图 1-8 fill3 图示

2. 三维图形等高线

1)contour 命令

功能: 曲面的等高线图。

用法如下。

contour(z): 把矩阵 z 中的值作为一个二维函数的值, 等高线是一个平面的曲线, 平面的高度 v 是 MATLAB 自动取的。

contour(x, y, z)：(x, y) 是平面 $z = 0$ 上点的坐标矩阵，z 为相应点的高度值矩阵。效果同上。

contour(z, n)：画出 n 条等高线。

contour(x, y, z, n)：画出 n 条等高线。

contour(z, v)：在指定的高度 v 上画出等高线。

contour(x, y, z, v)：同上。

[c,h]=contour(…)：返回如同 contourc 命令描述的等高矩阵 c 和线句柄或块句柄列向量 h，这些可作为 clabel 命令的输入参量，每条线对应一个句柄，句柄中的 userdata 属性包含每条等高线的高度值。

contour(…,'LineSpec')：因为等高线是以当前的色图中的颜色画的，且是作为块对象处理的，即等高线是一般的线条，我们可像画普通线条一样指定等高线的颜色或者线型。

例 1.9　contour 命令绘制等高线。

```
>>contour(peaks(40))
```

图形结果为图 1-9。

2）clabel 命令

功能：在二维等高线图中添加高度标签。在下列形式中，若有 h 出现，则会对标签进行恰当的旋转，否则标签会竖直放置，且在恰当的位置显示一个"+"号。

用法如下。

clabel(C, h)：把标签旋转到恰当的角度，再插入等高线中。只有当等高线之间有足够的空间时才加入，当然这取决于等高线的尺度。

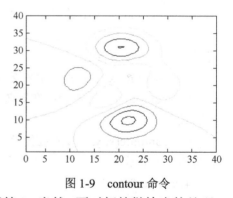

图 1-9　contour 命令

clabel(C, h, v)：在指定的高度 v 上显示标签 h，当然，要对标签做恰当的处理。

clabel(C, h, 'manual')：手动设置标签。用户用鼠标左键或空格键在最接近指定的位置上放置标签，用键盘上的回车键结束该操作。当然，会对标签做恰当的处理。

clabel(C)：在从命令 contour 生成的等高线结构 C 的位置上添加标签。此时标签放置的位置是随机的。

clabel(C, v)：在给定的位置 v 上显示标签。

clabel(C, 'manual')：允许用户通过鼠标来给等高线贴标签。

例 1.10　clabel 命令在等高线上显示高度标签。

```
>>[x,y]=meshgrid(-2:0.2:2);
>>z=x.*y.*exp(-x.^2-y.^2);
```

```
>>[C,h]=contour(x,y,z);
>>clabel(C,h);
```
图形结果为图 1-10。

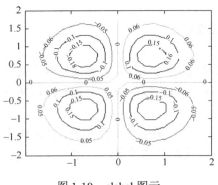

图 1-10　clabel 图示

3) contourc 命令

功能：低级等高线图形计算命令。该命令计算等高线矩阵 C，该矩阵可用于命令 contour，contour3 和 contourf 等。矩阵 Z 中的数值确定平面上的等高线高度值，等高线的计算结果使用 Z 的维度确定的等间距的网络。

用法如下。

$C = \text{contourc}(Z)$：从矩阵 Z 中计算等高矩阵，其中 Z 的维数至少为 2×2，等高线为矩阵 Z 中数值相等的单元。等高线的数目和相应的高度值是自动选择的。

$C = \text{contourc}(Z, n)$：在矩阵 Z 中计算出 n 个高度的等高线。

$C = \text{contourc}(Z, v)$：计算矩阵 Z 的等高线，其中等高线位于向量 v 中指定的值位置。v 的长度确定等高线层级的数目。若只要计算一条高度为 a 的等高线，请使用 contourcc(Z,[a,a])。

$C = \text{contourc}(x, y, Z)$：在矩阵 Z 中参量 x, y 确定的坐标轴范围内计算等高线。

$C = \text{contourc}(x, y, Z, n)$：在矩阵 Z 中参量 x 与 y 确定的坐标范围内画出 n 条等高线。

$C = \text{contourc}(x, y, Z, v)$：在矩阵 Z 中参量 x 与 y 确定的坐标范围内，画在 v 指定的高度上的等高线。

4) contour3 命令

功能：三维空间等高线图。该命令生成一个定义在矩形格栅上曲面的三维等高线图。

用法如下。

contour3(Z)：画出从三维空间角度观看矩阵 Z 的等高线图，其中 Z 的元素被认为是距离 xy 平面的高度，矩阵 Z 至少为 2×2 的。等高线的条数与高度是自动选择的。若[m, n] = size(Z)，则 x 轴的范围为[1：m]，y 轴的范围为[1：n]。

contour3(Z, n)：画出由矩阵 Z 确定的 n 条等高线的三维图。

contour3(Z, v)：在参量 v 指定的高度上画出三维等高线，当然等高线条数与向量 v 的维数相同；若想只画一条高度为 h 的等高线，输入：contour3 (Z, [h, h])。

contour3(X, Y, Z), contour3(X, Y, Z, n), contour3(X, Y, Z, v)：用 X 与 Y 定义 x 轴与 y 轴的范围。若 X 为矩阵，则 X(1, ：)定义 x 轴的范围；若 Y 为矩阵，则

$Y(:, 1)$ 定义 y 轴的范围；若 X 与 Y 同时为矩阵，则它们必须同型。不论为哪种使用形式，所起的作用与命令 surf 相同。若 X 或 Y 有不规则的间距，contour3 还是使用规则的间距计算等高线，然后将数据转变给 X 或 Y。

contour3(…, LineSpec)：用参量 LineSpec 指定的线型与颜色画等高线。

[C, h] = contour3(…)：画出图形，同时返回与命令 contourc 中相同的等高线矩阵 C 和包含所有图形对象的句柄向量 h；若没有指定 LineSpec 参数，contour3 将生成 patch 图形对象，且当前的 colormap 属性与 caxis 属性将控制颜色的显示。不论使用何种形式，该命令都生成 line 图形对象。

例 1.11 利用 contour3 绘制三维等高线图。

```
>>[X,Y]=meshgrid([-2:.25:2]);
>>Z=X.*exp(-X.^2-Y.^2);
>>contour3(X,Y,Z,30)
```

图形结果为图 1-11。

5）contourf 命令

功能：填充二维等高线图，即先画出不同等高线，然后相邻的等高线之间用同一颜色进行填充。填充用的颜色取决于当前的色图颜色。

用法如下。

contourf(Z)：矩阵 Z 的等高线图，其中 Z 理解成距平面的高度。Z 至少为 $2×2$ 的。等高线的条数与高度是自动选择的。

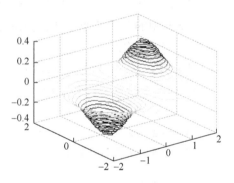

图 1-11 contour3 图示

contourf(Z, n)：画出矩阵 Z 的 n 条高度不同的等高线。

contourf(Z, v)：画出矩阵 Z 由 v 指定的高度的等高线图。

contourf(X, Y, Z)，contourf(X, Y, Z, n)，contourf(X, Y, Z, v)：画出矩阵 Z 的等高线图，其中 X 与 Y 用于指定 x 轴与 y 轴的范围。若 X 与 Y 为矩阵，则必须与 Z 同型。若 X 或 Y 有不规则的间距，contour3 还是使用规则的间距计算等高线，然后将数据转变给 X 或 Y。

[C, h, CF] = contourf(…)：画出图形，同时返回与命令 contourc 中相同的等高线矩阵 C，C 也可被命令 clabel 使用；返回包含 patch 图形对象的句柄向量 h；返回一用于填充用的矩阵 CF。

例 1.12 利用 contourf 命令绘制填充二维等高线。

```
>>contourf(peaks(30),20);
>>colormap gray
```

图形结果为图 1-12。

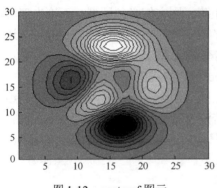

图 1-12　contourf 图示

6）pie3 命令

功能：三维饼形图。

用法如下。

pie3（X）：用 X 中的数据画一个三维饼形图。X 中的每一个元素代表三维饼形图中的一部分。

pie3（X，explode）：X 中的某一部分可以从三维饼形图中分离出来。explode 是一个与 X 同型的向量或矩阵，explode 中非零的元素对应 X 中从饼形图中分离出来的分量。

h = pie3（…）：返回一个分量为 patch、surface 和 text 图形句柄对象的向量。即每一块对应一个句柄。

注意　命令 pie3 将 X 的每一个元素在所有元素的总和中所占的比例表示出来。若 X 中的分量和小于 1（则所有元素小于 1），则认为 X 中的值指明三维饼形图的每一部分的大小。

例 1.13　利用 pie3 命令绘制三维饼形图。

```
>>x=[1 3 0.5 2.5 2]
>>ex=[0 1 0 0 0]
>>pie3(x,ex)
```

图形结果为图 1-13。

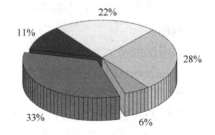

图 1-13　pie3 图示

3. 曲面与网格图命令

1）mesh 命令

功能：生成由 X，Y 和 Z 指定的网线面，由 C 指定的颜色的三维网格图。网格图是作为视点由 view（3）设定的 surface 图形对象。曲面的颜色与背景颜色相同（当要动画显示不透明曲面时，可用命令 hidden 控制），或者当画一个标准的可透视的网线图时，曲面的颜色就没有（命令 shading 控制渲染模式）。当前的色图决定线的颜色。

用法如下。

mesh（X，Y，Z）：画出颜色由 C 指定的三维网格图，所以和曲面的高度相匹配。

（1）若 X 与 Y 均为向量，length（X）= n，length（Y）= m，而[m，n]= size（Z），则空间中的点（$X(j)$，$Y(I)$，$Z(I,j)$）为所画曲面网线的交点，分别地，X 对应于 Z 的列，Y 对应于 Z 的行。

（2）若 X 与 Y 均为矩阵，则空间中的点（$X(I,j)$，$Y(I,j)$，$Z(I,j)$）为所画曲面的网线的交点。

mesh(Z)：由[n, m] = size(Z)得，$X = 1 : n$ 与 $Y = 1 : m$，其中 Z 为定义在矩形划分区域上的单值函数。

mesh(⋯, C)：用由矩阵 C 指定的颜色画网线网格图。MATLAB 对矩阵 C 中的数据进行线性处理，以便从当前色图中获得有用的颜色。

mesh(⋯, 'PropertyName', PropertyValue, ⋯)：对指定的属性 PropertyName 设置为属性值 PropertyValue，可以在同一语句中对多个属性进行设置。

h = mesh(⋯)：返回 mesh 图形对象句柄。

运算规则：

(1) 数据 X，Y 和 Z 的范围，或者是对当前轴的 XLimMode，YLimMode 和 ZLimMode 属性的设置决定坐标轴的范围。命令 axis 可对这些属性进行设置。

(2) 参量 C 的范围，或者是对当前轴的 CLim 和 CLimMode 属性的设置（可用命令 caxis 进行设置），决定颜色的刻度化程度。刻度化的颜色值作为引用当前色图的下标。

(3) 网格图显示命令生成把 Z 的数据值用当前色图表现出来的颜色值。MATLAB 会自动用最大值与最小值计算颜色的范围（可用命令 caxis auto 进行设置），最小值用色图中的第一个颜色表现，最大值用色图中的最后一个颜色表现。MATLAB 会对数据的中间值执行一个线性变换，使数据能在当前的范围内显示出来。

例 1.14　利用 mesh 命令绘图。

```
[X,Y]=meshgrid(-8:.5:8);
R=sqrt(X.^2+Y.^2)+eps;
Z=sin(R)./R;
C=del2(Z);
figure
mesh(X,Y,Z,C,'FaceLighting','gouraud','LineWidth',0.3)
```

图形结果为图 1-14。

2) surf 命令

功能：在矩形区域内显示三维带阴影曲面图。

用法如下。

surf(Z)：生成一个由矩阵 Z 确定的三维带阴影的曲面图，其中[m, n] = size(Z)，而 $X = 1 : n$，$Y = 1 : m$。高度 Z 为定义在一个几何矩形区域内的单值函数，Z 同时指定曲面高度数据的颜色，所以颜色对于曲面高度是恰当的。

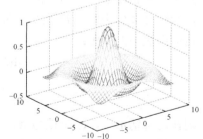

图 1-14　mesh 图示

surf(X, Y, Z)：数据 Z 同时为曲面高度，也是颜色数据。X 和 Y 为定义 X 坐标

轴和 Y 坐标轴的曲面数据。若 X 与 Y 均为向量，$\text{length}(X) = n$，$\text{length}(Y) = m$，而 $[m, n] = \text{size}(Z)$，则在这种情况下，空间曲面上的节点为 $(X(I), Y(j), Z(I, j))$。

surf(X, Y, Z, C)：用指定的矩阵 C 画出三维网格图。MATLAB 会自动对矩阵 C 中的数据进行线性变换，以获得当前色图中可用的颜色。

surf(…, 'PropertyName', PropertyValue)：对指定的属性 PropertyName 设置为属性值 PropertyValue。

h = surf(…)：返回一个 surface 图形对象句柄给变量 h。

运算规则：

(1)严格地讲，一个参数曲面是由两个独立的变量 i, j 来定义的，它们在一个矩形区域上连续变化。例如，$a \leqslant i \leqslant b$，$c \leqslant j \leqslant d$，三个变量 X, Y, Z 确定了曲面。曲面颜色由第四参数矩阵 C 确定。

(2)矩形定义域上的点有如下关系：

$$A(i-1, j)$$
$$|$$
$$B(i, j-1) \text{ — } C(i, j) \text{ — } D(i, j+1)$$
$$|$$
$$E(i+1, j)$$

这个矩形坐标方格对应于曲面上有四条边的块，在空间的点坐标为 $[X, Y, Z]$，每个矩形内部的点根据其下标和相邻的四个点连接；曲面上的点只有相邻的三个点，曲面上四个角上的点只有两个相邻点，上面这些定义了一个四边形的网格图。

(3)曲面颜色可以有两种方法来指定：指定每个节点的颜色或者是每一块的中心点颜色。在这种一般的设置中，曲面不一定为变量 X 和 Y 的单值函数，进一步地，有四边的曲面块不一定为平面的，而可以用极坐标、柱面坐标和球面坐标定义曲面。

(4)命令 shading(阴影)设置阴影模式。若模式为 interp(插补)，C 必须与 X, Y, Z 同型；它指定了每个节点的颜色，曲面块内的颜色是由附近几个点的颜色用双线性函数计算出来的。若模式为 facted(小平面)(缺省模式)或 flat(平滑)，$C(I, j)$ 指定曲面块中的颜色：

$$A(i, j) \text{———} B(i, j+1)$$
$$| \quad C(I, j) \quad |$$
$$C(i+1, j) \text{———} D(i+1, j)$$

则在这种情形下，C 可以与 X，Y 和 Z 同型，且它的最后一行和最后一列将被忽略，换句话说，就是 C 的行数和列数可以比 X, Y, Z 少 1。

(5)命令 surf 将指定图形视角为 $\text{view}(3)$。

(6)数据 X, Y, Z 的范围或者通过对坐标轴的属性 XLimMode、YLimMode 和 ZLimMode 的当前设置(可以通过命令 axis 来设置)，将决定坐标轴的标签。

(7) 参数 C 的范围或者通过对坐标轴的属性 CLim 和 CLimMode 的设置（可以通过命令 caxis 来设置），将决定颜色刻度化。刻度化的颜色值将作为引用当前色图的下标。

例 1.15 利用 surf 绘制曲面图。

```
>>[X,Y,Z]=peaks(30);
>>surf(X,Y,Z)
>>colormap hsv
```

结果图形为图 1-15。

3）surfc 命令

功能：在矩形区域内显示三维带阴影曲面图，且在曲面下画出等高线。

用法：surfc(Z)，surfc(X, Y, Z)，surfc(X, Y, Z, C)，surfc(…, 'PropertyName', PropertyValue)，surfc(…)，h = surfc(…)。

上面各个使用形式的曲面效果与命令 surf 的相同，只不过是在曲面下增加了曲面的等高线而已。

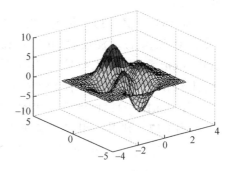

图 1-15 surf 图示

例 1.16 利用 surfc 命令绘制三维带阴影曲面图。

```
>>[X,Y,Z]=peaks(30);
>>surfc(X,Y,Z)
>>colormap hsv
```

图形结果为图 1-16。

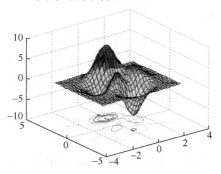

图 1-16 surfc 图示

4）surfl 命令

功能：画带光照模式的三维曲面图。该命令显示一个带阴影的曲面，结合了周围散射和镜面反射的光照模式。若想获得较平滑的颜色过渡，则要使用有线性强度变化的色图（如灰色（gray）、紫铜色（copper）、青蓝色（bone）、品红色（pink）等）。参数 X, Y, Z 确定的点定义了参数曲面的"里面"和"外面"，若用户想曲面的"里面"有光照模式，只要使用：

```
surfl(X',Y',Z')
```

用法如下。

surfl(Z)：以向量 Z 的元素生成一个三维的带阴影的曲面，其中阴影模式中的光源方位、光照系数为缺省值（参见 surfl(X, Y, Z, s, k) 命令的参数说明）。

surfl(X, Y, Z)：以矩阵 X, Y, Z 生成的一个三维的带阴影的曲面，其中阴影模式中的光源方位、光照系数为缺省值（参见 surfl(X, Y, Z, s, k)命令的参数说明）。

surfl(…, 'light')：用一个 MATLAB 光照对象(light object)生成一个带颜色、带光照的曲面，这与用缺省光照模式产生的效果不同。

surfl(…, 'cdata')：改变曲面颜色数据(color data)，使曲面成为可反光的曲面。

surfl(…, s)：指定光源与曲面之间的方位 s，其中 s 为一个二维向量[azimuth, elevation]，或者三维向量$[s_x, s_y, s_z]$。缺省光源方位为从当前视角开始，逆时针45°(度)。

surfl(X, Y, Z, s, k)：指定反射常系数 k，其中 k 为一个定义环境光(ambient light)系数($0 \leqslant k_a \leqslant 1$)、漫反射(diffuse reflection)系数($0 \leqslant k_d \leqslant 1$)、镜面反射(specular reflection)系数($0 \leqslant k_s \leqslant 1$) 与镜面反射亮度(以像素为单位)等的四维向量$[k_a, k_d, k_s, shine]$，缺省值为 k = [0.55 0.6 0.4 10]。

h = surfl(…)：回一个曲面图形句柄向量 h。

例 1.17 利用 surfl 命令画带光照模式的三维曲面图。

```
>>[X,Y]=meshgrid(-3:1/8:3);
>>Z=peaks(X,Y);
>>surfl(X,Y,Z);
>>shading interp
>>colormap(gray);
```

图形结果为图 1-17。

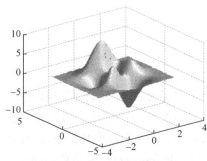

图 1-17 surfl 图示

5）waterfall 命令

功能：瀑布图。

用法如下。

waterfall(X, Y, Z)：用所给参数 X，Y 与 Z 的数据画一"瀑布"效果图。若 X 与 Y 都是向量，则 X 与 Z 的列相对应，Y 与 Z 的行相对应，即 length(X) = Z 的列数，length(Y) = Z 的行数。参数 X 与 Y 定义了 x 轴与 y 轴，Z 定义了 z 轴的高度，Z 同时确定了颜色，所以颜色能恰当地反映曲面的高度。若想研究数据的列，可以输入：waterfall(Z')或 waterfall(X', Y', Z')。

waterfall(Z)：画出一瀑布图，其中缺省地有：X = 1：Z 的列数，Y = 1：Z 的行数，且 Z 同时确定颜色，所以颜色能恰当地反映曲面高度。

waterfall(…, C)：用比例化的颜色值从当前色图中获得颜色，参量 C 决定颜色的比例，为此，必须与 Z 同型。系统使用一线性变换，从当前色图中获得颜色。

$h =$ waterfall$(\cdots)$：返回 waterfall 图形对象的句柄 h，可用于画出图形。

例 1.18　利用 waterfall 绘制瀑布图。

```
>>[X,Y,Z]=peaks(30);
>>waterfall(X,Y,Z)
```

图形结果为图 1-18。

6) cylinder 命令

功能：生成圆柱图形。该命令生成一单位圆柱体的 x, y, z 轴的坐标值。用户可以用命令 surf 或命令 mesh 画出圆柱形对象，或者用没有输出参量的形式而立即画出图形。

用法如下。

[X, Y, Z] = cylinder：返回一半径为 1、高度为 1 的圆柱体的 x, y, z 轴的坐标值，圆柱体的圆周有 20 个距离相同的点。

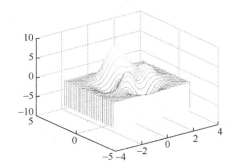

图 1-18　waterfall 图示

[X, Y, Z] = cylinder(r)：返回一半径为 r、高度为 1 的圆柱体的 x, y, z 轴的坐标值，圆柱体的圆周有 20 个距离相同的点。

[X, Y, Z] = cylinder(r, n)：返回一半径为 r、高度为 1 的圆柱体的 x, y, z 轴的坐标值，圆柱体的圆周有指定的 n 个距离相同的点。

cylinder$(\cdots)$：没有任何的输出参量，直接画出圆柱体。

例 1.19　利用 cylinder 命令绘制圆柱图形。

```
>>t=0:pi/10:2*pi;
>>[X,Y,Z]=cylinder(2+(cos(t)).^2);
>>surf(X,Y,Z); axis square
```

图形结果为图 1-19。

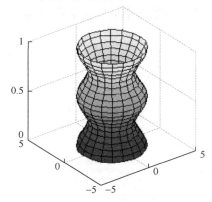

图 1-19　cylinder 图示

7) sphere 命令

功能：生成球体。

用法如下。

sphere：生成三维直角坐标系中的单位球体。该单位球体有 20×20 个面。

sphere(n)：在当前坐标系中画出有 $n \times n$ 个面的球体。

[X, Y, Z] = sphere(n)：返回三个阶数为 $(n+1) \times (n+1)$ 的直角坐标系中的坐标矩阵。该命令没有画图，只是返回矩阵。用户可以用命令 surf(X, Y, Z) 或 mesh(X, Y, Z) 画出球体。

例 1.20　利用 sphere 命令绘制球体。

```
>>[X,Y,Z]=sphere;
>>mesh(X,Y,Z)
>>hidden off
```

图形结果为图 1-20。

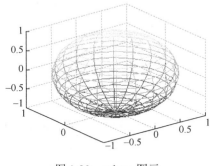

图 1-20　sphere 图示

1.2.5　M 文件

1. M 文件的定义和调用

函数调用是使主程序简明清晰的重要工具，在很大程度上简化了程序的复杂程度，也方便不同程序使用相同模块的调用。下面主要介绍：

函数文件 + 调用命令文件：需单独定义一个自定义函数的 M 文件。

这种方法很简单，定义好输入输出就可以自由调用函数。

1) 定义函数

新建一个 M 文件。在 M 文件里面第一行输入 function [输出值] = (任何字母)(输入变量)，输入变量和输出值个数不限，根据自己需要定义，接着定义要实现的功能，最后保存这个 M 文件。

注意　这个 M 文件的名字就是后面程序调用的名称，同时主程序和函数文件必须保存在同一个文件夹中，而且可以在函数中再嵌套其他函数。

2) 调用函数

[输出值] = 函数保存的文件名(输入变量)

注意　如果输出值只有一个，可以不用中括号。如果两个以上就必须使用，否则只输出第一个值，而且采用小括号会报错。

例 1.21　求方程 $2x^2 + 3x - 7 = 0$ 的根。

(1) 定义函数 M 文件：

```
function[x,y]=equal(a,b,c)
d=b^2-4*a*c;
x=(-b+sqrt(d))/(2*a);
y=(-b-sqrt(d))/(2*a);
```

(2) 文件保存为 equal.m。

(3) 主程序调用：

```
[r1 r2]=myfunction(2,3,-7)
```

结果：

r1=1.2656

r2=-2.7656

还是上面的例子，实现函数中的调用函数。

定义函数 1：

```
function[testfun]=supple(j)
testfun=j+5;
```

注 保存文件为 supple.m(此处不一定要和函数名相同)。

定义函数 2：

```
function [x,y]=equal(a,b,c)
c=supple(c);      %调用了一个函数
d=b^2-4*a*c;
x=(-b+sqrt(d))/(2*a);
y=(-b-sqrt(d))/(2*a);
```

文件保存为 equal。

主程序调用：

```
[r1 r2]=myfunction(2,3,-12)      %将 c 由-7 改为-12
```

结果：

r1=1.2656

r2=-2.7656   %计算结果相同，说明函数中调用函数成功

注 常用的函数定义和调用方法。

(1)函数文件 + 调用函数文件：定义多个 M 文件。

(2)函数文件 + 子函数：定义一个具有多个子函数的 M 文件。

(3)Inline：无需 M 文件，直接定义。

(4)Syms + subs：无需 M 文件，直接定义。

(5)字符串 + subs：无需 M 文件，直接定义。

2. MATLAB 函数文件实例与说明

1)函数文件由 function 语句引导

function：输出形参列表 = 函数名(输入形参列表)

%注释说明部分(可选)

(1)第一行为引导行，表示该 M 文件是函数文件；

(2)函数名的命名规则与变量名相同(必须以字母开头)；

(3)当输出形参多于一个时，用方括号括起来；

(4)以百分号开始的语句为注释语句。

2) 函数文件名必须与函数名一致，函数必须是一个单独的 M 文件

例 1.22　printyh.m

```
function printyh(n)
% 打印杨辉三角,本函数没有输出参数
yh=1; disp(yh);
if n==1, return; end
yh=[1,1]; disp(yh);
for k=3:n
  yh_old=yh;  k2=ceil(k/2);
  for l=2:k2
      yh(l)=yh_old(l-1)+yh_old(l);
  end
  yh(k2+1:k)=yh(k-k2:-1:1); disp(yh);
end
```

3) 函数调用

(1) 函数调用的一般格式：输出实参列表 = 函数名(输入实参列表)；

(2) 函数调用时，实参的顺序应与函数定义时形参的顺序一致；

(3) 实参与形参之间的结合是通过值传递实现的；

(4) 函数可以嵌套调用，即一个函数可以被其他函数调用，甚至可以被它自身调用，此时称为递归调用；

(5) 函数所传递的参数具有可调性，MATLAB 用两个永久变量 nargin 和 nargout 分别记录调用该函数时的输入实参和输出实参的个数。

4) 递归函数举例

例 1.23　利用函数的递归调用计算 $n!$。

```
%函数文件 myfactor.m
function y=myfactor(n)
if(n<=1)
    y=1;
else
    y=n*myfactor(n-1);
end
```

例 1.24　计算 $1! + 2! + \cdots + 10!$。

```
% main.m
clear;
s=0;
```

```
n=10;
for i=1:n
    s=s+myfactor(i);
end
fprintf('s=%g \n',s)
```

参数的可调性举例：

例 1.25 nargin 和 nargout 的使用。

```
% ex4nargin.m
function y=ex4nargin(a,b)
if(nargin==1)
    y=a;
elseif(nargin==2)
    y=a*b;
end
% ex4nargout.m
function[p,q]=ex4nargout(a,b)
if (nargout==1)
    p=a+b;
elseif(nargout==2)
    p=a+b;
    q=a-b;
end
```

3. 全局变量与局部变量

(1) 函数文件中的变量都是局部的，即一个函数文件中定义的变量不能被另一个函数文件或其他 M 文件使用；

(2) 当函数调用完毕后，该函数文件中定义的所有局部变量都将被释放，即全部被清除；

(3) 函数通过输入和输出参数与其他 M 文件进行数据传递；

(4) 如果在若干个 M 文件中，都把某个变量定义为全局变量，则这些函数将公共使用这一变量。所有函数都可以对它进行存取和修改操作；

(5) 定义全局变量是 M 文件间传递信息的一种手段。

全局变量的定义如下。

global 变量名列表：

(1) 变量名列表中的各个变量用空格隔开，不能用逗号；

(2)在使用全局变量的所有 M 文件中，都要对其所使用的全局变量进行定义。

注 全局变量给函数间的数据传递带来了方便，但却破坏了函数对变量的封装，降低了程序的可读性，因而在结构化程序设计中，全局变量是不受欢迎的。特别是当程序较大，子程序较多时，全局变量将给程序调试和维护带来不便，故不提倡使用全局变量。

例 1.26 全局变量的定义示例。

```
% ex4global.m
clear;
global a b
a=1;b=3;
y=mysquaresum(a,b);
fprintf('a=%g,b=%g\n',a,b);
z=myproduct(a,b);
fprintf('a=%g,b=%g\n',a,b);
% mysquaresum.m
function square_sum=mysquaresum(x,y)
square_sum=x^2+y^2;a=x+y;
% myproduct.m
function product=myproduct(x,y)
global a
product=x*y;  a=x+y;
```

4. 子函数

(1)一个函数文件中可以含有一个或多个函数，其中第一个称为主函数，其他函数称为子函数。

(2)子函数由 function 语句引导。

(3)除了用 global 定义的全局变量外，所有函数中的变量都是局部变量，函数之间通过输入、输出参数进行数据传递。

(4)主函数必须位于最前面，子函数出现的次序任意。

(5)子函数只能被主函数和位于同一个函数文件中的其他子函数调用。

注 当调用一个函数时，MATLAB 会首先检查该函数是否为一个子函数。

例 1.27 子函数举例。

```
% ex4subfun.m
function [avg, med]=ex4subfun(x)  %主函数
n=length(x);
```

```
avg=mean(x,n);
med=median(x,n);

function a=mean(x,n)    %子函数，计算平均值
a=sum(x)/n;

function m=median(x,n)    %子函数，计算中值
x=sort(x);
if rem(n,2)==1
    m=x((n+1)/2);
else
    m=(x(n/2)+x(n/2+1))/2;
end
```

1.2.6 循环与分支选择结构

循环与分支选择结构包括 for 循环结构、while 循环结构、if-else-end 分支结构、switch-case 结构、try-catch 结构。下面分别通过实例介绍各种结构的用法。

1. for 循环结构

例 1.28 一个简单的 for 循环示例。

```
for i=1:10;    %i 依次取 1,2,…,10
x(i)=i;        %对每个 i 值，重复执行由该指令构成的循环体
end;
x              %要求显示运行后数组 x 的值
x=
    1    2    3    4    5    6    7    8    9    10
```

2. while 循环结构

例 1.29 Fibonacci 数组的元素满足 Fibonacci 规则：$a_{k+2}=a_k+a_{k+1}$ $(k=1,2,\cdots)$，且 $a_1=a_2=1$。现要求计算出该数组中第一个大于 10000 的元素。

```
a(1)=1;a(2)=1;i=2;
while  a(i)<=10000
    a(i+1)=a(i-1)+a(i);    %当现有的元素仍小于 10000 时,求解下一
                          个元素
```

```
    i=i+1;
end;
i,a(i)
i=
  21
ans=
  10946
```

3. if-else-end 分支结构

例 1.30　一个简单的分支结构。

```
cost=10;number=12;
if number>8
   sums=number*0.95*cost;
end,sums
sums =
114.0000
```

例 1.31　用 for 循环指令来寻求 Fibonacci 数组中第一个大于 10000 的元素。

```
n=100;a=ones(1,n);
for i=3:n
   a(i)=a(i-1)+a(i-2);
   if a(i)>=10000
      a(i),
      break;   %跳出所在的一级循环
   end;
end,i
ans=
  10946
i=
  21
```

4. switch-case 结构

例 1.32　学生的成绩管理，演示 switch 结构的应用。

```
clear;
%划分区域：满分(100)，优秀(90-99)，良好(80-89)，及格(60-79)，
         不及格(<60)
```

```
for i=1:10;a{i}=89+i;b{i}=79+i;c{i}=69+i;d{i}=59+i;end;
    c=[d,c];
Name={'Jack','Marry','Peter','Rose','Tom'};  %元胞数组
Mark={72,83,56,94,100};Rank=cell(1,5);
%创建一个含5个元素的构架数组S，它有三个域
S=struct('Name',Name,'Marks',Mark,'Rank',Rank);
%根据学生的分数，求出相应的等级
for i=1:5
    switch S(i).Marks
    case 100                    %得分为100时
      S(i).Rank='满分';          %列为'满分'等级
    case a                      %得分在90和99之间
      S(i).Rank='优秀';          %列为'优秀'等级
    case b                      %得分在80和89之间
      S(i).Rank='良好';          %列为'良好'等级
    case c                      %得分在60和79之间
      S(i).Rank='及格';          %列为'及格'等级
    otherwise                   %得分低于60
      S(i).Rank='不及格';        %列为'不及格'等级
    end
end
%将学生姓名,得分,等级等信息打印出来
disp(['学生姓名  ','  得分  ','   等级']);disp(' ')
for i=1:5;
  disp([S(i).Name,blanks(6),num2str(S(i).Marks),blanks
  (6),S(i).Rank]);
end;
```

```
        学生姓名    得分      等级
        Jack      72      及格
        Marry     83      良好
        Peter     56      不及格
        Rose      94      优秀
        Tom       100     满分
```

5. try-catch 结构

例 1.33 try-catch 结构应用实例。

```
clear,N=4;A=magic(3);      %设置 3 行 3 列矩阵 A
try
    A_N=A(N,:),            %取 A 的第 N 行元素
catch
    A_end=A(end,:),        %如果取 A(N,:)出错,则改取 A 的最后一行
end
lasterr                    %显示出错原因
A_end=
     4    9    2
ans=
   Index exceeds matrix dimensions.
```

1.3 LINGO 软件入门

我们遇到的许多最优化问题都可以归结为规划模型,在这些问题中,当变量比较多或者约束条件表达式比较复杂时,采用手工计算求解问题是不可能的,而采用常用的程序设计语言(如 C、Java 等)编程,计算工作量又太大,程序烦琐,且容易出错。可行的办法是用现成的专业软件求解,LINGO 是专门用来求解各种规划问题的软件,其功能十分强大,是求解最优化模型的最佳选择。

1.3.1 LINGO 快速入门

LINGO(linear interactive and general optimizer),即"交互式的线性和通用优化求解器",是由美国 LINDO 系统公司(Lindo System Inc.)推出的,可以用于求解非线性规划,也可以用于线性和非线性方程组的求解等。LINGO 分为 Demo、Solve Suite、Super、Hyper、Industrial、Extended 等六种不同版本,只有 Demo 版是免费的。LINGO 的不同版本对模型的变量总数、非线性变量的数目、整数变量数目和约束条件数量作出了不同的限制。

LINGO 的主要功能特点:

(1)既能求解线性规划问题,也有较强的求解非线性规划问题的能力;

(2)输入模型简练直观;

(3)运行速度快、计算能力强；

(4)内置建模语言，提供几十个内部函数，从而能以较少语句、较直观的方式描述较大规模的优化模型；

(5)将集合的概念引入编程语言，很容易将实际问题转换为 LINGO 模型；

(6)能方便地与 Excel、数据库等其他软件交换数据。

在 Windows 下开始运行 LINGO 系统时，将得到 LINGO 主窗口，如图 1-21 所示。

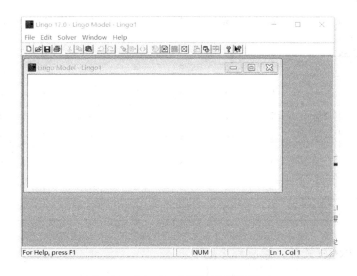

图 1-21　LINGO 主窗口和模型窗口

外层是主框架窗口，包含了所有菜单命令和工具条，其他所有的窗口将被包含在主窗口之下。在主窗口内的标题为 Lingo Model-Lingo1 的窗口是 LINGO 的默认模型窗口，建立的模型要在该窗口内编码实现。

例 1.34 在 LINGO 中求解如下的线性规划(LP)问题：

$$\min\ 2x_1 + 3x_2$$

$$\text{s.t.} \begin{cases} x_1 + x_2 \geqslant 350 \\ x_1 \geqslant 100 \\ 2x_1 + x_2 \leqslant 600 \\ x_1, x_2 \geqslant 0 \end{cases}$$

在模型窗口中输入如下代码：

```
min=2*x1+3*x2;
x1+x2>=350;
```

```
x1>=100;
2*x1+x2<=600;
```
然后单击工具条上的按钮 ◎ 即可。

例 1.35 使用 LINGO 软件计算 6 个生产地、8 个销售地的最小费用运输问题，产销单位运输价格如表 1-4 所示。

表 1-4　生产-销售信息表

单价/(元/km) 产地＼销地	B_1	B_2	B_3	B_4	B_5	B_6	B_7	B_8	产量
A_1	6	2	6	7	4	2	5	9	60
A_2	4	9	5	3	8	5	8	2	55
A_3	5	2	1	9	7	4	3	3	51
A_4	7	6	7	3	9	2	7	1	43
A_5	2	3	9	5	7	2	6	5	41
A_6	5	5	2	2	8	1	4	3	52
销量	35	37	22	32	41	32	43	38	

使用 LINGO 软件，编制程序如下：

```
model:
!6发点8收点运输问题;
sets:
  warehouses/wh1..wh6/:capacity;
  vendors/v1..v8/:demand;
  links(warehouses,vendors):cost,volume;
endsets
!目标函数;
  min=@sum(links: cost*volume);
!需求约束;
  @for(vendors(J):
    @sum(warehouses(I): volume(I,J))=demand(J));
!产量约束;
  @for(warehouses(I):
    @sum(vendors(J): volume(I,J))<=capacity(I));
```

```
    !这里是数据;
data:
    capacity=60 55 51 43 41 52;
    demand=35 37 22 32 41 32 43 38;
    cost=6 2 6 7 4 2 5 9
         4 9 5 3 8 5 8 2
         5 2 1 9 7 4 3 3
         7 6 7 3 9 2 7 1
         2 3 9 5 7 2 6 5
         5 5 2 2 8 1 4 3;
enddata
end
```

然后单击工具条上的按钮 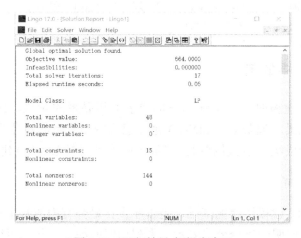 即可。

运行结果如图 1-22 和图 1-23 所示。

图 1-22 运行结果-解报告窗口

由上面两个例子可以看出 LINGO 语法的基本语法规则:

(1)求目标函数的最大值或最小值分别用 max = …或 min = …来表示;

(2)每个语句必须以分号 ";" 结束,每行可以有多个语句,语句可以跨行;

(3)变量名称必须以字母(A~Z,a~z)开头,由字母、数字(0~9)和下划线组成,长度不超过 32 个字符,不区分大小写;

(4)可以给语句加上标号,例如,[OBJ]min = 2*x1 + 3*x2;

(5)以 "!" 开头,以 ";" 结束的语句是注释语句;

(6)如果对变量的取值范围没有作特殊说明,则默认所有决策变量都非负;

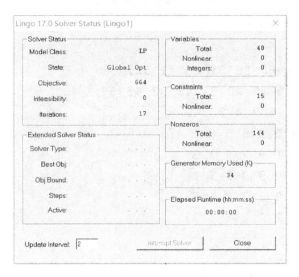

图 1-23　运行结果-solver 状态窗口

(7) LINGO 模型以语句 "model:" 开头，以 "end" 结束，对于比较简单的模型，如例 1.34，这两个语句可以省略。

1.3.2　LINGO 中的集

对实际问题建模时，总会遇到一群或多群相联系的对象，比如工厂、消费者群体、交通工具和雇员等。LINGO 允许把这些相联系的对象聚合成集(set)。一旦把对象聚合成集，就可以利用集来最大限度地发挥 LINGO 建模语言的优势。

1. 为什么使用集

集是 LINGO 建模语言的基础，是程序设计最强有力的基本构件。借助集，能够用单一的、简明的复合公式表示一系列相似的约束，从而可以快速方便地表达规模较大的模型。

2. 什么是集

集是一群相联系的对象，这些对象称为集的成员。一个集可能是一系列产品、卡车或雇员。每个集成员可能有一个或多个与之有关联的特征，我们把这些特征称为**属性**。属性值可以预先给定；也可以是未知的，有待于 LINGO 求解。例如，产品集中的每个产品可以有价格属性；卡车集中的每辆卡车可以有牵引力属性；雇员集中的每位雇员可以有薪水属性、生日属性，等等。

LINGO 有两种类型的集：**原始集**(primitive set)和**派生集**(derived set)。

一个原始集是由一些最基本的对象组成的。

一个派生集是由一个或多个其他集来定义的，也就是说，派生集的成员来自已存在的其他集。

3. 模型的集部分

集部分是 LINGO 模型的一个可选部分。在 LINGO 模型中使用集之前，必须在集部分事先定义。集部分以关键字"sets："开始，以"endsets"结束。一个模型可以没有集部分，或有一个简单的集部分，或有多个集部分。一个集部分可以放置于模型的任何地方，但是集及其属性在模型约束中被引用之前必须先定义。

1）定义原始集

原始集定义声明：

- 集的名字
- 可选，集的成员
- 可选，集成员的属性

定义原始集语法：

        setname[/member_list/][:attribute_list];

注意　用"[ ]"表示该部分内容可选。下同，不再赘述。

setname 是选择的用来标记集的名字，最好具有较强的可读性。集名字必须严格符合标准命名规则：以英文字母或下划线（_）为首字符，其后为由英文字母（A～Z，a～z）、下划线、阿拉伯数字（0, 1, …, 9）组成的总长度不超过 32 个字符的字符串，且不区分大小写。

注意　该命名规则同样适用于集成员名和属性名等的命名。

member_list 是集成员列表。如果集成员放在集定义中，可以采取显式罗列和隐式罗列两种方式；如果集成员不放在集定义中，则在数据部分定义集成员。

（1）显式罗列成员，必须为每个成员输入一个不同的名字，中间用空格或逗号隔开，允许混合使用。

例 1.36　定义一个名为 students 的原始集，它具有成员 John、Jill、Rose 和 Mike，属性有 sex 和 age。

```
sets:
    students/John,Jill,Rose,Mike/:sex,age;
endsets
```

（2）隐式罗列成员，不必罗列出每个集成员。可采用如下语法：

        setname/member1..memberN/[:attribute_list];

这里的 member1 是集的第一个成员名，memberN 是集的最后一个成员名。LINGO

将自动产生中间的所有成员名。LINGO 也接受一些特定的首成员名和末成员名，用于创建一些特殊的集。列表如表 1-5 所示。

表 1-5　隐式列举法常用格式

类型	隐式成员列表格式	示例	所产生集成员
数字型	1..n	1..5	1，2，3，4，5
字符-数字型	StringM..StringN	Car2..Car14	Car2，Car3，Car4，…，Car14
星期型	DayM..DayN	Mon..Fri	Mon，Tue，Wed，Thu，Fri
月份型	MonthM..MonthN	Oct..Jan	Oct，Nov，Dec，Jan
年份-月份型	MonthYearM..MonthYearN	Oct2001..Jan2002	Oct2001，Nov2001，Dec2001，Jan2002

(3)集成员不放在集定义中，在数据部分来定义。例如：

```
! 集部分;
sets:
    students:sex,age;
endsets
! 数据部分;
data:
    students,sex,age= John 1 16
                      Jill 0 14
                      Rose 0 17
                      Mike 1 13;
enddata
```

在集部分只定义了一个集 students，并未指定成员。在数据部分罗列了集成员 John、Jill、Rose 和 Mike，并对属性 sex 和 age 分别给出了值，如表 1-6 所示。

表 1-6　集成员值

变量	值
sex (John)	1.000000
sex (Jill)	0.000000
sex (Rose)	0.000000
sex (Mike)	1.000000
age (John)	16.00000

续表

变量	值
age（Jill）	14.00000
age（Rose）	17.00000
age（Mike）	13.00000

集成员无论用何种字符标记，它的索引都是从 1 开始连续计数。在 attribute_list 中可以指定一个或多个集成员的属性，属性之间必须用逗号隔开。

注意　开头用感叹号（！），末尾用分号（；）表示注释，可跨多行。

2）定义派生集

派生集定义声明：

- 集的名字
- 父集的名字
- 可选，集成员
- 可选，集成员的属性

可用下面的语法定义一个派生集：

```
setname(parent_set_list)[/member_list/][:attribute_list];
```

setname 是集的名字。parent_set_list 是已定义的集的列表，多个集时必须用逗号隔开。如果没有指定成员列表，那么 LINGO 会自动创建父集成员的所有组合作为派生集的成员。派生集的父集既可以是原始集，也可以是其他的派生集。

例如，

```
sets:
  product/A B/;
  machine/M N/;
  week/1..2/;
  allowed(product,machine,week):x;
endsets
```

LINGO 生成了三个父集的所有组合共八组作为 allowed 集的成员。分别为（A，M，1），（A，M，2），（A，N，1），（A，N，2），（B，M，1），（B，M，2），（B，N，1），（B，N，2）。

成员列表缺省时，派生集成员由父集成员所有的组合构成，这样的派生集称为**稠密集**。如果限制派生集的成员，使它成为父集成员所有组合构成的集合的一个子集，那么这样的派生集称为**稀疏集**。同原始集一样，派生集成员的声明也可以放在数据部分。一个派生集的成员列表有两种生成方式：显式罗列、设置成员资格过滤器。当采用显式罗列方式时，必须显式罗列出所有要包含在派生集中的成员，并且罗列的每个成员必须属于稠密集。使用前面的例子，显式罗列派生集的成员：

```
allowed(product,machine,week)/A M 1,A N 2,B N 1/;
```

不同集类型之间的关系见图 1-24。

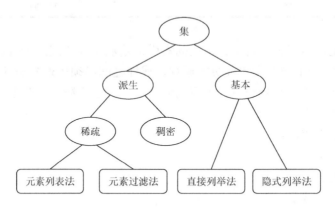

图 1-24　不同集类型之间的关系图

1.3.3　LINGO 模型的数据部分和初始部分

在处理模型的数据时，需要为集指派一些成员并且在 LINGO 求解模型之前为集的某些属性指定值。为此，LINGO 为用户提供了两个可选部分：输入集成员和数据部分（data section）与为决策变量设置初始值的初始部分（init section）。

1．模型的数据部分

1）数据部分入门

数据部分用于定义模型相对静止部分，实现数据分离。显然，这对模型的维护和维数的缩放非常便利。

数据部分以关键字"data:"开始，以关键字"enddata"结束。在这里，可以指定集成员、集的属性，语法如下：

```
object_list=value_list;
```

对象列（object_list）包含要指定值的属性名、要设置集成员的集名，用逗号或空格隔开。一个对象列中至多有一个集名，而属性名可以有任意多个。如果对象列中有多个属性名，那么它们的类型必须一致。如果对象列中有一个集名，那么对象列中所有属性的类型就是这个集。

数值列（value_list）包含要分配给对象列中的对象的值，用逗号或空格隔开。

注意　属性值的个数必须等于集成员的个数。看下面的例子。

例 1.37

```
sets:
  set1/A,B,C/: X,Y;
endsets
data:
  X=1,2,3;
  Y=4,5,6;
enddata
```

在集 set1 中定义了两个属性 X 和 Y。X 的三个值是 1, 2 和 3, Y 的三个值是 4, 5 和 6。也可采用如下例子中的复合数据声明 (data statement) 实现同样的功能。

例 1.38

```
sets:
  set1/A,B,C/: X,Y;
endsets
data:
  X,Y= 1 4
       2 5
       3 6;
enddata
```

请特别注意 "data" 这部分语句的实际赋值顺序是 $X = (1, 2, 3)$, $Y = (4, 5, 6)$, 而不是 $X = (1, 4, 2)$, $Y = (5, 3, 6)$。也就是说, LINGO 对数据是按列赋值的, 而不是按行。当然, 直接写成两个语句 "$X = 1, 2, 3$; $Y = 4, 5, 6$; " 也是等价的。

注意 在 LINGO 中对数组赋值时, 空格与逗号 "," 或回车的作用是等价的。

2) 参数

在数据部分也可以指定一些标量变量 (scalar variables)。当一个标量变量在数据部分确定时, 称之为参数。看例 1.39 和例 1.40, 假设模型中用利率 8.5% 作为一个参数, 就可以像下面的案例一样输入利率作为参数。

例 1.39 定义单个参数。

```
data:
  interest_rate=.085;
enddata
```

也可以同时定义多个参数。

例 1.40 同时定义多个参数。

```
data:
  interest_rate, inflation_rate=.085 .03;
```

```
enddata
```
3）实时数据处理

当模型中的某些数据并不是定值时，譬如模型中有一个通货膨胀率的参数，参数值在 2%至 6%范围内，通过不同的值求解模型，来观察模型的结果对通货膨胀依赖的敏感程度。此种情况称为假设分析（what if analysis）。LINGO 可方便地实现此功能，只需在原始数据的位置用问号（?）代替，如例 1.41。

例 1.41　当通货膨胀率的参数不确定时，定义不定参数的方式。
```
data:
  interest_rate, inflation_rate=.085?;
enddata
```

每一次求解模型时，LINGO 都会提示为参数 inflation_rate 输入一个值。在 Windows 操作系统下，将会接收到一个类似图 1-25 的对话框：

图 1-25　LINGO 运行时参数输入框

直接输入一个值再单击"OK"按钮，LINGO 就会把输入的值指定给 INFLATION_RATE，然后继续求解模型。除了参数之外，也可以实时输入集的属性值，但不允许实时输入集成员名。

4）指定属性为一个值

可以在数据声明的右边输入一个值来把所有成员的该属性指定为一个值，见例 1.42。

例 1.42　指定集的单属性值。
```
sets:
  days/MO,TU,WE,TH,FR,SA,SU/:needs;
endsets
data:
  needs=20;
enddata
```
LINGO 将用 20 指定 days 集的所有成员的 needs 属性。对于多个属性的情形，见例 1.43。

例 1.43　指定集的多个属性值。
```
sets:
  days/MO,TU,WE,TH,FR,SA,SU/:needs,cost;
endsets
data:
  needs cost=20 100;
enddata
```

5) 数据部分的未知数值

可以给一个集的部分成员的某个属性指定值，而让其余成员的该属性保持未知，以便让 LINGO 去求出它们的最优值。在数据声明中输入两个相连的逗号表示该位置对应的集成员的属性值未知。

例 1.44 给定部分成员的属性值。

```
sets:
  years/1..5/:capacity;
endsets
data:
  capacity=,34,20,,;
enddata
```

属性 capacity 的第 2 个和第 3 个值分别为 34 和 20，其余的未知。

2. 模型的初始部分

初始部分是 LINGO 提供的另一个可选部分。在初始部分中，可以输入初始声明 (initialization statement)，功能和数据部分中的数据声明相同。对实际问题建模时，初始部分并未起到描述模型的作用，在初始部分输入的值仅被 LINGO 求解器当作初始点来用，并且仅对非线性模型有用。和数据部分指定变量的值不同，LINGO 求解器可以自由改变初始部分初始化变量的值。

初始部分以"init:"开始，以"endinit"结束。初始部分的初始声明规则和数据部分的数据声明规则相同。也就是说，我们可以在声明的左边同时初始化多个集属性，可以把集属性初始化为一个值，可以用问号实现实时数据处理，还可以用逗号指定未知数值等。

例 1.45 在初始部分实现数据初始化。

```
init:
  X,Y=0,.1;
endinit
Y=@log(X);
X^2+Y^2<=1;
```

注意 恰当的初始点会缩短模型的求解时间。

1.3.4 LINGO 中的函数运算符和函数

1. 运算符及其优先级

LINGO 中的三类运算符：算术运算符、逻辑运算符和关系运算符。

1) 算术运算符

算术运算符是针对数值进行操作的。LINGO 提供了 5 种二元运算符:

^　乘方

*　乘

/　除

+　加

−　减

LINGO 唯一的一元算术运算符是取反函数 "−"。

这些运算符的优先级由高到低为

高　−(取反)

　　^

　　* /

低　+ −

运算符的运算次序为从左到右按优先级高低来执行。运算的次序可以用圆括号 "()" 来改变。

2) 逻辑运算符

在 LINGO 中,逻辑运算符主要用在集循环函数的条件表达式中,控制着函数中哪些集成员被包含,哪些被排斥;在创建稀疏集时,用在成员资格过滤器中。

LINGO 具有 9 种逻辑运算符,如表 1-7 所示。

表 1-7　逻辑运算符功能表

运算符	运算结果
#eq#	若两个运算数相等,则为 true;否则为 false
#ne#	若两个运算符不相等,则为 true;否则为 false
#gt#	若左边的运算符大于右边的运算符,则为 true;否则为 false
#ge#	若左边的运算符大于或等于右边的运算符,则为 true;否则为 false
#lt#	若左边的运算符小于右边的运算符,则为 true;否则为 false
#le#	若左边的运算符小于或等于右边的运算符,则为 true;否则为 false
#not#	否定该操作数的逻辑值,#not# 是一个一元运算符
#and#	仅当两个参数都为 true 时,结果为 true;否则为 false
#or#	仅当两个参数都为 false 时,结果为 false;否则为 true

这些运算符的优先级由高到低为

高　#not#

　　#eq#　#ne#　#gt#　#ge#　#lt#　#le#

低 #and# #or#

3) 关系运算符

在 LINGO 中，关系运算符主要是用在模型中，指定表达式的左边是否等于、小于等于或者大于等于右边，形成模型的一个约束条件。关系运算符与逻辑运算符 #eq#、#le#、#ge# 截然不同，前者是模型中关系运算符所指定关系的为真描述，而后者仅判断一个关系是否被满足：满足为真，不满足为假。

LINGO 有三种关系运算符："="，"<=" 和 ">="。LINGO 中也可以用 "<" 表示小于等于关系，">" 表示大于等于关系。LINGO 并不支持小于和大于关系运算符。

三类操作符混合运算的优先级：

高 #not# −（取反）

　　 ∧

　　 ＊ ／

　　 ＋ −

　　 #eq# #ne# #gt# #ge# #lt# #le#

　　 #and# #or#

低 　 <= = >=

2. 常用的数学函数

LINGO 提供了大量的标准数学函数，如表 1-8 所示。

表 1-8 数学函数

函数名	函数功能
@abs(x)	返回 x 的绝对值
@sin(x)	返回 x 的正弦值，x 采用弧度制
@cos(x)	返回 x 的余弦值
@tan(x)	返回 x 的正切值
@exp(x)	返回常数 e 的 x 次方
@log(x)	返回 x 的自然对数
@lgm(x)	返回 x 的 gamma 函数的自然对数
@sign(x)	如果 $x<0$，返回−1；否则，返回 1
@floor(x)	返回 x 的整数部分。当 $x \geq 0$ 时，返回不超过 x 的最大整数；当 $x<0$ 时，返回不低于 x 的最大整数
@smax(x1, x2, ···, xn)	返回 $x_1, x_2, \cdots, x_n$ 中的最大值
@smin(x1, x2, ···, xn)	返回 $x_1, x_2, \cdots, x_n$ 中的最小值

3. 金融函数

目前 LINGO 提供了两个金融函数。

1）@fpa(I, n)

返回如下情形的净现值：单位时段利率为 I，连续 n 个时段支付，每个时段支付单位费用。若每个时段支付 x 单位的费用，则净现值可用 x 乘以@fpa(I, n)算得。@fpa 的计算公式为

$$\sum_{k=1}^{n} \frac{1}{(1+I)^k} = \frac{1-(1+I)^{-n}}{I}$$

净现值就是在一定时期内为了获得一定收益在该时期初所支付的实际费用。

例 1.46　贷款买房问题　贷款金额 50000 元，贷款年利率 4.6%，采取分期付款方式（每年年末还固定金额，直至还清）。问拟贷款 10 年，每年需偿还多少元？

```
50000=x*@fpa(0.046,10);
```

答案是 $x = 6350.048$ 元。

2）@fpl(I, n)

返回如下情形的净现值：单位时段利率为 I，第 n 个时段支付单位费用。@fpl(I, n)的计算公式为

$$(1+I)^{-n}$$

细心的读者可以发现两个函数间的关系：

$$@fpa(I, n) = \sum_{k=1}^{n} @fpl(I, k)$$

4. 概率函数

1）@pbn(p, n, x)

二项分布的累积分布函数。当 n 和（或）x 不是整数时，用线性插值法进行计算。

2）@pcx(n, x)

自由度为 n 的 χ^2 分布的累积分布函数。

3）@peb(a, x)

当到达负荷 a 时，服务系统有 x 个服务器且允许无穷排队时的 Erlang 繁忙概率。

4）@pel(a, x)

当到达负荷 a 时，服务系统有 x 个服务器且不允许排队时的 Erlang 繁忙概率。

5）@pfd(n, d, x)

自由度为 n 和 d 的 F 分布的累积分布函数。

6）@pfs(a, x, c)

当负荷上限为 a，顾客数为 c，平行服务器数量为 x 时，有限源的 Poisson 服

务系统的等待或返修顾客数的期望值。*a* 是顾客数乘以平均服务时间，再除以平均返修时间。当 *c* 和 (或) *x* 不是整数时，采用线性插值进行计算。

7) @phg(pop, g, n, x)

超几何 (hypergeometric) 分布的累积分布函数。pop 表示产品总数，*g* 是正品数。从所有产品中任意取出 $n(n \leqslant pop)$ 件。pop，*g*，*n* 和 *x* 都可以是非整数，这时采用线性插值进行计算。

8) @ppl(a, x)

Poisson 分布的线性损失函数，即返回 max(0, z–x) 的期望值，其中随机变量 *z* 服从均值为 *a* 的 Poisson 分布。

9) @pps(a, x)

均值为 *a* 的 Poisson 分布的累积分布函数。当 *x* 不是整数时，采用线性插值进行计算。

10) @psl(x)

单位正态线性损失函数，即返回 max(0, z–x) 的期望值，其中随机变量 *z* 服从标准正态分布。

11) @psn(x)

标准正态分布的累积分布函数。

12) @ptd(n, x)

自由度为 *n* 的 *t* 分布的累积分布函数。

13) @qrand(seed)

产生服从 (0, 1) 区间的伪随机数。@qrand 只允许在模型的数据部分使用，将用伪随机数填满集属性。通常，声明一个 $m \times n$ 的二维表，*m* 表示运行实验的次数，*n* 表示每次实验所需的随机数的个数。在行内，随机数是独立分布的；在行间，随机数是非常均匀的。这些随机数是用 "分层取样" 的方法产生的。

14) @rand(seed)

返回 0 和 1 之间的伪随机数，依赖于指定的种子。典型用法是 U(I + 1) = @rand (U(I))。注意，如果种子不变，那么产生的随机数也不变。

例 1.47　利用 @rand 产生 15 个标准正态分布的随机数和自由度为 2 的 *t* 分布的随机数。

```
model:
!产生一列正态分布和 t 分布的随机数;
sets:
    series/1..15/:u,znorm,zt;
endsets
    !第一个均匀分布随机数是任意的;
```

```
    u(1)=@rand(.1234);
    !产生其余的均匀分布的随机数;
    @for(series(I)|I#GT#1:
        u(I)=@rand(u(I-1)));
    @for(series(I):
    !正态分布随机数;
      @psn(znorm(I))=u(I);
    !和自由度为 2 的 t 分布随机数;
        @ptd(2,zt(I))=u(I);
    !znorm 和 zt 可以是负数;
        @free(znorm(I));@free(zt(I)););
end
```

5. 变量界定函数

变量界定函数实现对变量取值范围的附加限制，共 4 种，如表 1-9 所示。

表 1-9　变量界定函数

@bin(x)	限制 x 为 0 或 1
@bnd(L, x, U)	限制 $L \leqslant x \leqslant U$
@free(x)	取消对变量 x 的默认下界为 0 的限制，即 x 可以取任意实数
@gin(x)	限制 x 为整数

在默认情况下，LINGO 规定变量是非负的，即下界为 0，上界为 $+\infty$。@free 取消了默认的下界为 0 的限制，使变量也可以取负值。@bnd 用于设定一个变量的上下界，它也可以取消默认下界为 0 的约束。

6. 集操作函数

集操作函数对集的操作提供帮助。

1) @in(set_name,primitive_index_1 [,primitive_index_2,⋯])

如果元素在指定集中，返回 1，否则返回 0。

2) @index(set_name, primitive_set_element)

该函数返回集 set_name 中原始集成员 primitive_set_element 的索引。如果 set_name 被忽略，那么 LINGO 将返回与 primitive_set_element 匹配的第一个原始集成员的索引。如果找不到，则产生一个错误。

3) @wrap(index，limit)

该函数返回 j = index-k*limit，其中 k 是一个整数，取适当值保证 j 落在区间

[1, limit]内。该函数相当于 index 模 limit 再加 1。该函数在循环、多阶段计划编制中特别有用。

4) @size(set_name)

该函数返回集 set_name 的成员个数。在模型中明确给出集大小时最好使用该函数。

7. 集循环函数

集循环函数遍历整个集进行操作，LINGO 目前有四个集循环函数。

```
@function(setname[(set_index_list)[|conditional_
qualifier]]:expression_list)
```

其中，@function 相应于下面罗列的四个集循环函数之一；setname 是要遍历的集；set_index_list 是集索引列表；conditional_qualifier 用来限制集循环函数的范围，当集循环函数遍历集的每个成员时，LINGO 都要对 conditional_qualifier 进行评价，若结果为真，则对该成员执行@function 操作，否则跳过，继续执行下一次循环。expression_list 是被应用到每个集成员的表达式列表，若用的是@for 函数，expression_list 可以包含多个表达式，其间用逗号隔开。这些表达式将被作为约束加到模型中。当使用其余的三个集循环函数时，expression_list 只能有一个表达式。如果省略 set_index_list，那么在 expression_list 中引用的所有属性的类型都是 setname 集。

1) @for

该函数用来产生对集成员的约束。基于建模语言的标量需要显式输入每个约束，注意，@for 函数只允许输入一个约束，然后 LINGO 自动产生每个集成员的约束。

例 1.48 产生序列{1, 4, 9, 16, 25}。

```
model:
sets:
    number/1..5/:x;
endsets
    @for(number(I):x(I)=I^2);
end
```

2) @sum

该函数返回遍历指定的集成员的表达式的和。

例 1.49 求向量[5, 1, 3, 4, 6, 10]前 5 个数的和。

```
model:
data:
    N=6;
```

```
enddata
sets:
    number/1..N/:x;
endsets
data:
    x=5 1 3 4 6 10;
enddata
    s=@sum(number(I)|I#le#5:x);
end
```

3）@min 和@max

返回指定的集成员的表达式的最小值和最大值。

例 1.50　求向量[5, 1, 3, 4, 6, 10]前 5 个数的最小值，后 3 个数的最大值。

```
model:
data:
    N=6;
enddata
sets:
    number/1..N/:x;
endsets
data:
    x=5 1 3 4 6 10;
enddata
    minv=@min(number(I)|I#le#5:x);
    maxv=@max(number(I)|I#ge#N-2:x);
end
```

8. 输入和输出函数

输入和输出函数可以把模型与外部数据（如存储在文本文件、数据库和电子表格等中的数据）连接起来。

1）@file 函数

该函数用于从外部文件中输入数据（将文件中的数据加载到 LINGO 运行程序中），file 函数通常可以在集合段和数据段使用，但不允许嵌套使用。该函数的语法格式为

```
@file('filename')
```

这里 filename 是文件名,可以采用绝对路径(完整的路径名)和相对路径(当前目录下的文件名)两种表示方式。数据文件中记录之间必须用"～"分开。

例 1.51　以例 1.35 来讲解@file 函数的用法。

例 1.35 的编码中两处涉及数据:集部分的 6 个 warehouses 集成员和 8 个 vendors 集成员,数据部分的 capacity、demand 和 cost 数据。

为了使数据和模型完全分开,可把例 1.35 模型中相关的数据保存到硬盘的文本文件中。修改模型代码,使用@file 函数把数据从文本文件中输入到模型中。修改后的模型代码如下。

```
model:
!6发点8收点运输问题;
sets:
    warehouses/@file('1_2.txt')/:capacity;
    vendors/@file('1_2.txt')/:demand;
    links(warehouses,vendors):cost,volume;
endsets
!目标函数;
    min=@sum(links:cost*volume);
!需求约束;
  @for(vendors(J):
    @sum(warehouses(I):volume(I,J))=demand(J));
!产量约束;
  @for(warehouses(I):
    @sum(vendors(J):volume(I,J))<=capacity(I));
  !这里是数据;
data:
    capacity=@file('1_2.txt');
    demand=@file('1_2.txt');
    cost=@file('1_2.txt');
enddata
end
```

模型的所有数据来自于 1_2.txt 文件。其内容如下。

```
!warehouses 成员;
WH1 WH2 WH3 WH4 WH5 WH6～
  !vendors 成员;
V1 V2 V3 V4 V5 V6 V7 V8～
```

　　!产量;

60 55 51 43 41 52～

　　!销量;

35 37 22 32 41 32 43 38～

　　!单位运输费用矩阵;

6 2 6 7 4 2 5 9

4 9 5 3 8 5 8 2

5 2 1 9 7 4 3 3

7 6 7 3 9 2 7 1

2 3 9 5 7 2 6 5

5 5 2 2 8 1 4 3

　　把记录结束标记(～)之间的数据文件部分称为记录。如果数据文件中没有记录结束标记,那么整个文件被看作单个记录。注意到除了记录结束标记外,文件中的文本和数据同它们直接放在模型里是一样的。

　　看一下在数据文件中的记录结束标记连同模型中@file 函数调用是如何工作的。当模型中第一次调用@file 函数时,LINGO 打开数据文件,然后读取第一条记录;第二次调用@file 函数时,LINGO 读取第二条记录,等等。文件的最后一条记录可以没有记录结束标记,当遇到文件结束标记时,LINGO 会读取最后一条记录,然后关闭文件。如果最后一条记录也有记录结束标记,那么直到 LINGO 求解完当前模型后才关闭该文件。

　　LINGO 同时打开的文件总数不允许超过 16 个。

　　当使用@file 函数时,可把记录的内容(除了一些记录结束标记外)看作是替代模型中@file('filename')位置的文本。这也就是说,一条记录可以是声明的一部分、整个声明或一系列声明。外部数据文件中的注释被忽略。

　　注意　在 LINGO 中不允许嵌套调用@file 函数。

　　2)@text 函数

　　该函数用于将计算的数据部分输出保存到文本文件中。函数可以输出集成员和集属性值。

$$@text(['filename'])$$

这里 filename 是文件名,可以采用相对路径和绝对路径两种表示方式。如果忽略filename,那么数据被输出到标准输出设备(大多数情形都是屏幕)。@text 函数仅能出现在模型数据部分的一条语句的左边,右边是集名(用来输出该集的所有成员名)或集属性名(用来输出该集属性的值)。

　　把用接口函数产生输出的数据声明称为输出操作。输出操作仅当求解器求解完模型后才执行,执行次序取决于其在模型中出现的先后。

3) @OLE 函数

@OLE 是从 Excel 中引入或输出数据的接口函数，它是基于传输的 OLE 技术。OLE 传输直接在内存中传输数据，并不借助于中间文件。当使用@OLE 时，LINGO 先装载 Excel，再通知 Excel 装载指定的电子数据表，最后从电子数据表中获得 Ranges（范围，多个单元格）。OLE 函数可在数据部分和初始部分引入数据。

@OLE 可以同时读集成员和集属性，集成员最好用文本格式，集属性最好用数值格式。原始集每个集成员需要一个单元(cell)，而对于 n 元的派生集每个集成员需要 n 个单元，这里第一行的 n 个单元对应派生集的第一个集成员，第二行的 n 个单元对应派生集的第二个集成员，依此类推。

@OLE 只能读一维或二维的 Ranges（在单个 Excel 工作表(sheet)中），但不能读间断的或三维的 Ranges。Ranges 是自左而右、自上而下来读。

4) @ranged(variable_or_row_name)

为了保持最优基不变，变量的费用系数或约束行的右端项允许减少的量。

5) @rangeu(variable_or_row_name)

为了保持最优基不变，变量的费用系数或约束行的右端项允许增加的量。

6) @status()

返回 LINGO 求解模型结束后的状态，如表 1-10 所示。

表 1-10　status 函数的返回值

返回值	status 函数返回值意义
0	Global Optimum（全局最优）
1	Infeasible（不可行）
2	Unbounded（无界）
3	Undetermined（不确定）
4	Feasible（可行）
5	Infeasible or Unbounded（通常需要关闭"预处理"选项后重新求解模型，以确定模型究竟是不可行还是无界）
6	Local Optimum（局部最优）
7	Locally Infeasible（局部不可行，尽管可行解可能存在，但是 LINGO 并没有找到一个）
8	Cutoff（目标函数的截断值被达到）
9	Numeric Error（求解器因在某约束中遇到无定义的算术运算而停止）

注：通常，如果返回值不是 0，4 或 6，那么解将不可信，几乎不能用。该函数仅被用在模型的数据部分来输出数据。

7) @dual

@dual(variable_or_row_name)返回变量的判别数（检验数）或约束行的对偶

（影子）价格（dual prices）。

9. 辅助函数

1）@if(logical_condition,true_result,false_result)

@if 函数将评价一个逻辑表达式 logical_condition，如果为真，返回 true，否则返回 false。

2）@warn('text', logical_condition)

如果逻辑条件 logical_condition 为真，则产生一个内容为 text 的信息框。

1.3.5 LINGO 窗口命令

1. 文件菜单（File）

1）新建（New）

从文件菜单中选用"New"命令，单击"New"按钮或直接按 F2 键可以创建一个新的"Model"窗口。在这个新的"Model"窗口中能够输入所要求解的模型。

2）打开（Open）

从文件菜单中选用"Open"命令，单击"Open"按钮或直接按 F3 键可以打开一个已经存在的文本文件。这个文件可能是一个 Model 文件。

3）保存（Save）

从文件菜单中选用"Save"命令，单击"Save"按钮或直接按 F4 键将当前活动窗口（最前台的窗口）中的模型结果、命令序列等保存为文件。

4）另存为…（Save As…）

从文件菜单中选用"Save As…"命令或直接按 F5 键可以将当前活动窗口中的内容保存为文本文件，其文件名为在"Save As…"对话框中输入的文件名。利用这种方法可以将任何窗口的内容如模型、求解结果或命令保存为文件。

5）关闭（Close）

在文件菜单中选用"Close"命令或直接按 F6 键将关闭当前活动窗口。如果这个窗口是新建窗口或已经改变了当前文件的内容，LINGO 系统将会提示是否想要保存改变后的内容。

6）打印（Print）

在文件菜单中选用"Print"命令，单击"Print"按钮或直接按 F7 键可以将当前活动窗口中的内容发送到打印机。

7）打印设置…（Print Setup…）

在文件菜单中选用"Print Setup…"命令或直接按 F8 键可以将文件输出到指定的打印机。

8) 打印预览 (Print Preview)

在文件菜单中选用 "Print Preview…" 命令或直接按 Shift + F8 键可以进行打印预览。

9) 输出到日志文件… (Log Output…)

从文件菜单中选用 "Log Output…" 命令或直接按 F9 键打开一个对话框，用于生成一个日志文件，它存储接下来在 "命令行窗口" 中输入的所有命令。

10) 提交 LINGO 命令脚本文件… (Take Commands…)

从文件菜单中选用 "Take Commands…" 命令或直接按 F11 键就可以将 LINGO 命令脚本 (command script) 文件提交给系统进程来运行。

11) 引入 LINGO 文件… (Import Lingo File…)

从文件菜单中选用 "Import Lingo File…" 命令或直接按 F12 键可以打开一个 LINGO 格式模型的文件，然后 LINGO 系统会尽可能把模型转化为 LINGO 语法允许的程序。

12) 退出 (Exit)

从文件菜单中选用 "Exit" 命令或直接按 F10 键可以退出 LINGO 系统。

2. 编辑菜单 (Edit)

1) 恢复 (Undo)

从编辑菜单中选用 "Undo" 命令或按 Ctrl + Z 组合键，将撤销上次操作，恢复至之前的状态。

2) 剪切 (Cut)

从编辑菜单中选用 "Cut" 命令或按 Ctrl + X 组合键可以将当前选中的内容剪切至剪贴板中。

3) 复制 (Copy)

从编辑菜单中选用 "Copy" 命令，单击 "Copy" 按钮或按 Ctrl + C 组合键可以将当前选中的内容复制到剪贴板中。

4) 粘贴 (Paste)

从编辑菜单中选用 "Paste" 命令，单击 "Paste" 按钮或按 Ctrl + V 组合键可以将剪贴板中的当前内容复制到当前插入点的位置。

5) 粘贴特定… (Paste Special…)

与上面的命令不同，它可以用于剪贴板中的内容不是文本的情形。

6) 全选 (Select All)

从编辑菜单中选用 "Select All" 命令或按 Ctrl + A 组合键可选定当前窗口中的所有内容。

7) 匹配小括号(Match Parenthesis)

从编辑菜单中选用"Match Parenthesis"命令，单击"Match Parenthesis"按钮或按 Ctrl + P 组合键可以为当前选中的开括号查找匹配的闭括号。

8) 粘贴函数(Paste Function)

从编辑菜单中选用"Paste Function"命令可以将 LINGO 的内部函数粘贴到当前插入点。

3. SOLVER 菜单(Solver)

1) 求解模型(Solve)

从 LINGO 菜单中选用"Solve"命令，单击"Solve"按钮或按 Ctrl + S 组合键可以将当前模型送入内存求解。

2) 求解结果…(Solution…)

从 LINGO 菜单中选用"Solution…"命令，单击"Solution…"按钮或直接按 Ctrl + O 组合键可以打开求解结果的对话框。这里可以指定查看当前内存中求解结果的那些内容。

3) 查看…(Look…)

从 LINGO 菜单中选用"Look…"命令或直接按 Ctrl + L 组合键可以查看全部的或选中的模型文本内容。

4) 灵敏性分析(Range，Ctrl + R)

用该命令产生当前模型的灵敏性分析报告：研究当目标函数的费用系数和约束右端项在什么范围(此时假定其他系数不变)时，最优基保持不变。灵敏性分析是在求解模型时作出的，因此在求解模型时灵敏性分析是激活状态，但是默认是不激活的。为了激活灵敏性分析，运行 LINGO|Options…，选择 General Solver Tab，在 Dual Computations 列表框中，选择 Prices and Ranges 选项。灵敏性分析耗费相当长的求解时间，因此当速度很关键时，就没有必要激活它。

5) 模型通常形式…(Generate…)

从 LINGO 菜单中选用"Generate…"命令或直接按 Ctrl + G 组合键可以创建当前模型的代数形式、LINGO 模型或 MPS 格式文本。

6) 选项…(Options…)

从 LINGO 菜单中选用"Options…"命令，单击"Options…"按钮或直接按 Ctrl + I 组合键可以改变一些影响 LINGO 模型求解时的参数。该命令将打开一个含有 7 个选项卡的窗口，可以通过它修改 LINGO 系统的各种参数和选项。如图 1-26 所示。

修改完以后，如果单击"应用"按钮，则新的设置马上生效；如果单击"OK"(确定)按钮，则新的设置马上生效，并且同时关闭该窗口。如果单击"Save"(保存)

按钮，则将当前设置变为默认设置，下次启动
LINGO 时这些设置仍然有效。单击"Default"（缺
省值）按钮，则恢复 LINGO 系统定义的原始默认
设置（缺省设置）。

图 1-26 选项窗口

4. 窗口菜单（Windows）

1）命令行窗口（Open Command Window）
从窗口菜单中选用"Open Command Window"
命令或直接按 Ctrl + 1 可以打开 LINGO 的命令行
窗口。在命令行窗口中可以获得命令行界面，在
"："提示符后可以输入 LINGO 的命令行命令。

2）状态窗口（Status Window）
从窗口菜单中选用"Status Window"命令或直接按 Ctrl + 2 可以打开 LINGO
的求解状态窗口。

如果在编译期间没有表达错误，那么 LINGO 将调用适当的求解器来求解模
型。当求解器开始运行时，它就会显示如图 1-27 所示的求解器状态窗口（LINGO
Solver Status）。

图 1-27 求解器状态窗口

求解器状态窗口对于监视求解器的进展和
模型大小是有用的。求解器状态窗口提供了一
个 Interrupt Solver（中断求解器）按钮，单击它会
导致 LINGO 在下一次迭代时停止求解。在绝大
多数情况下，LINGO 能够交还和报告到目前为
止的最好解。一个例外是线性规划模型，返回
的解是无意义的，应该被忽略。但这并不是一
个问题，因为线性规划通常求解速度很快，很
少需要中断。

注意 在中断求解器后，必须小心解释当
前解，因为这些解可能根本就不是最优解，可能也不是可行解或者对线性规划模
型来说就是无价值的。

5. 帮助菜单（Help）

1）帮助主题（Help）
从帮助菜单中选用"Help"可以打开 LINGO 的帮助文件。
2）关于 LINGO（About Lingo）
关于当前 LINGO 的版本信息等。

第2章 方程模型

方程是很多工程和科学工作的发动机。当研究大型的土建结构、机械结构、输电网络、管道网络，以及研究经济规划、人口增长、种群繁殖等问题时，简单的分析可以直接归结为线性或非线性方程组，复杂一些的要用到(偏)微分方程，一般在求数值解时将转化为 n 非常大的方程组。本章主要介绍方程(组)求解方法和微分方程求解方法。

2.1 方程(组)求解

本节首先通过实际范例介绍方程模型建立与求解的思想方法，培养学生建模的思维能力和方程模型的应用能力，其次分别介绍方程求解、方程组求解和MATLAB 软件直接求解方法。

2.1.1 范例——新客机定价问题

【问题背景】

全球较大的飞机制造商——波音公司自推出波音 707 开始，成功地开发了一系列的喷气式客机。问题：讨论该公司对一种新型客机最优定价策略的数学模型。

【问题分析】

定价策略涉及诸多因素，这里考虑以下主要因素：

价格、竞争对手的行为、出售客机的数量、波音公司的客机制造量、制造成本、市场占有率等因素。

【模型假设】

价格记为 p，根据实际情况，对于民航飞机制造商，能够与波音公司抗衡的竞争对手只有一个，因此他们可以在价格上达成一致，具体假设如下：

(1)型号：为了研究方便，假设只有一种型号的飞机。

(2)销售量：其销售量只受飞机价格 p 的影响。预测以此价格出售，该型号飞机全球销售量为 N。N 应该受到诸多因素的影响，假设其中价格是最主要的因素。

根据市场历史的销售规律和需求曲线，假设该公司销售部门预测得到

$$N = N(p) = -78p^2 + 655p + 125$$

(3)市场占有率：既然在价格上达成一致，即价格的变化是同步的，那么不同定价不会影响波音公司的市场占有率，因此市场占有率是常数，记为 h。

(4)制造数量：假设制造量等于销售量，记为 x。既然可以预测该型号飞机的全球销售量，结合波音公司的市场占有率，可以得到

$$x = h \times N(p)$$

(5)制造成本：根据波音公司产品分析部门的估计，制造成本为

$$C(x) = 50 + 1.5x + 8x^{3/4}$$

(6)利润：假设利润等于销售收入去掉成本，并且公司的最优策略原则为利润 $R(p)$ 最大，即

$$R(p) = px - C(x)$$

【模型建立】

由以上简化的分析及假设得到波音公司飞机最佳定价策略的数学模型如下：

$$\max R(p) = px - C(x)$$

其中，$x = h \times N(p)$；$N = N(p) = -78p^2 + 655p + 125$；$C(x) = 50 + 1.5x + 8x^{3/4}$，且 $p, x, N \geqslant 0$。

【模型求解】

采用图形放大的方法求解。具体方法为：用 MATLAB 作出目标函数曲线图，得到一个直观的印象：最优定价策略下价格 p 大致在 6 到 7 之间；再用图形放大方法，进一步估计出(图2-1)。

$$p \approx 6.2859, \quad R = 1780.8336$$

MATLAB 程序如下(作函数曲线图的基本程序)：

```
h=0.5;a=0;b=8;n=80;d=(b-a)/n;
for i=1:n+1
pr(i)=a+(i-1)*d;p=pr(i);
n=-78*p^2+655*p+125;x=h*n;r=p*x;
c=50+1.5*x+8*x^(3/4);l(i)=r-c;
end
plot(pr,l);grid on
xlabel('价格 p');title('利润函数曲线 R(p)')
```

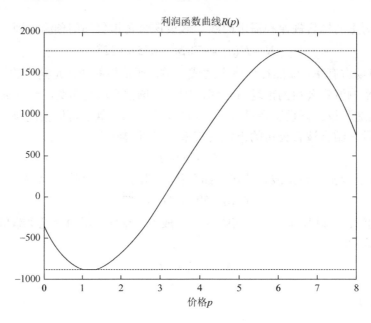

图 2-1　飞机价格与利润曲线图

注意 (1)根据图形的具体情况，不断修改上面程序中的最长一条语句，就可以不断地放大图形，将最优解的范围限制得越来越小，直至找出满意的近似解。

(2)以上的市场占有率 $h=0.5$，对于市场占有率 h 的其他取值，可以类似地进行。

【思考问题】

(1)求出 h 取其他值时的最优价格，并进行比较。

(2)该模型本身是一个最值问题，由高等数学的知识，可以利用导数求驻点然后求最值。给出用此方法得到最佳价格 p(精确到小数点后四位)的求解过程及 MATLAB 程序。

(3)如果模型假设中，在预测该型号飞机的全球销售量时，使用的不是二次函数，而是其他符合市场规律的曲线，则具体考虑几种不同曲线，并进行计算和比较。

(4)以上问题的 6 条模型假设中，哪些较为合理，哪些不太合理，应该如何修改？

(5)在将此模型推向实际应用时，哪些因素是关键的，哪些因素的处理和参数的获取是很困难的？

2.1.2　方程求解

常见的方程(组)模型:

方程一般形式

$$ax^2 + bx + c = 0$$

$$……$$

$$a_0 x^n + a_1 x^{n-1} + \cdots + a_{n-1}x + a_n = 0$$

$$e^{-3t}\sin(4t+2) + 4e^{-0.5t}\cos(2t) = 0.5$$

方程组一般形式

$$\begin{cases} x^2 e^{-xy^2/2} + e^{-x/2}\sin(xy) = 0 \\ x^2\cos(x+y^2) + y^2 e^{x+y} = 0 \end{cases}$$

一般情况建立的模型是非线性方程或方程组的求解问题。通常采用图形放大法和数值迭代逼近法。

1. 图形放大法

由于计算机的广泛应用,可以非常方便地作出函数 $f(x)$ 的图形(曲线),找出曲线与 x 轴的交点的横坐标值,就可求出 $f(x)=0$ 的近似根。这些值尽管不精确,但是直观。方程有多少个根?在什么范围?一目了然,并且可以借助计算机使用图形局部放大功能,将根定位得更加准确。

用图形放大法求解方程 $f(x)=0$ 的步骤如下。

步骤 1:建立坐标系,作曲线 $f(x)$;

步骤 2:观察 $f(x)$ 与 x 轴的交点;

步骤 3:将其中的一个交点进行局部放大;

步骤 4:该交点的横坐标值就是方程的一个根;

步骤 5:对所有的交点进行相同的处理,就得到方程的所有解。

例 2.1　求方程 $x^5 + 2x^2 + 4 = 0$ 所有的根及大致分布范围,欲寻求其中的一个实根,并且达到一定的精度。

(1)画出 $f(x) = x^5 + 2x^2 + 4$ 的图形(图 2-2)。

```
x=-6:0.01:6;
y=x.^5+2*x.^2+4;
plot(x,y)
grid on
```

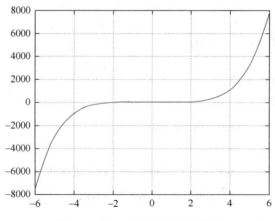

图 2-2　例 2.1 第(1)步运行图形

图 2-2 可以看出方程在 −2～2 范围有一个实根。

(2)逐次缩小范围得到较精确的根(图 2-3～图 2-5)。

(a)x=-2:0.01:2;

y=x.^5+2.*x.^2+4;

plot(x,y)

grid on

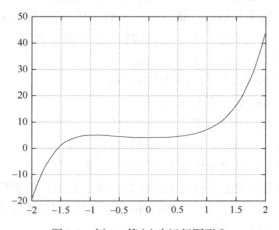

图 2-3　例 2.1 第(2)步运行图形 I

(b)x=-2:0.01:-1.5;

y=x.^5+2.*x.^2+4;

plot(x,y)

grid on

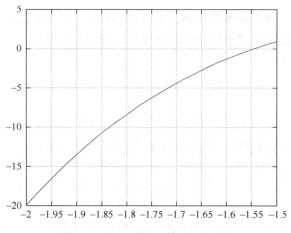

图 2-4　例 2.1 第(2)步运行图形 Ⅱ

(c) x=-1.6:0.01:-1.5;
y=x.^5+2.*x.^2+4;
plot(x,y)
grid on

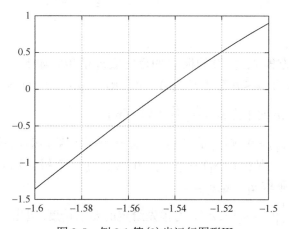

图 2-5　例 2.1 第(2)步运行图形Ⅲ

因此，从图 2-5 可以估计这个实根的值在 -1.55～-1.54 。

2. 数值迭代逼近法

利用图形放大法或连续函数的零点存在性定理，可以推知 $f(x)$ 在某一区间内有根，也可以用数值方法来求方程的近似根，这就是**迭代逼近法**。

迭代逼近法分为**区间迭代法**和**点迭代法**。区间迭代法又分为**二分法**和**黄金分**

割法；点迭代法又分为**简单迭代法、单点割线法、两点割线法、牛顿切线法**等。迭代失败后又可以采用**加速迭代收敛方法**。下面来一一介绍这些方法。

1)区间迭代法

A. 二分法

基本思路

一般地，对于函数 $f(x)$ ，如果存在实数 c ，当 $x=c$ 时，若 $f(c)=0$ ，那么把 $x=c$ 叫做函数 $f(x)$ 的零点，解方程即要求 $f(x)$ 的所有零点。

假定 $f(x)$ 在区间 (x,y) 上连续，先找到 a,b 属于区间 (x,y) ，使 $f(a),f(b)$ 异号，说明在区间 (a,b) 内一定有零点，然后求 $f[(a+b)/2]$ ，现在假设 $f(a)<0,f(b)>0$ ，$a<b$ 。

(1)如果 $f[(a+b)/2]=0$ ，该点就是零点，如果 $f[(a+b)/2]<0$ ，则在区间 $((a+b)/2,b)$ 内有零点，$(a+b)/2 \geqslant a$ ，从(1)开始继续使用。

(2)如果 $f[(a+b)/2]>0$ ，则在区间 $(a,(a+b)/2)$ 内有零点，$(a+b)/2 \leqslant b$ ，从(1)开始继续使用，进行中点函数值判断，这样就可以不断接近零点。

通过每次把 $f(x)$ 的零点所在小区间收缩一半的方法，使区间的两个端点逐步迫近函数的零点，以求得零点的近似值，这种方法叫做**二分法**。

综上，每次运算后，区间长度减少一半，是线性收敛。另外，二分法不能计算复根和重根。

迭代步骤

用二分法求方程 $f(x)=0$ 的根 x^* 的近似值 x_k 的步骤如下。

步骤 1：若对于 $a<b$ 有 $f(a)f(b)<0$ ，则在 (a,b) 内 $f(x)=0$ 至少有一个根。

步骤 2：取 a,b 的中点 $x_1=\dfrac{a+b}{2}$ 计算 $f(x_1)$ 。

步骤 3：若 $f(x_1)=0$ ，则 x_1 是 $f(x)=0$ 的根，停止计算，运行后输出结果 $x^*=x_1$ ，若 $f(a)f(x_1)<0$ ，则在 (a,x_1) 内 $f(x)=0$ 至少有一个根。取 $a_1=a,b_1=x_1$ ；若 $f(a)f(x_1)>0$ ，则取 $a_1=x_1,b_1=b$ 。

步骤 4：若 $\dfrac{1}{2}|b_k-a_k| \leqslant \varepsilon$ （ ε 为预先给定的要求精度)退出计算，运行后输出结果 $x^* \approx \dfrac{a_k+b_k}{2}$ ，反之，返回步骤 1，重复步骤 1～步骤 3。

MATLAB 程序：

```
syms x;
  fun=input('(输入函数形式)fx=');
  a=input('(输入二分法下限)a=');
  b=input('(输入二分法上限)b=');
```

```
d=input('输入误差限 d=')%二分法求根
%f=inline(x^2-4*x+4);
f=inline(fun);%修改需要求解的 inline 函数的函数体
e=b-a; k=0;
while e>d
    c=(a+b)/2;
    if  f(a)*f(c)<0
        b=c;
    elseif  f(a)*f(c)>0
        a=c;
    else
        a=c;b=c
    end
    e=e/2; k=k+1;
end
x=(a+b)/2;
x%x 为答案
k%k 为次数
```

例 2.2 用二分法计算方程 $x^4 - 2x^3 + 4x + 10 = 0$ 在 $(-2,2)$ 内的实根的近似值，要求精度为 0.0001。

解 （输入函数形式）fx=x^4-2*x^3+4*x+10
（输入二分法下限）a=-2
（输入二分法上限）b=2
输入误差限 d=0.0001
得到结果：

```
d=
  1.0000e-004
x=
    2.0000
k=
    16
```

B. 黄金分割法

基本思路

黄金分割法是优化方法中的经典算法，以算法简单、效果显著而著称，是许多优化算法的基础。但它只适用于一维区间 $[a,b]$ 上的凸函数。其基本思路是：依照"去坏留好"原则、对称原则以及等比收缩原则,利用序列消去原理,通过不断缩小单峰区间长度,即每次迭代都消去一部分无用区间,使搜索区间不断缩小,来逐步缩小搜索范围,从而不断逼近目标函数极小点的一种优化方法。该方法对函数没有特殊要求,函数甚至可以是不连续的。

在搜索区间 $[a,b]$ 内必须按下述规则对称地取 a_1 和 a_2 两点: $a_1 = b - \lambda(b-a)$, $a_2 = a + \lambda(b-a)$, a_1 和 a_2 将区间分成三段,其中, λ 称为区间收缩率,黄金分割法中 $\lambda \approx 0.618$,然后计算插入点的函数值。应用函数的单峰性质,通过函数值大小的比较,删去其中一段,使搜索区间得以缩小。再在保留下来的区间上作同样的处理,如此迭代下去,使搜索区间无限缩小,从而得到极小点的数值近似解。

黄金分割法程序结构简单,容易理解,但计算效率偏低,较适用于设计变量少的优化问题中的一维搜索。

迭代步骤

步骤 1:给定区间 $[a,b]$,并输入 $\varepsilon > 0$;

步骤 2:计算 $a_1 = b - 0.618(b-a), a_2 = a + 0.618(b-a)$;

步骤 3:判断 $b - a < \varepsilon$,若成立,则迭代终止,到步骤 7;否则,继续;

步骤 4:若 $f(a_1) \leqslant f(a_2)$,转步骤 5,否则转步骤 6;

步骤 5:令 $b = a_2, a_2 = a_1, a_1 = b - 0.618(b-a)$,转步骤 3;

步骤 6:令 $a = a_1, a_1 = a_2, a_2 = a + 0.618(b-a)$,转步骤 3;

步骤 7:得出最优解 $x^* = (a+b)/2$, $y^* = f(x^*)$ 。

MATLAB 程序:以实例给出。

例 2.3 用黄金分割法求解 $f(x) = x(x+2)$ 的近似极小点 x^* 及 $f(x^*)$, $a = -3$, $b = 5$, $\varepsilon = 0.01$ 。

程序如下:

(1)首先建立函数。建立 M 文件,命名为 fun_gs.m,文件内容如下:

```
function y=fun_gs(x)
y=x^2+2*x;
```

(2)编写迭代程序主体。建立 gs.m 文件,内容如下:

```
a=-3;
b=5;
eps=0.01;
n=0;
i=100;

a1=b-0.618*(b-a);
a2=a+0.618*(b-a);
```

```
y1=fun_gs(a1);
y2=fun_gs(a2);

for k=1:i
  if (abs(b-a)<=eps)
    y=fun_gs((b+a)/2);
    break;
  else
    if(y1<=y2)
        y2=fun_gs(a1);
        b=a2;
        a2=a1;
        a1=b-0.618*(b-a);
        y1=fun_gs(a1);
    else
        y1=fun_gs(a2);
        a=a1;
        a1=a2;
        a2=a+0.618*(b-a);
        y2=fun_gs(a2);
    end
      n=n+1;
  end
end
n;x=(a+b)/2;y;
```

运行程序，结果为

$$n = 14 \quad （迭代次数）$$
$$x^* = -1.0013 \quad （极小值点）$$
$$y^* = -1.0000 \quad （极小值点的函数值）$$

【实例结果分析】

$f(x) = x(x+2) = x^2 + 2x$ 的最小值在 $x = -\dfrac{b}{2a} = -\dfrac{2}{2} = -1$ 时取得，此时有 $y = -1$。

从上述计算结果可以看出，利用 MATLAB 实现的黄金分割法，通过 14 次迭代可以满足收敛精度要求，并且计算结果和理论结果基本一致，误差为

$\Delta = |(-1.0013) - (-1)| = 0.0013$，即求得了函数的全局最优解。当 $\varepsilon = 0.001$ 时，即收敛精度缩小为原来的 $1/10$，此时再进行一次迭代求解，迭代次数增加到 15 次，最优点 $x^* = -1.0001$，$\Delta = |(-1.0001) - (-1)| = 0.0001$。可见计算精度进一步提高，更加接近理论值。所以，在计算机性能允许的前提下，解决复杂优化问题时可以将收敛精度 ε 设为一个很小的值，以此来满足精度要求苛刻的工程问题。

由此可见，在 MATLAB 里编写黄金分割法算法求解最优化问题是有效可行的，具有一定理论及实际应用价值。

2）点迭代法

A. 简单迭代法

迭代步骤

步骤 1：对方程 $f(x) = 0$ 求解；

步骤 2：对方程经过简单变形得到 $x = \varphi(x)$（不是唯一的），x 称为不动点；

步骤 3：设置 x_0 为迭代初值，迭代过程为 $x_{n+1} = \varphi(x_n)$，$n = 0, 1, 2, \cdots$。

当两次迭代结果之差小于某个设定的误差值时，我们认为迭代结果是收敛的，可得到结果的近似值 $x = x_{n+1}$。

例 2.4　求方程 $3x - e^x = 0$ 的非负实根。

解　由于函数 $3x - e^x$ 连续，并且在 $x = 0$ 和 $x = 1$ 处函数值符号相反，可以判断函数在区间 $(0,1)$ 必有零点，即方程 $3x - e^x = 0$ 在 $(0,1)$ 内必然存在根。

（1）先将函数变形为 $x = e^x / 3$；

（2）设置迭代初值为 0，编程进行迭代。

```
n=1;x=0;
y=exp(x)/3;
ys=vpa(y,10);
z=abs(y-x);
while z>10^(-5)
    x=y;
    y=exp(x)/3;
    ys=vpa(y,10);
    z=abs(y-x);
    n=n+1;
end
n,y,ys
```

运行结果：

n=

```
    21
y=
    0.6190
ys=
    0.6190471917
```

从该结果可以看出，迭代 21 次后两次迭代的结果误差值满足小于10^{-5}的条件，结果收敛，迭代结果为 0.6190，若保留小数点后 10 位有效数字则结果为 0.6190471917。

例 2.5 用迭代方法求解方程 $x^3 - x^2 - x - 1 = 0$。

解 (1)将方程变形为 $x = \varphi(x)$，有不同的形式，比如，

$$x = x^3 - x^2 - 1 \tag{2-1}$$

$$x = \sqrt[3]{x^2 + x + 1} \tag{2-2}$$

$$x = 1 + \frac{1}{x} + \frac{1}{x^2} \tag{2-3}$$

······

(2)设定初始值为 1，编程迭代求解。

```
x=1;y=1;z=1;
for k=1:25
x=x^3-x^2-1;
y=(y^2+y+1)^(1/3);
z=1+1/z+1/z^2;
end
x,y,z
```

运行结果：

```
x=
    -Inf
y=
    1.8393
z=
    1.8393
```

在程序中，函数 x, y, z 分别对应方程(2-1)，方程(2-2)，方程(2-3)，从结果可以看出方程(2-1)不收敛，结果趋于负无穷大，方程(2-2)，方程(2-3)收敛，结果均为 1.8393。而且，还可证明方程(2-2)比方程(2-3)收敛速度快。

注 这段程序和例 2.4 有所不同，这里设定了固定的迭代次数。

B. 迭代失败的改进：加速迭代收敛方法

例 2.5 中方程(2-1)的迭代是失败的(即迭代不收敛)，如何解决？

当遇到迭代失败时，可以采用以下的简单方法解决。

考虑不直接用 $\varphi(x)$ 迭代，而用 $\varphi(x)$ 和 x 的加权平均 $h(x) = \lambda\varphi(x) + (1-\lambda)x$ 进行迭代，λ 为参数。

即 $x = h(x)$，迭代格式为 $x_{n+1} = h_n(x)$。

在满足 $|h'(x)| < 1$ 的条件下，取 $|h'(a)| = 0$，由此可以得到 $\lambda = 1/(1-\varphi'(a))$。在实际迭代过程中用 x_n 代替 a，因此在迭代中 $\lambda = 1/(1-\varphi'(x_n))$，其加速迭代过程如下：

$$x_{n+1} = h(x_n) = \frac{\varphi(x_n) - x_n\varphi'(x_n)}{1-\varphi'(x_n)}$$

采用以上方法对例 2.5 中方程(2-1)进行改进，产生新的迭代函数

$$\lambda = \frac{1}{-3x^2 + 2x + 1}, \quad h(x) = \frac{-2x^3 + x^2 - 1}{-3x^2 + 2x + 1}$$

即，加速迭代过程为 $x_{n+1} = h(x_n) = \dfrac{-2x_n^3 + x_n^2 - 1}{-3x_n^2 + 2x_n + 1}$。再编写程序计算：

```
x=0;
for k=1:20
x=(-2*x^3+x^2-1)/(-3*x^2+2*x+1);
end
x
运行结果：
x=
    1.8393
```

```
x=100;
for k=1:20
x=(-2*x^3+x^2-1)/(-3*x^2+2*x+1);
end
x
运行结果：
x=
    1.8393
```

由此看到选用两个不同的初值 0 和 100 都能得到结果是 1.8393，改进是非常有效的，学生还可尝试不同的初值，观察其迭代的收敛性。

实验表明，它比方程(2-1)，方程(2-2)的收敛速度都快。

但要注意，$x=1$ 不能作为初值，这会出现被 0 除的错误。

通过这个例子可以看出，求解方程的迭代函数构造形式多样，不同迭代函数的收敛性和收敛速度都可能不同，需要在遇到具体问题时灵活应用。

C. 介绍几种经典的点迭代公式

(i) 单点割线法：x_n 与 x_0

$$\frac{f(x_1)}{x_1-x_2}=\frac{f(x_1)-f(x_0)}{x_1-x_0}\Leftrightarrow x_2=x_1-\frac{f(x_1)(x_1-x_0)}{f(x_1)-f(x_0)}$$

从而迭代公式为 $x_{n+1}=x_n-\dfrac{f(x_n)}{f(x_n)-f(x_0)}(x_n-x_0)$。

(ii) 两点割线法：x_n 与 x_{n-1}

$$x_{n+1}=x_n-\frac{f(x_n)}{f(x_n)-f(x_{n-1})}(x_n-x_{n-1})$$

从而迭代公式为 $x_{n+1}=x_n-\dfrac{f(x_n)}{f(x_n)-f(x_{n-1})}(x_n-x_{n-1})$。

(iii) 牛顿切线法：由牛顿公式

$$\frac{f(x_0)}{x_0-x_1}=f'(x_0)\Leftrightarrow x_1=x_0-\frac{f(x_0)}{f'(x_0)}$$

从而迭代公式为 $x_{n+1}=x_n-\dfrac{f(x_n)}{f'(x_n)}$。

2.1.3　方程组求解

1. 线性方程组的求解

我们在线性代数中已经学习了线性方程组的求解方法。

对于线性方程组

$$\begin{cases} a_{11}x_1+\cdots+a_{1n}x_n=b_1 \\ \qquad\cdots\cdots \\ a_{m1}x_1+\cdots+a_{mn}x_n=b_m \end{cases}$$

可以写成矩阵的形式 $AX=b$。

由线性代数的知识可知，线性方程组的解可能出现三种情形：无解、有唯一解、有无穷多组解。这主要取决于系数矩阵 A 的秩与增广矩阵 $(A|b)$ 的秩是否相等、秩与变量个数是否相等，具体地：

若 $R(A)\neq R(A|b)$，则 $AX=b$ 无解；

若 $R(A)=R(A|b)=n$（n 为变量个数），则 $AX=b$ 有唯一解；

若 $R(A) = R(A|b) < n$，则 $AX = b$ 有无穷多组解。

矩阵 A 的秩可以很方便地用 MATLAB 的 rank(A) 函数求得。

求解线性方程组的方法大致可以划分为两类：直接消去法、迭代数值解法。

直接消去法在线性代数中已经学过，这里不再赘述。

线性方程组可以看成是非线性方程组的特例，其迭代数值解法相同，将在非线性方程组的迭代解法中介绍。

2. 非线性方程组的数值解法

非线性方程组的一般形式为

$$\begin{cases} f_1(x_1,\cdots,x_n) = 0 \\ \qquad\cdots\cdots \\ f_n(x_1,\cdots,x_n) = 0 \end{cases}$$

可以改写为等价的方程组

$$\begin{cases} x_1 = g_1(x_1,\cdots,x_n) \\ \qquad\cdots\cdots \\ x_n = g_n(x_1,\cdots,x_n) \end{cases}$$

用这个方程组进行迭代求得精确解。

例 2.6　求解方程组 $\begin{cases} x_1^2 - 10x_1 + x_2^2 + 8 = 0, \\ x_1x_2^2 + x_1 - 10x_2 + 8 = 0。 \end{cases}$

解　对方程组进行变形，构造如下的迭代函数：

$$\begin{cases} x_1 = 0.1x_1^2 + 0.1x_2^2 + 0.8 \\ x_2 = 0.1x_1x_2^2 + 0.1x_1 + 0.8 \end{cases} \quad 或 \quad \begin{cases} x_1 = \dfrac{10x_2 - 8}{x_2^2 + 1} \\ x_2 = \sqrt{10x_1 - 8 - x_1^2} \end{cases}$$

思考：迭代序列如何表示？

求解方程组迭代产生的序列是数组：$(x_{11}, x_{12}), (x_{21}, x_{22}), \cdots, (x_{n1}, x_{n2}), \cdots$，对本例选择初始点 $(0,0), (2,3), (8,9), \cdots$ 分别计算，迭代次数逐渐增加，观察结果。

迭代程序如下：(初始值是(2, 3)，迭代次数为 20 次)

```
x=[2,3];y=[2,3];
for k=1:20
a=0.1*x(1)^2+0.1*x(2)^2+0.8;
x(2)=0.1*x(1)*x(2)^2+0.1*x(1)+0.8;
x(1)=a;
b=(10*y(2)-8)/(y(2)^2+1);
```

```
y(2)=sqrt(10*y(1)-8-y(1)^2);
y(1)= b;
end
x,y
```

运行结果:

```
x=
    1.0000    1.0000
y=
    2.1934    3.0205
```

从这个结果看出,$x(1)=1, x(2)=1$ 和 $y(1)=2.1934, y(2)=3.0205$ 是方程组的两组解。问:程序中 a, b 变量的作用是什么?取消可以吗?

2.1.4 MATLAB 软件直接求解

1. solve() 命令求解

一般用于求任意函数方程与线性方程组,格式为

$$\text{solve('f1(x)','f2(x)',\cdots,'fn(x)')}$$

solve() 语句的用法如下。

(1) 单变量方程: $f(x)=0$。

(a) 符号解。

例 2.7 求解方程: $ax^2+bx+c=0$。

解 输入: x=solve('a*x^2+b*x+c')

输出:

```
x=
[1/2/a*(-b+(b^2-4*a*c)^(1/2))]
[1/2/a*(-b-(b^2-4*a*c)^(1/2))]
```

或输入: solve('a*x^2+b*x+c')

输出:

```
ans=
[1/2/a*(-b+(b^2-4*a*c)^(1/2))]
[1/2/a*(-b-(b^2-4*a*c)^(1/2))]
```

(b) 数值解。

如果不能求得精确的符号解,可以计算可变精度的数值解。

例 2.8 解方程: $x^3-2x^2=x-1$。

解　输入：s=solve('x^3-2*x^2=x-1')

double(s)

vpa(s,10)

输出：

s=

7/(9*(108^(1/2)*((7*i)/108)+7/54)^(1/3))+((108^(1/2)*7*i)/108+7/54)^(1/3)+2/3

2/3-((108^(1/2)*7*i)/108+7/54)^(1/3)/2+(3^(1/2)*(7/(9*(108^(1/2)*((7*i)/108)+7/54)^(1/3))-((108^(1/2)*7*i)/108+7/54)^(1/3))*i)/2-7/(18*(108^(1/2)*((7*i)/108)+7/54)^(1/3))

2/3-((108^(1/2)*7*i)/108+7/54)^(1/3)/2-(3^(1/2)*(7/(9*(108^(1/2)*((7*i)/108)+7/54)^(1/3))-((108^(1/2)*7*i)/108+7/54)^(1/3))*i)/2-7/(18*(108^(1/2)*((7*i)/108)+7/54)^(1/3))

ans=

　　2.2470+0.0000i

　　0.5550-0.0000i

　　-0.8019-0.0000i

ans=

　　2.246979604+8.67361738e-19*i

　　0.5549581321-3.438310066e-18*i

　　-0.8019377358+2.570948328e-18*i

该方程无实根。

(c)无穷解。

例 2.9　求解方程：$\tan(x)-\sin(x)=0$。

解　输入：solve('tan(x)-sin(x)=0')

输出：

ans=0

注　该方程有无穷多个解，不能给出全部解，这里只得到其中的一个。

(2)多变量方程组：$f_1(x)=0,\cdots,f_n(x)=0$。

例 2.10　解方程组 $\begin{cases} x^2y^2=0, \\ x-\dfrac{y}{2}=b. \end{cases}$

解　输入：

```
[x,y]=solve('x^2*y^2','x-y/2-b')
```
输出:
```
x=
    -2*b
    0
y=
    0
    b
```

```
v=[x,y]
v=
    [0,-2*b]
    [b,0]
```

2. roots()命令求解

一般用于求解多项式方程的函数 roots(p)。

注 该方法可以求出方程的全部根(包含重根)。

例 2.11 求解多项式方程: $x^9 + x^8 + 1 = 0$。

解 输入:
```
p=[1,1,0,0,0,0,0,0,0,1];
roots(p)
```
输出:
```
ans=
   -1.2131
   -0.9017+0.5753i
   -0.9017-0.5753i
   -0.2694+0.9406i
   -0.2694-0.9406i
    0.4168+0.8419i
    0.4168-0.8419i
    0.8608+0.3344i
    0.8608-0.3344i
```
当然,本例也可以用 solve()函数求解。

输入: s=solve('x^9+x^8+1')
```
        double(s)
```

输出：

```
ans=
    -1.2131+0.0000i
    -0.2694-0.9406i
    -0.9017+0.5753i
    -0.9017-0.5753i
    0.4168+0.8419i
    -0.2694+0.9406i
    0.8608+0.3344i
    0.4168-0.8419i
    0.8608-0.3344i
```

3. 线性方程组 MATLAB 直接求解

线性方程组除了可以使用 solve()求解外，还可以使用其他的 MATLAB 命令。将线性方程组写成矩阵形式：$AX = b$，就可以考虑用以下几种形式之一求解。

```
linsolve(A,b);
sym(A)\sym(b);
A\b;
inv(A)*b;    inv(A)表示 A 的逆矩阵，这里 A 必须为方阵且可逆；
pinv(A)*b;   pinv(A)表示 A 的逆矩阵，A 可以为任意矩阵。
```

例 2.12 求解线性方程组：$AX = b$。

(1)输入：A=[4 1 0;1 -1 5;2 2 -3];b=[6;14;-3];

```
x=A\b
```

输出：

```
x=
    1
    2
    3
rankA=rank(A)
C=[A,b];
rankAb=rank(C)
rankA=
    3
rankAb=
    3
```

注　此例中 $\mathrm{rank}(A)=\mathrm{rank}(A\,|\,b)=3$，说明方程有唯一解。

(2)输入：A=[4 3 0;3 4 -1;0 -1 4];b=[24;30;-24];

x=sym(A)\sym(b)

输出：

x=

  3

  4

  -5

x=A\b

x=

   3.0000

   4.0000

  -5.0000

rank(A)

ans=

    3

c=[A,b];

rank(c)

ans=

    3

注　此例中 $\mathrm{rank}(A)=\mathrm{rank}(A\,|\,b)=3$，说明方程有唯一解。

4. 非线性方程组 MATLAB 直接求解

非线性方程组仍然可以用 solve()求解，一般给出的是数值解。也可用 fsolve()函数求解，格式是

$$f1(x)=0,\cdots,fn(x)=0,x=(x1,\cdots,xn)$$

输入：x=fsolve('fun',x0,options)

这里 x_0 为变量的初始值；options 可缺省，若 options=1，表示输出中间结果；fun 为 M 文件的文件名。M 文件如下所示：

```
fun.m
function  f=fun(x)
f(1)=f1(x);
...
f(n)=fn(x)
```

例 2.13　求解方程组：$\begin{cases} \sin x + y^2 + \ln z - 7 = 0, \\ 3x + 2^y - z^3 + 1 = 0, \\ x + y + z - 5 = 0。 \end{cases}$

解　这是一个非线性方程组。

(1)首先建立关于该方程组的 M 文件。

```
function  eq=nxxf(x)
global  number;
number=number+1;
eq(1)=sin(x(1))+x(2)^2+log(x(3))-7;
eq(2)=3*x(1)+2^x(2)-x(3)^3+1;
eq(3)=x(1)+x(2)+x(3)-5;
```

(2)执行以下程序。

```
global  number;
number=0;
y=fsolve('nxxf',[1,1,1],1)
number
y=
    0.5990    2.3959    2.0050
number=
    29
```

这里迭代步骤为 29 次。

2.2　微分方程求解

在许多实际问题中欲研究量与量之间的变化规律，微分方程起着十分重要的作用。常见的微分方程模型有：线性和非线性的、常系数和变系数的、有解析表达式和无解析表达式的微分方程与微分方程组的情形等。本节首先通过实际范例介绍微分方程模型建立与求解的思想方法；其次介绍常微分方程的求解方法及MATLAB 软件求解；最后介绍偏微分方程及 MATLAB 软件求解。

2.2.1　范例——人口增长问题

【问题背景】

中国是一个人口大国，人口问题始终是影响我国发展的关键因素之一。我国自 20 世纪 70 年代开始推行计划生育以来，生育率迅速下降，取得了举世瞩目的成就，但在全面建成小康社会的进程中，仍面临人口形势严峻的问题。随着我国经济的发展、国家人口政策的实施，未来我国人口高峰期到底有多少人口，专家学者的预测结果不一。因此，根据已有数据，运用数学建模的方法，对中国人口作出分析和预测是一个重要问题。

表 2-1 列出了中国 1982～1998 年的人口统计数据，取 1982 年为起始年（$t = 0$），1982 年的人口为 101654 万人，人口自然增长率为 14‰，以 36 亿作为我国人口的容纳量，试建立一个较好的人口数学模型并给出相应的算法和程序，并与实际人口进行比较。

表 2-1　中国 1982～1998 年的人口统计数据

年份	1982	1983	1984	1985	1986	1987
人口/万人	101654	103008	104357	105851	107507	109300
年份	1988	1989	1990	1991	1992	1993
人口/万人	111026	112704	114333	115823	117171	118517
年份	1994	1995	1996	1997	1998	
人口/万人	119850	121121	122389	123626	124810	

【问题分析】

对于人口增长的问题，其影响因素有很多，比如，人口基数、出生率、死亡率、人口男女比例、人口年龄结构的组成、人口的迁入率和迁出率、人口的生育率和生育模式、国家的医疗发展情况、国家的政治策略等。如果把这些因素都要考虑进去，则该问题根本无从下手。因此，应该根据中国人口自身发展的特点，选取相应的能够体现我国人口发展特点的模型。

人口发展模型有连续形式和离散形式，因为题目所给的数据是每个年份的具体数据，可以将这些数据视为连续的。根据表格中的数据，我们使用 MATLAB 编程画出散点图(图 2-6)，MATLAB 程序如下：

```
syms x y
x0=1982:1:1998
y0=[101654  103008  104357  105851  107507  109300 111026
    112704  114333  115823  117171  118517  119850  121121
    122389  123626  124810]
plot(x0,y0,'*')
```

```
xlabel('x')
ylabel('y')
```

从图中我们可以看到人口数在 1982～1998 年是呈增长趋势的，且增长趋势类似于指数型增长，因此，我们可以先建立一个指数增长模型(Malthus 模型)。但是，由于地球上的资源是有限的，它只能提供一定数量的生命生存所需的条件，因此人口不可能无限制增加。随着人口数量的增加，自然资源、环境条件等对人口再增长的限制作用将越来越显著。

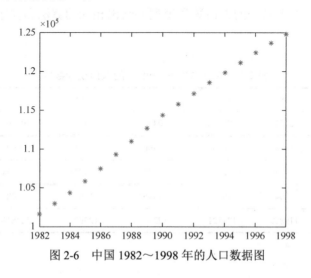

图 2-6　中国 1982～1998 年的人口数据图

于是我们假设在人口较少时，可以把人口增长率看成常数，但随着人口的增加，我们应该把人口增长率视为一个随着人口增加而减小的量，从而我们可以将模型 1(Malthus 模型)优化为一个阻滞增长模型(logistic 模型)。

【模型假设】

1. Malthus 模型

假设我国人口的增长符合人口指数增长的规律，即满足 Malthus 模型的两个前提，分别是人类生存必备的食物和正常生理需求。从这两个前提出发，可以得到食物或生活资料的增长与人口的增长之间的比例关系。Malthus 发现：人口是按几何级数增长的，而生活资料则只按算术级数增长，显然，人口的增长比生活资料增长得要快。

然而，Malthus 并不认为这两个级数就是人口规律的反映，抑制人口的增长才能保持两个级数平衡。Malthus 将人口自然法则归纳成以下三个定理。

第一，人口的制约原理，说明人口与生活资料之间必然存在某种正常的比例，即"人口的增长，必然要受到生活资料的限制"；

第二，人口理论，即"生活资料增加，人口也常随着增加"；

第三，Malthus 人口原理的核心，称之为人口的均衡原理，即"占优势的人口繁殖力为贫困和罪恶所抑制，因而使现实的人口得以与生活资料保持平衡"。这个原理与前两个原理是紧密相连的，它说明人口与生活资料之间最终将实现均衡，但是这种均衡不是自然实现的，而是种种"抑制"的产物。所以，Malthus 模型假设条件如下：

(1) 设 $P(t)$ 表示 t 时刻的人口数，且 $P(t)$ 连续可微。

(2) 人口的增长率 r 是常数(增长率 = 出生率–死亡率)。

(3) 人口数量的变化是封闭的，即人口数量的增加与减少只取决于人口中个体的生育与死亡，且每一个体都具有同样的生育能力与死亡率。

2. logistic 模型

由于地球上的资源有限，当人口数量发展到一定阶段后，会产生一系列问题，如食物短缺、居住和交通拥挤等。另外，随着人口密度的增加，疾病将会增多，死亡率会上升，因此，人口的增长率不会是 Malthus 所假设的是一个常数不改变，而是会随着人口数量增加而减少。假设增长率 r 表示人口数的函数 $r(p)$，且 $r(p)$ 为 p 的减函数。

(1) 设 $r(p)$ 为 p 的线性函数，$r(p) = r - kp$。

(2) 自然资源与环境条件所能容纳的最大人口数为 p_m，即当 $p = p_\mathrm{m}$ 时，增长率 $r(p) = 0$。

变量说明见表 2-2。

表 2-2　变量说明

符号	表示意义
p	人口数量
t	年份
r	人口自然增长率
p_m	人口最大容纳量
p_0	起始年人口

【模型建立与求解】

1. Malthus 模型

由假设 1，t 时刻到 $t + \Delta t$ 时刻人口增量为

$$p(t + \Delta t) - p(t) = r \cdot p(t) \cdot \Delta t$$

于是可得

$$\begin{cases} \dfrac{\mathrm{d}p}{\mathrm{d}t} = rp \\ p(t_0) = p_0 \end{cases}$$

由分离变量法解得模型的解为

$$p(t) = p_0 \cdot \mathrm{e}^{rt}$$

对该模型两边同时取对数得到一次线性拟合函数

$$y = \ln p, \quad a = \ln p_0, \quad y = rt + a$$

取表中 1982～1998 年的数据用 MATLAB 程序：

```
t=[1982:1:1998];
y=[log(101654)  log(103008) log(104357)  log(105851)
log(107507) log(109300) log(111026) log(112704)
log(114333) log(115823) log(117171) log(118517)
log(119850) log(121121) log(122389) log(123626)
log(124810)]
p1=polyfit(t,y,1);
f=poly2str(p1,'t')
```

进行线性最小二乘拟合可得出

$$f = 0.013141t - 14.5121$$

所以可知 $r = 0.013141$，$p(t) = 10164 \times \exp(0.013141 \times (t - 1982))$。

再利用 MATLAB 程序：

```
syms x y p
x0=1982:1:1998
y0=[101654  103008  104357  105851  107507  109300 111026
112704  114333  115823  117171  118517 119850   121121
122389  123626  124810]
plot(x0,y0,'*')
xlabel('x')
ylabel('y')
hold on
t=1982:1:1998
r=0.013141
p=10164.*exp(0.013141.*(t-1982))
```

```
y=log(p)
a=log(10164)
y=r*t+a
plot(x,p,'r','LineWidth',0.5);
legend('原始数据散点图','指数拟合曲线');
grid on;
```

MATLAB 拟合图像如图 2-7 所示。

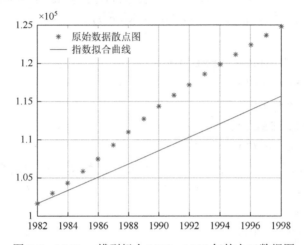

图 2-7　Malthus 模型拟合 1982～1998 年的人口数据图

由图 2-7 可以看出，随着时间 t 的增加其误差逐渐加大，所以需要对其修正。

2. logistic 模型

由假设 2 可知，记 $p(t)$ 是第 t 年的人口数量，人口增长率 $r(p)$ 是 p 的线性函数，$r(p)=r-kp$。最大人口容纳量为 p_m。即当 $p=p_m$ 时，增长率 $r(p)=0$。所以

$$\begin{cases} \dfrac{\mathrm{d}p}{\mathrm{d}t} = r(p) \cdot p = rp\left(1-\dfrac{p}{p_m}\right) \\ p(t_0)=p_0 \end{cases}$$

同样利用分离变量法求得其解：

$$p(t) = \frac{p_m}{1+\left(\dfrac{p_m}{p_0}-1\right) \cdot \exp(-r \cdot (t-t_0))}$$

从上述两个表达式中，可以总结出如下规律：

当 $\lim\limits_{t\to\infty} p(t) = p_{\mathrm{m}}$ 时，表明不管人口初始状态是什么样，人口总数最终都将趋于最大人口容纳量。

当 $p(t) > p_{\mathrm{m}}$ 时，$\dfrac{\mathrm{d}p}{\mathrm{d}t} < 0$；当 $p(t) < p_{\mathrm{m}}$ 时，$\dfrac{\mathrm{d}p}{\mathrm{d}t} > 0$。表明当人口数量超过最大人口容纳量时，人口数量将减少；当人口数量小于最大人口容纳量时，人口数量将增加。人口变化率 $\dfrac{\mathrm{d}p}{\mathrm{d}t}$ 在 $p = \dfrac{p_{\mathrm{m}}}{2}$ 时取得最大值，即人口总数达到极限值一半之前是加速生长的，经过此点后，增长率会逐渐减小至 0。采用非线性最小二乘估计法对参数 r 和 p_{m} 进行估计，通过 MATLAB 程序：

```
clc,clear
a=textread('data1.txt');
p=a([2:2:6],:)';
p=nonzeros(p);
t=[1982:1:1998]';
t0=t(1); p0=p(1);
fun=@(cs,td)cs(1)./(1+(cs(1)/p0-1)*exp(-cs(2)*(td-t0)));
cs=lsqcurvefit(fun,rand(2,1),t(2:end),p(2:end),
zeros(2,1));
r=cs(2),pm=cs(1)
```
结果可得
$$r = 0.01137, \quad p_{\mathrm{m}} = 3.7465 \times 10^4$$
用 MATLAB 拟合图像如图 2-8 所示。

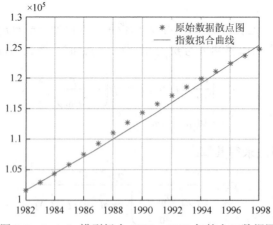

图 2-8　logistic 模型拟合 1982～1998 年的人口数据图

【模型检验及结果分析】

经过前面模型建立的工作，已建立出 Malthus 模型和 logistic 模型。现在根据所建立的模型预测相关年份的人口数量，并与实际人口数量相比较以检验模型的优劣性(表 2-3)。

表 2-3 Malthus 模型与 logistic 模型对我国人数据的拟合结果

年份	实际人口/万	计算人口 p_1/万	计算人口 p_2/万
1982	101654	101650	101650
1983	103008	102500	103000
1984	104357	103350	104360
1985	105851	10420	105740
1986	107507	105060	107140
1987	109300	105920	108560
1988	111026	106790	109990
1989	112704	107660	111450
1990	114333	108530	112920
1991	115823	109410	114420
1992	117171	110290	115930
1993	118517	111180	117460
1994	119850	112070	119020
1995	121121	112960	120590
1996	122389	113860	122190
1997	123626	114770	123800
1998	124810	115670	125440

对表 2-3 中数据进行分析可知：对于短期预测，这两个模型基本一致，但使用模型 1 更简单；对于中长期预测，模型 2 要强于模型 1。

【模型评价与推广】

(1)优点：首先采用图表结合法，比较直观地表达出题中所给的信息，并据此得出人口增长的基本规律。

根据所给出的数据，对其进行分析得出人口增长率与人口总数的线性关系，从而建立了人口阻滞增长模型，对未来人口数的预测作出了较为准确的判断。

模型 1 是依据英国经济学家 Malthus 的发现建立的指数型增长模型，经过我们实际数据的检验，发现其人口早期的增长情况与 Malthus 模型的预测基本相符，然而随着时间的增加，该模型的预测结果明显出现了不合理性。其原因就是我们将人口增长率视为常数，因此需要对 r 进行修正。所以，我们将 r 表示为 p 的减函数，从而推导建立了模型 2。

(2)缺点：本章对模型 1 中的参数只做了线性估计，所以其计算结果与实际误差较大，模型 2 中仅考虑了 r 与 p 的关系是线性的，没有考虑非线性关系。

2.2.2　常微分方程求解

微分方程是指含有导数或微分的等式。

一般形式：

$$F(x, y, y', \cdots, y^{(n)}) = 0 \quad \text{或} \quad y^{(n)} = f(x, y, y', \cdots, y^{(n-1)})$$

微分方程在解决实际社会经济问题中有着十分广泛的应用。在解决实际问题时，必须经过两个重要的阶段：一是微分方程的建立，它取决于对实际问题深入浅出的刻画、适当合理的简化以及提炼成数学问题；二是微分方程的求解及结果分析。下面主要简述关于微分方程求解的系列方法。

1. 解析解法

解析解法只能解决一些特殊微分方程，这些方法主要针对：

一阶特殊的微分方程：例如，使用分离变量法、方程变换法、线性方程的常数变易法或公式法求解。二阶或高阶常系数线性微分方程的特征根法。在微积分的教程中有专门介绍。

下面重点介绍微分方程的数值解法。

2. 数值解法

微分方程的数值解法是解决某些实际问题中经常使用的方法。设待求解的定解问题为

$$\begin{cases} \dfrac{\mathrm{d}y}{\mathrm{d}x} = f(x, y) \\ y(x_0) = y_0 \end{cases}$$

求该问题数值解法的基本过程如下：

引入自变量取值点序列 $\{x_n\}$，定义 $h_n = x_n - x_{n-1}$ 为步长，步长可以相等，可以不等，通常采用定步长（h_n 与 n 无关，且为常数），其中精确解记为 $y(x)$，一般难以得到。精确解 $y(x)$ 一系列离散节点处的解为 $\{y(x_n)\}$，为了寻求 $y(x_n)$ 的近似

值 y_n，设想根据一定的原理，结合当前得到近似解，近似地表示该点或前一点的导数值，由此推出计算 y_n 的迭代公式。因此数值解法一般只能得到微分方程的近似解 $\{y_n\}$。下面介绍两种微分方程中最常用的数值解法。

1)欧拉方法

这是一种最简单的解微分方程的数值方法：在小区间 $[x_n, x_{n+1}]$ 上用差商代替微商，可以得到近似的表达式：

$$\frac{y(x_{n+1}) - y(x_n)}{h} \approx f(x, y)$$

若 $f(x, y)$ 中的 x 取左端点 x_n，结合已经得到的 $y(x_n)$ 的近似值（数值解）y_n，即 $y(x_n) \approx y_n$，有 $y(x_{n+1})$ 的近似值为

$$y_{n+1} = y_n + h \cdot f(x_n, y_n), \quad n = 0, 1, \cdots$$

这就是求解微分方程的显式**欧拉公式**，也称**向前欧拉公式**。

向前欧拉法计算简单，易于计算，但精度不高，收敛速度慢。

若 $f(x, y)$ 中的 x 取右端点 x_{n+1}，可得**向后欧拉公式**

$$y_{n+1} = y_n + h \cdot f(x_{n+1}, y_{n+1}), \quad n = 0, 1, \cdots$$

称为隐式公式，因为要得出数值解 y_{n+1}，就必须求解这个非线性方程，计算比较困难。如果将向前和向后欧拉公式加以平均，可得到**梯形公式**

$$y_{n+1} = y_n + \frac{1}{2}h \cdot [f(x_n, y_n) + f(x_{n+1}, y_{n+1})]$$

该法的计算精度比向前和向后欧拉法都高，但计算和向后欧拉法一样困难。

改进的欧拉算法：

(1)先用向前欧拉法算出 y_{n+1} 的预测值 $\overline{y}_{n+1}$，

$$\overline{y}_{n+1} = y_n + h \cdot f(x_n, y_n)$$

(2)将预测值 $\overline{y}_{n+1}$ 代入梯形公式的右端作为校正，得到 y_{n+1}，

$$y_{n+1} = y_n + \frac{1}{2}h \cdot [f(x_n, y_n) + f(x_{n+1}, \overline{y}_{n+1})], \quad n = 1, 2, \cdots$$

该式称为**改进欧拉公式**。

例 2.14　求解微分方程 $y' = -y + x + 1, y(0) = 1$，取步长 $h = 0.1$ 和 0.001。分别用三种数值解法求解，并结合其精确解，对求解误差进行分析比较。

解　这是一个一阶线性微分方程，可用解析解法得到其精确解 $y = x + \mathrm{e}^{-x}$。三种数值解如下（$h = 0.1$）。

(1)向前欧拉法：迭代公式为 $y_{n+1} = 0.9y_n + 0.1x_n + 0.1, n = 0, 1, \cdots$，其中

$$y_0 = y(0) = 1$$

(2)向后欧拉法：由向后欧拉法隐式公式得 $y_{n+1} = y_n + 0.1(-y_{n+1} + x_{n+1} + 1)$，变形为

$$y_{n+1} = (y_n + 0.1x_n + 0.11)/1.1$$

(3)梯形法：将隐式梯形公式转化为显示迭代公式如下：

$$y_{n+1} = (0.95y_n + 0.1x_n + 0.105)/1.05$$

MATLAB 编程：

```
x1(1)=0;y1(1)=1;y2(1)=1;y3(1)=1;h=0.1;
for k=1:10
x1(k+1)=x1(k)+h;
y1(k+1)=(1-h)*y1(k)+h*x1(k)+h;
y2(k+1)=(y2(k)+h*x1(k+1)+h)/(1+h);
y3(k+1)=(y3(k)+(h/2)*(-y3(k)+x1(k)+x1(k+1)+2))/(1+h/2);
end
x=0:0.1:1;
y=x+exp(-x);
x1=x1(1:11),y=y(1:11),y1=y1(1:11),y2=y2(1:11),y3=y3(1:11),
plot(x,y,x1,y1,'k-.',x1,y2,'r--',x1,y3,'g*')
```

程序中，x_1 为自变量，y 为精确解，y_1，y_2，y_3 分别为向前欧拉法、向后欧拉法和梯形法的解。结果如下：

```
x1=
  Columns 1 through 7
    0        0.1000    0.2000    0.3000    0.4000    0.5000
    0.6000
  Columns 8 through 11
    0.7000   0.8000    0.9000    1.0000
y=
  Columns 1 through 7
    1.0000   1.0048    1.0187    1.0408    1.0703    1.1065
    1.1488
  Columns 8 through 11
    1.1966   1.2493    1.3066    1.3679
y1=
  Columns 1 through 7
    1.0000   1.0000    1.0100    1.0290    1.0561    1.0905
    1.1314
  Columns 8 through 11
    1.1783   1.2305    1.2874    1.3487
```

```
y2=
 Columns 1 through 7
   1.0000  1.0091   1.0264    1.0513    1.0830    1.1209
   1.1645
 Columns 8 through 11
   1.2132  1.2665   1.3241    1.3855
y3=
 Columns 1 through 7
   1.0000  1.0048   1.0186    1.0406    1.0701    1.1063
   1.1485
 Columns 8 through 11
   1.1963  1.2490   1.3063    1.3676
```

图 2-9 中，实线是精确解，点划线是向前欧拉法曲线，虚线是向后欧拉法曲线，带"*"为梯形法曲线。

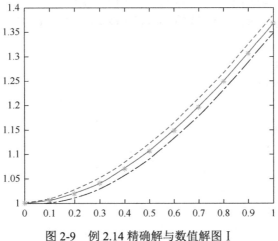

图 2-9　例 2.14 精确解与数值解图 I

计算结果如表 2-4 所示。

表 2-4　当 $h = 0.1$ 时精确解与三种数值解对照表

x_n	精确解	向前欧拉法	向后欧拉法	梯形法
0	1	1	1	1
0.1	1.0048	1	1.0091	1.0048
0.2	1.0187	1.0100	1.0264	1.0186
0.3	1.0408	1.0290	1.0513	1.0406

续表

x_n	精确解	向前欧拉法	向后欧拉法	梯形法
0.4	1.0703	1.0561	1.0830	1.0701
0.5	1.1065	1.0905	1.1209	1.1063
0.6	1.1488	1.1314	1.1645	1.1485
0.7	1.1966	1.1783	1.2132	1.1963
0.8	1.2493	1.2305	1.2665	1.2490
0.9	1.3066	1.2874	1.3241	1.3063
1	1.3679	1.3487	1.3855	1.3676

当 $h=0.001$ 时，程序如下：

```
x1(1)=0;y1(1)=1;y2(1)=1;y3(1)=1;h=0.001;
for k=1:1000
x1(k+1)=x1(k)+h;
y1(k+1)=(1-h)*y1(k)+h*x1(k)+h;
y2(k+1)=(y2(k)+h*x1(k+1)+h)/(1+h);
y3(k+1)=(y3(k)+(h/2)*(-y3(k)+x1(k)+x1(k+1)+2))/(1+h/2);
end
x=0:0.1:1;
y=x+exp(-x);
n=1;
for k=1:11
x1(k)=x1(n);
y1(k)=y1(n);
y2(k)=y2(n);
y3(k)=y3(n);
n=n+100;
end
x1=x1(1:11),y=y(1:11),y1=y1(1:11),y2=y2(1:11),y3=y3(1:11),
plot(x,y,x1,y1,'k-.',x1,y2,'r--',x1,y3,'g*')
x1=
  Columns 1 through 5
    0    0.1000    0.2000    0.3000    0.4000
  Columns 6 through 10
    0.5000    0.6000    0.7000    0.8000    0.9000
  Column 11
```

```
   1.0000
y=
  Columns 1 through 5
    1.0000    1.0048    1.0187    1.0408    1.0703
  Columns 6 through 10
    1.1065    1.1488    1.1966    1.2493    1.3066
  Column 11
    1.3679
y1=
  Columns 1 through 5
    1.0000    1.0048    1.0186    1.0407    1.0702
  Columns 6 through 10
    1.1064    1.1486    1.1964    1.2491    1.3064
  Column 11
    1.3677
y2=
  Columns 1 through 5
    1.0000    1.0049    1.0188    1.0409    1.0705
  Columns 6 through 10
    1.1067    1.1490    1.1968    1.2495    1.3068
  Column 11
    1.3681
y3=
  Columns 1 through 5
    1.0000    1.0048    1.0187    1.0408    1.0703
  Columns 6 through 10
    1.1065    1.1488    1.1966    1.2493    1.3066
  Column 11
    1.3679
```

计算结果如表 2-5 所示。

表 2-5　当 $h=0.001$ 时精确解与三种数值解对照表

x_n	精确解	向前欧拉法	向后欧拉法	梯形法
0	1	1	1	1
0.1	1.0048	1.0048	1.0049	1.0048

续表

x_n	精确解	向前欧拉法	向后欧拉法	梯形法
0.2	1.0187	1.0186	1.0188	1.0187
0.3	1.0408	1.0407	1.0409	1.0408
0.4	1.0703	1.0702	1.0705	1.0703
0.5	1.1065	1.1064	1.1067	1.1065
0.6	1.1488	1.1486	1.1490	1.1488
0.7	1.1966	1.1964	1.1968	1.1966
0.8	1.2493	1.2491	1.2495	1.2493
0.9	1.3066	1.3064	1.3068	1.3066
1	1.3679	1.3677	1.3681	1.3679

表 2-4 和表 2-5 计算结果表明：当步长 $h=0.1$ 时，它们的前两位有效数字是精确的；当步长 $h=0.001$ 时，它们的前四位有效数字是精确的。说明在迭代中，步长 h 越小，计算结果越精确。

通过进一步的计算，还可以发现：迭代离开初始点越远，误差越大。如图 2-10 所示，实线表示精确解曲线。

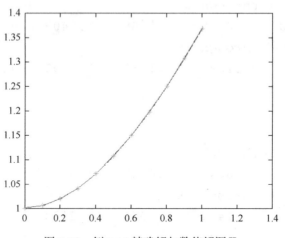

图 2-10 例 2.14 精确解与数值解图 II

2) 龙格-库塔方法

龙格-库塔 (Runge-Kutta) 法 (简称 R-K 方法) 是一类高精度的一步法，这类方法与泰勒级数法有着密切的关系。

设初值问题

$$\begin{cases} \dfrac{\mathrm{d}y}{\mathrm{d}x} = f(x, y) \\ y(x_0) = y_0 \end{cases}$$

由泰勒展开式

$$y(x_{n+1}) = y(x_n + h) = y(x_n) + hy'(x_n) + \frac{h^2}{2!}y''(x_n) + \cdots + \frac{h^k}{k!}y^{(k)}(x_n) + O(h^{k+1})$$

由上式产生的迭代公式:

$$y_{n+1} \approx y_n + h \cdot \varphi(x_n, y_n, h), \quad n = 0, 1, \cdots$$

若 $y(x+h) - [y(x) + h \cdot \varphi(x, y(x), h)] = O(h^{p+1})$，则称以上迭代公式为 p 阶公式，$O(h^{p+1})$ 称为局部截断误差。p 的大小反映了截断误差的大小，p 越大精度越高。要得到一个 p 阶公式，关键在于如何选取 $\varphi(x, y(x), h)$ 使之满足阶的要求。

从理论上讲，只要解 $y(x)$ 有任意阶导数，泰勒展开方法就可以构造任意阶求 y_{n+1} 的公式，但由于计算这些导数是非常复杂的，所以这种方法实际上不能用来解初值问题。

龙格-库塔方法不是通过求导数的方法构造近似公式，而是通过计算不同点上的函数值，并对这些函数值作线性组合，构造近似公式，再把近似公式与解的泰勒展开式进行比较，使前面的若干项相同，从而使近似公式达到一定的阶数。对于欧拉法属 1-阶公式

$$\begin{cases} y_{n+1} = y_n + k_1 \\ k_1 = hf(x_n, y_n) \end{cases}$$

每步计算 f 的值一次，其截断误差为 $O(h^2)$。

常用的龙格-库塔公式如下：

(i) 2-阶公式

中点公式 $\begin{cases} y_{n+1} = y_n + k_2 \\ k_2 = h \cdot f\left(x_n + \dfrac{1}{2}h, y_n + \dfrac{1}{2}k_1\right) \\ k_1 = h \cdot f(x_n, y_n) \end{cases}$

改进欧拉公式 $\begin{cases} y_{n+1} = y_n + \dfrac{1}{2}(k_1 + k_2) \\ k_2 = h \cdot f(x_n + h, y_n + k_1) \\ k_1 = h \cdot f(x_n, y_n) \end{cases}$

(ii) 3-阶公式

$$\begin{cases} y_{n+1} = y_n + \dfrac{1}{6}(k_1 + 4k_2 + k_3) \\ k_1 = hf(x_n, y_n) \\ k_2 = hf\left(x_n + \dfrac{1}{2}h, y_n + \dfrac{1}{2}k_1\right) \\ k_3 = hf(x_n + h, y_n - k_1 + 2k_2) \end{cases}$$

(iii) 4-阶公式

最常用的 4-阶龙格-库塔公式是标准 4-阶龙格-库塔公式

$$\begin{cases} y_{n+1} = y_n + \dfrac{1}{6}(k_1 + 4k_2 + 2k_3 + k_4) \\ k_1 = hf(x_n, y_n) \\ k_2 = hf\left(x_n + \dfrac{1}{2}h, y_n + \dfrac{1}{2}k_1\right) \\ k_3 = hf\left(x_n + \dfrac{1}{2}h, y_n + \dfrac{1}{2}k_2\right) \\ k_4 = hf(x_n + h, y_n + k_3) \end{cases}$$

在 MATLAB 软件中含有数值求解的系统函数，其实现原理就是龙格-库塔方法，具体求解方法将在下面部分介绍。

2.2.3　常微分方程 MATLAB 软件求解

前面已经介绍了微分方程(组)的数值解法。这些方法计算工作量大，需要借助计算机实现。下面简单介绍 MATLAB 在此领域的应用。

1. 解析法

用 MATLAB 命令 dsolve('eqn1', 'eqn2', …, 'cond1', 'cond2', …, 'x') 求常微分方程(组)的解析解。其中'eqni'表示第 i 个微分方程，用 Dny 表示 y 的 n 阶导数，默认的自变量为 t。当 t 为独立变量时，Dy 表示 $\dfrac{dy}{dt}$，Dny 表示 $\dfrac{d^n y}{dt^n}$。

1) 微分方程

例 2.15　求解一阶微分方程 $\dfrac{dy}{dx} = 1 + y^2$。

首先，求通解。

输入：

```
dsolve('Dy=1+y^2')
```
输出:

ans=

tan(t+C1)

若输入 dsolve('Dy=1+y^2','x'),

则输出

ans=

tan(x+C1)

其次, 求特解。

输入:

```
dsolve('Dy=1+y^2','y(0)=1','x')
```
指定初值为 1, 自变量为 x。

输出:

ans=

tan(x+1/4*pi)

例 2.16 求解二阶微分方程 $\begin{cases} x^2 y'' + xy' + (x^2 - n^2)y = 0, \\ y(\pi/2) = 2, \\ y'(\pi/2) = -2/\pi, \\ n = 1/2。 \end{cases}$

输入:

```
dsolve('x^2*D2y+x*Dy+(x^2-(1/2)^2)*y=0','y(pi/2)=2,Dy(p
i/2)=-2/pi','x')
```
ans=

(2*sin(x)*(pi/2)^(1/2))/x^(1/2)

化简输出结果, 输入:

```
pretty(ans)
```

```
                    /pi\1/2
        2 sin(x)|---|
                    \2/
        ------------------
                    1/2
                     x
```

即 $y = \sqrt{\dfrac{2\pi}{x}} \sin x$。

2) 微分方程组

例 2.17　求解 $\begin{cases} \dfrac{\mathrm{d}f}{\mathrm{d}x} = 3f + 4g, \\[2mm] \dfrac{\mathrm{d}g}{\mathrm{d}x} = -4f + 3g。 \end{cases}$

首先求通解:

```
[f,g]=dsolve('Df=3*f+4*g','Dg=-4*f+3*g')
```

```
f=
exp(3*t)*(C1*sin(4*t)+C2*cos(4*t))
g=
exp(3*t)*(C1*cos(4*t)-C2*sin(4*t))
```

其次求特解:

```
[f,g]=dsolve('Df=3*f+4*g','Dg=-4*f+3*g','f(0)=0,g(0)=1')
```

```
f=
exp(3*t)*sin(4*t)
g=
exp(3*t)*cos(4*t)
```

2. 数值法

在微分方程(组)难以获得解析解的情况下,可以用 MATLAB 方便地求出数值解。格式为

$$[t,y]=ode23('F',ts,y0,options,p1,p2,\cdots)$$

注意

(1) 微分方程的形式: $y' = F(t, y)$, t 为自变量, y 为因变量(可以是多个,如微分方程组)。

(2) $[t, y]$ 为输出矩阵,分别表示自变量和因变量的取值。

(3) F 代表微分方程组的函数名(M 文件,必须返回一个列向量)。

(4) t_s 的取法有几种:

(a) $t_s = [t_0, t_f]$ 表示自变量的取值范围。

(b) $t_s = [t_0, t_1, t_2, \cdots, t_f]$,则输出在指定时刻 $t_0, t_1, t_2, \cdots, t_f$ 处给出。

(c) $t_s = t_0$: k : t_f ,则输出在区间 $[t_0, t_f]$ 的等分点给出。

(5) y_0 为初值条件。

(6) options 用于设定误差限(缺省时设定相对误差是 10^{-3} ,绝对误差是 10^{-6})。

(7)$p_1, p_2, \cdots$用于传递附加的参数值。

ode23 是微分方程组数值解的低阶方法，ode45 为中阶方法，与 ode23 类似。比如例 2.16 的数值解如下。

首先建立 M 文件函数：

```
function f=jie4(x,y)
f=[y(1)-y(2)/x+((1/2)^2/x^2-1)*y(1)];
```

计算：

```
[x,y]=ode23('jie4',[pi/2,pi],[pi/2,-2/pi])
```

```
x=
    1.5708
    1.6074
    1.7645
    1.9215
    2.0786
    2.2357
    2.3928
    2.5499
    2.7069
    2.8640
    3.0211
    3.1416
y=
    2.0000   -0.6366
    1.9758   -0.6869
    1.8518   -0.8879
    1.6982   -1.0631
    1.5192   -1.2108
    1.3193   -1.3293
    1.1032   -1.4174
    0.8756   -1.4744
    0.6416   -1.5002
    0.4060   -1.4951
    0.1735   -1.4602
    0.0002   -1.4140
```

作图程序：

```
y1=y(:,1);
y2=y(:,2);
plot(x,y1,x,y2,'r'),gtext('y1'),gtext('y2')
??? Error using==> gtext
Interrupted
```

命令 gtext() 在 MATLAB 下执行，则不会有错误提示，会在图形窗口出现十字线，其交点是括号内字符串的位置，移动鼠标可移动该交点，鼠标单击一下就可将字符串固定在那里。

3. 图形法

无论是解析解还是数值解，都不如图形解直观明了。即使是在得到了解析解或数值解的情况下，作出解的图形仍然是一件深受欢迎的事。这些都可以用 MATLAB 方便进行。

1) 图示解析解

如果微分方程(组)的解析解为 $y = f(x)$ ，则可以用 MATLAB 函数 fplot 作出其图形：

$$fplot('fun',lims)$$

其中，fun 给出函数表达式；lims = [xmin xmax ymin ymax] 限定坐标轴的大小。例如，fplot('sin(1/x)', [0.01 0.1 −1 1])，如图 2-11 所示。

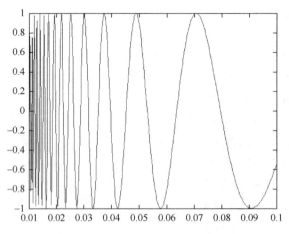

图 2-11　fplot('sin(1/x)',[0.01 0.1 −1 1])图示

2）图示数值解

设想已经得到微分方程（组）的数值解(x, y)。可以用 MATLAB 函数 plot(x, y)直接作出图形。其中 x 和 y 为向量（或矩阵）。

2.2.4 偏微分方程求解

1. 偏微分方程的定解问题

各种物理性质的定常（即不随时间变化）过程，都可用椭圆型方程来描述。其最典型、最简单的形式是泊松（Poisson）方程

$$\Delta u = \frac{\partial^2 u}{\partial x^2} + \frac{\partial^2 u}{\partial y^2} = f(x, y) \tag{2-4}$$

特别地，当 $f(x, y) \equiv 0$ 时，即拉普拉斯（Laplace）方程，又称为调和方程

$$\Delta u = \frac{\partial^2 u}{\partial x^2} + \frac{\partial^2 u}{\partial y^2} = 0 \tag{2-5}$$

带有稳定热源或内部无热源的稳定温度场的温度分布，不可压缩流体的稳定无旋流动及静电场的电势等均满足这类方程。

Poisson 方程的第一边值问题为

$$\begin{cases} \Delta u = \dfrac{\partial^2 u}{\partial x^2} + \dfrac{\partial^2 u}{\partial y^2} = f(x, y), & (x, y) \in \Omega \\ u(x, y)\big|_{(x, y) \in \Gamma} = \varphi(x, y), & \Gamma = \partial \Omega \end{cases} \tag{2-6}$$

其中，Ω 为以 Γ 为边界的有界区域，Γ 为分段光滑曲线，$\Omega \cup \Gamma$ 称为定解区域，$f(x, y), \varphi(x, y)$ 分别为 Ω，Γ 上的已知连续函数。

第二类和第三类边界条件可统一表示成

$$\left(\frac{\partial u}{\partial n} + \alpha u \right)\Bigg|_{(x, y) \in \Gamma} = 0 \quad (a > 0) \tag{2-7}$$

其中，n 为边界 Γ 的外法线方向。当 $\alpha = 0$ 时为第二类边界条件，当 $\alpha \neq 0$ 时为第三类边界条件。

当研究热传导过程、气体扩散现象及电磁场的传播等随时间变化的非定常物理问题时，常常会遇到抛物型方程。其最简单的形式为一维热传导方程

$$\frac{\partial u}{\partial t} - a \frac{\partial^2 u}{\partial x^2} = 0 \quad (a > 0) \tag{2-8}$$

方程（2-8）可以有两种不同类型的定解问题：

初值问题（也称为 Cauchy 问题）

$$\begin{cases} \dfrac{\partial u}{\partial t} - a\dfrac{\partial^2 u}{\partial x^2} = 0, & t > 0, -\infty < x < +\infty \\ u(x,0) = \varphi(x), & -\infty < x < +\infty \end{cases} \qquad (2\text{-}9)$$

初边值问题

$$\begin{cases} \dfrac{\partial u}{\partial t} - a\dfrac{\partial^2 u}{\partial x^2} = 0, & 0 < t < T, 0 < x < l \\ u(x,0) = \varphi(x) \\ u(0,t) = g_1(t), u(l,t) = g_2(t), & 0 < x < l \end{cases} \qquad (2\text{-}10)$$

其中，$\varphi(t), g_1(t), g_2(t)$ 为已知函数，且满足连接条件

$$\varphi(0) = g_1(0), \quad \varphi(l) = g_2(0)$$

问题 $(2\text{-}10)$ 中的边界条件 $u(0,t) = g_1(t), u(l,t) = g_2(t)$ 称为第一类边界条件。第二类和第三类边界条件为

$$\begin{aligned} \left[\dfrac{\partial u}{\partial x} - \lambda_1(t)u\right]\bigg|_{x=0} &= g_1(t), \quad 0 \leqslant t \leqslant T \\ \left[\dfrac{\partial u}{\partial x} - \lambda_2(t)u\right]\bigg|_{x=l} &= g_2(t), \quad 0 \leqslant t \leqslant T \end{aligned} \qquad (2\text{-}11)$$

其中，$\lambda_1(t) \geqslant 0$，$\lambda_2(t) \geqslant 0$。当 $\lambda_1(t) = \lambda_2(t) = 0$ 时，为第二类边界条件，否则称为第三类边界条件。

双曲型方程的最简单形式为一阶双曲型方程

$$\frac{\partial u}{\partial t} + a\frac{\partial u}{\partial x} = 0 \qquad (2\text{-}12)$$

物理中常见的一维振动与波动问题可用二阶波动方程

$$\frac{\partial^2 u}{\partial t^2} = a\frac{\partial^2 u}{\partial x^2} \qquad (2\text{-}13)$$

描述，它是双曲型方程的典型形式。方程 $(2\text{-}13)$ 的初值问题为

$$\begin{cases} \dfrac{\partial^2 u}{\partial t^2} = a\dfrac{\partial^2 u}{\partial x^2}, & t > 0, -\infty < x < +\infty \\ u(x,0) = \varphi(x), & -\infty < x < +\infty \\ \dfrac{\partial u}{\partial t}\bigg|_{t=0} = \phi(x), & -\infty < x < +\infty \end{cases} \qquad (2\text{-}14)$$

边界条件一般也有三类，最简单的初边值问题为

$$\begin{cases} \dfrac{\partial^2 u}{\partial t^2} = a^2 \dfrac{\partial^2 u}{\partial x^2}, & t > 0, 0 < x < l \\[2mm] u(x,0) = \varphi(x), \dfrac{\partial u}{\partial t}\bigg|_{t=0} = \phi(x), & 0 \leqslant x \leqslant l \\[2mm] u(0,t) = g_1(t), u(l,t) = g_2(t), & 0 \leqslant t \leqslant T \end{cases}$$

如果偏微分方程定解问题的解存在、唯一且连续依赖于定解数据(即出现在方程和定解条件中的已知函数),则此定解问题是适定的。可以证明,上面所举各种定解问题都是适定的。

2. 偏微分方程的差分解法

差分方法又称为有限差分方法或网格法,是求偏微分方程定解问题的数值解中应用最广泛的方法之一。它的基本思想是:首先对求解区域作网格剖分,将自变量的连续变化区域用有限离散点(网格点)集代替;其次将问题中出现的连续变量的函数用定义在网格点上离散变量的函数代替;最后通过用网格点上函数的差商代替导数,将含连续变量的偏微分方程定解问题化成只含有限个未知数的代数方程组(称为差分格式)。如果差分格式有解,且当网格无限变小时其解收敛于原微分方程定解问题的解,则差分格式的解就作为原问题的近似解(数值解)。因此,用差分方法求偏微分方程定解问题一般需要解决以下问题:

(1)选取网格;

(2)对微分方程及定解条件选择差分近似,列出差分格式;

(3)求解差分格式;

(4)讨论差分格式解对于微分方程解的收敛性及误差估计。

下面只对偏微分方程的差分解法作一简要的介绍。

1)椭圆型方程第一边值问题的差分解法

以 Poisson 方程(2-4)为基本模型讨论第一边值问题的差分方法。

考虑 Poisson 方程的第一边值问题(2-6)

$$\begin{cases} \dfrac{\partial^2 u}{\partial x^2} + \dfrac{\partial^2 u}{\partial y^2} = f(x,y), & (x,y) \in \Omega \\[2mm] u(x,y)\big|_{(x,y)\in\Gamma} = \varphi(x,y), & \Gamma = \partial\Omega \end{cases}$$

取 h, τ 分别为 x 方向和 y 方向的步长,以两族平行线 $x = x_k = kh, y = y_j = j\tau$ ($k, j = 0, \pm1, \pm2, \cdots$) 将定解区域剖分成矩形网格。节点的全体记为 $R = \{(x_k, y_j) \mid x_k = kh, y_j = j\tau, i, j$ 为整数$\}$。定解区域内部的节点称为内点,记内点集 $R \cap \Omega$ 为 $\Omega_{h\tau}$。边界 Γ 与网格线的交点称为边界点,边界点全体记为 $\Gamma_{h\tau}$。与节点 (x_k, y_j) 沿 x 方向

或 y 方向只差一个步长的点 $(x_{k\pm1}, y_j)$ 和 $(x_k, y_{j\pm1})$ 称为节点 (x_k, y_j) 的相邻节点。如果一个内点的四个相邻节点均属于 $\Omega \cup \Gamma$，则称为正则内点，正则内点的全体记为 $\Omega^{(1)}$，至少有一个相邻节点不属于 $\Omega \cup \Gamma$ 的内点称为非正则内点，非正则内点的全体记为 $\Omega^{(2)}$。我们的问题是要求出问题 (2-6) 在全体内点上的数值解。

为简便，记 $(k, j) = (x_k, y_j), u(k, j) = u(x_k, y_j), f_{k,j} = f(x_k, y_j)$。对正则内点 $(k, j) \in \Omega^{(1)}$，由二阶中心差商公式

$$\frac{\partial^2 u}{\partial x^2}\bigg|_{(k,j)} = \frac{u(k+1, j) - 2u(k, j) + u(k-1, j)}{h^2} + O(h^2)$$

$$\frac{\partial^2 u}{\partial y^2}\bigg|_{(k,j)} = \frac{u(k, j+1) - 2u(k, j) + u(k, j-1)}{\tau^2} + O(\tau^2)$$

Poisson 方程 (2-4) 在点 (k, j) 处可表示为

$$\frac{u(k+1, j) - 2u(k, j) + u(k-1, j)}{h^2} + \frac{u(k, j+1) - 2u(k, j) + u(k, j-1)}{\tau^2} = f_{k,j} + O(h^2 + \tau^2)$$

$$(2\text{-}15)$$

在式 (2-15) 中略去 $O(h^2 + \tau^2)$，即得与方程 (2-4) 相近似的差分方程

$$\frac{u_{k+1,j} - 2u_{k,j} + u_{k-1,j}}{h^2} + \frac{u_{k,j+1} - 2u_{k,j} + u_{k,j-1}}{\tau^2} = f_{k,j} \qquad (2\text{-}16)$$

式 (2-16) 中方程的个数等于正则内点的个数，而未知数 $u_{k,j}$，除了包含正则内点处解 u 的近似值，还包含一些非正则内点处 u 的近似值，因而方程个数少于未知数个数。在非正则内点处 Poisson 方程的差分近似不能按式 (2-16) 给出，需要利用边界条件得到。

边界条件的处理可以有各种方案，下面介绍较简单的两种。

(1) 直接转移。用最接近非正则内点的边界点上的 u 值作为该点上 u 值的近似，这就是边界条件的直接转移。例如，点 $P(k, j)$ 为非正则内点，其最接近的边界点为 Q 点，则有

$$u_{k,j} = u(Q) = \varphi(Q), \quad (k, j) \in \Omega^{(2)}$$

(2) 线性插值。这种方案通过用同一条网格线上与点 P 相邻的边界点 R 和内点 T 作线性插值得到非正则内点 $P(k, j)$ 处 u 值的近似值。由点 R 与 T 的线性插值确定 $u(P)$ 的近似值为

$$u_{k,j} = \frac{h}{h+d}\varphi(R) + \frac{d}{h+d}u(T)$$

其中，$d = |RP|, h = |PT|$，其截断误差为 $O(h^2)$。

由式 (2-16) 所给出的差分格式称为五点菱形格式，实际计算时经常取 $h = \tau$，

此时五点菱形格式可化为

$$\frac{1}{h^2}(u_{k+1,j} + u_{k-1,j} + u_{k,j+1} + u_{k,j-1} - 4u_{k,j}) = f_{k,j} \tag{2-17}$$

简记为

$$\frac{1}{h^2} \Diamond u_{k,j} = f_{k,j} \tag{2-18}$$

其中，$\Diamond u_{k,j} = u_{k+1,j} + u_{k-1,j} + u_{k,j+1} + u_{k,j-1} - 4u_{k,j}$。

求解差分方程组最常用的方法是同步迭代法，同步迭代法是最简单的迭代方式。除边界节点外，区域内节点的初始值是任意取定的。

例 2.18 用五点菱形格式求解 Laplace 方程第一边值问题。

$$\begin{cases} \dfrac{\partial^2 u}{\partial x^2} + \dfrac{\partial^2 u}{\partial y^2} = 0, & (x,y) \in \Omega \\[2mm] u(x,y)\big|_{(x,y) \in \Gamma} = \lg[(1+x)^2 + y^2], & \Gamma = \partial\Omega \end{cases}$$

其中，$\Omega = \{(x,y) \,|\, 0 \leqslant x, y \leqslant 1\}$。取 $h = \tau = \dfrac{1}{3}$。

解 节点编号为 $(k,j), k = 0,1,2,3, j = 0,1,2,3$。网格中有四个内点，均为正则内点。由五点菱形格式，得方程组

$$\begin{cases} \dfrac{1}{h^2}(u_{1,2} + u_{2,1} + u_{1,0} + u_{0,1} - 4u_{1,1}) = 0 \\[2mm] \dfrac{1}{h^2}(u_{2,2} + u_{3,1} + u_{2,0} + u_{1,1} - 4u_{1,2}) = 0 \\[2mm] \dfrac{1}{h^2}(u_{1,3} + u_{2,2} + u_{1,1} + u_{0,2} - 4u_{2,1}) = 0 \\[2mm] \dfrac{1}{h^2}(u_{2,3} + u_{3,2} + u_{2,1} + u_{1,2} - 4u_{2,2}) = 0 \end{cases}$$

代入边界条件 $u_{1,0}, u_{2,0}, u_{0,1}, u_{0,2}, u_{1,3}, u_{2,3}, u_{3,1}, u_{3,2}$ 的值，上式可化为

$$\begin{bmatrix} -4 & 1 & 1 & 0 \\ 1 & -4 & 0 & 1 \\ 1 & 0 & -4 & 1 \\ 0 & 1 & 1 & -4 \end{bmatrix} \begin{bmatrix} u_{1,1} \\ u_{1,2} \\ u_{2,1} \\ u_{2,2} \end{bmatrix} = - \begin{bmatrix} u_{1,0} + u_{0,1} \\ u_{3,1} + u_{2,0} \\ u_{1,3} + u_{0,2} \\ u_{2,3} + u_{3,2} \end{bmatrix}$$

解非齐次线性方程组求得

$$u_{1,1} = 0.6348, \quad u_{1,2} = 1.06, \quad u_{2,1} = 0.7985, \quad u_{2,2} = 1.1698$$

计算的 MATLAB 程序如下：

```
clc,clear
```

```
f1=@(x)2*log(1+x);f2=@(x)log((1+x).^2+1);
f3=@(y)log(1+y.^2);f4=@(y)log(4+y.^2);
u=zeros(4);m=4;n=4;h=1/3;
u(1,1:m)=feval(f3,0:h:(m-1)*h)';
u(n,1:m)=feval(f4,0:h:(m-1)*h)';
u(1:n,1)=feval(f1,0:h:(n-1)*h);
u(1:n,m)=feval(f2,0:h:(n-1)*h);
b=-[u(2,1)+u(1,2);u(4,2)+u(3,1);u(2,4)+u(1,3);u(3,4)+
u(4,3)];
a=[-4 1 1 0;1 -4 0 1;1 0 -4 1;0 1 1 -4];
x=a\b
```

当 $h = \tau$ 时，利用点 (k, j) $(k \pm 1, j+1)$ 构造的差分格式

$$\frac{1}{2h^2}(u_{k+1,j+1} + u_{k+1,j-1} + u_{k-1,j+1} + u_{k-1,j-1} - 4u_{k,j}) = f_{k,j} \tag{2-19}$$

称为五点矩形格式，简记为

$$\frac{1}{2h^2} \square u_{k,j} = f_{k,j} \tag{2-20}$$

其中，$\square u_{k,j} = u_{k+1,j+1} + u_{k+1,j-1} + u_{k-1,j+1} + u_{k-1,j-1} - 4u_{k,j}$。

2) 抛物型方程的差分解法

以一维热传导方程 (2-8)

$$\frac{\partial u}{\partial t} - a\frac{\partial^2 u}{\partial x^2} = 0 \quad (a > 0)$$

为基本模型讨论适用于抛物型方程定解问题的几种差分格式。

首先对 xt 平面进行网格剖分。分别取 h, τ 为 x 方向与 t 方向的步长，用两族平行直线 $x = x_k = kh(k = 0, \pm 1, \pm 2, \cdots)$，$t = t_j = j\tau(j = 0,1,2,\cdots)$，将 xt 平面剖分成矩形网格，节点为 $(x_k, t_j)(k = 0, \pm 1, \pm 2, \cdots; j = 0,1,2,\cdots)$。为简便起见，记 $(k, j) = (x_k, y_j)$，$u(k, j) = u(x_k, y_j)$，$\varphi_k = \varphi(x_k)$，$g_{1j} = g_1(t_j)$，$g_{2j} = g_2(t_j)$，$\lambda_{1j} = \lambda_1(t_j)$，$\lambda_{2j} = \lambda_2(t_j)$。

A. 微分方程的差分近似

在网格内点 (k, j) 处，对 $\frac{\partial u}{\partial t}$ 分别采用向前、向后及中心差商公式，对 $\frac{\partial^2 u}{\partial x^2}$ 采用二阶中心差商公式，一维热传导方程 (2-8) 可分别表示为

$$\frac{u(k,j+1)-u(k,j)}{\tau} - a\frac{u(k+1,j)-2u(k,j)+u(k-1,j)}{h^2} = O(\tau+h^2)$$

$$\frac{u(k,j)-u(k,j-1)}{\tau} - a\frac{u(k+1,j)-2u(k,j)+u(k-1,j)}{h^2} = O(\tau+h^2)$$

$$\frac{u(k,j+1)-u(k,j-1)}{2\tau} - a\frac{u(k+1,j)-2u(k,j)+u(k-1,j)}{h^2} = O(\tau+h^2)$$

由此得到一维热传导方程的不同的差分近似

$$\frac{u_{k,j+1}-u_{k,j}}{\tau} - a\frac{u_{k+1,j}-2u_{k,j}+u_{k-1,j}}{h^2} = 0 \tag{2-21}$$

$$\frac{u_{k,j}-u_{k,j-1}}{\tau} - a\frac{u_{k+1,j}-2u_{k,j}+u_{k-1,j}}{h^2} = 0 \tag{2-22}$$

$$\frac{u_{k,j+1}-u_{k,j-1}}{2\tau} - a\frac{u_{k+1,j}-2u_{k,j}+u_{k-1,j}}{h^2} = 0 \tag{2-23}$$

B. 初、边值条件的处理

为用差分方程求解定解问题(2-9)、(2-10)等，还需对定解条件进行离散化。

对于初始条件及第一类边界条件，可直接得到

$$u_{k,0} = u(x_k,0) = \varphi_k \quad (k=0,\pm1,\cdots 或 k=0,1,\cdots,n) \tag{2-24}$$

$$\begin{aligned} u_{0,j} = u(0,t_j) = g_{1j} \\ u_{n,j} = u(l,t_j) = g_{2j} \end{aligned} \quad (j=0,1,\cdots,m-1) \tag{2-25}$$

其中，$n=\dfrac{l}{h}, m=\dfrac{T}{\tau}$。

对第二、三类边界条件则需用差商近似。下面介绍两种较简单的处理方法。

(1)在左边界$(x=0)$处用向前差商近似偏导数$\dfrac{\partial u}{\partial x}$，在右边界$(x=l)$处用向后差商近似偏导数$\dfrac{\partial u}{\partial x}$，即

$$\begin{aligned} \left.\frac{\partial u}{\partial x}\right|_{(0,j)} = \frac{u(1,j)-u(0,j)}{h} + o(h) \\ \left.\frac{\partial u}{\partial x}\right|_{(n,j)} = \frac{u(n,j)-u(n-1,j)}{h} + o(h) \end{aligned} \quad (j=0,1,\cdots,m)$$

即得边界条件(2-11)的差分近似为

$$\begin{cases} \dfrac{u_{1,j} - u_{0,j}}{h} - \lambda_{1j}u_{0,j} = g_{1j} \\ \dfrac{u_{n,j} - u_{n-1,j}}{h} + \lambda_{2j}u_{n,j} = g_{2j} \end{cases} \quad (j = 0, 1, \cdots, m) \quad\quad (2\text{-}26)$$

(2) 用中心差商近似 $\dfrac{\partial u}{\partial x}$，即

$$\left.\frac{\partial u}{\partial x}\right|_{(0,j)} = \frac{u(1,j) - u(-1,j)}{2h} + o(h^2)$$

$$\left.\frac{\partial u}{\partial x}\right|_{(n,j)} = \frac{u(n+1,j) - u(n-1,j)}{2h} + o(h^2) \quad (j = 0, 1, \cdots, m)$$

则得边界条件的差分近似为

$$\begin{cases} \dfrac{u_{1,j} - u_{-1,j}}{2h} - \lambda_{1j}u_{0,j} = g_{1j} \\ \dfrac{u_{n+1,j} - u_{n-1,j}}{2h} + \lambda_{2j}u_{n,j} = g_{2j} \end{cases} \quad (j = 0, 1, \cdots, m) \quad\quad (2\text{-}27)$$

这样处理边界条件，误差的阶数提高了，但式 (2-26) 中出现定解区域外的节点 $(-1, j)$ 和 $(n+1, j)$，这就需要将解拓展到定解区域外。可以通过用内节点上的 u 值插值求出 $u_{-1,j}$ 和 $u_{n+1,j}$，也可以假定热传导方程 (2-8) 在边界上也成立，将差分方程扩展到边界节点上，由此消去 $u_{-1,j}$ 和 $u_{n+1,j}$。

下面我们以热传导方程的初边值问题 (2-10) 为例给出几种常用的差分格式。

(1) 古典显式格式。

为便于计算，令 $r = \dfrac{a\tau}{h^2}$，式 (2-21) 改写成以下形式

$$u_{k,j+1} = ru_{k+1,j} + (1 - 2r)u_{k,j} + ru_{k-1,j}$$

将式 (2-21) 与式 (2-24)、式 (2-25) 结合，我们得到求解问题 (2-10) 的一种差分格式

$$\begin{cases} u_{k,j+1} = ru_{k+1,j} + (1-2r)u_{k,j} + ru_{k-1,j} & (k = 1, 2, \cdots, n-1; j = 0, 1, \cdots, m-1) \\ u_{k,0} = \varphi_k & (k = 1, 2, \cdots, n) \\ u_{0,j} = g_{1j}, u_{n,j} = g_{2j} & (j = 1, 2, \cdots, m) \end{cases} \quad (2\text{-}28)$$

由于第 0 层 $(j = 0)$ 节点处的 u 值已知 $u_{k,0} = \varphi_k$，由式 (2-26) 即可算出 u 在第一层 $(j = 1)$ 节点处的近似值 $u_{k,1}$。重复使用式 (2-26)，可以逐层计算出各层节点的近似值。

(2) 古典隐式格式。

将式(2-22)整理并与式(2-24)、式(2-25)联立，得差分格式如下

$$
\begin{cases}
u_{k,j+1} = u_{k,j} + r(u_{k+1,j+1} - 2u_{k,j+1} + u_{k-1,j+1}) & (k=1,2,\cdots,n-1; j=0,1,\cdots,m-1) \\
u_{k,0} = \varphi_k & (k=1,2,\cdots,n) \\
u_{0,j} = g_{1j}, u_{n,j} = g_{2j} & (j=1,2,\cdots,m)
\end{cases}
$$

$$(2\text{-}29)$$

其中，$r = \dfrac{a\tau}{h^2}$。虽然第 0 层上的 u 值为已知，但不能由式(2-29)直接计算以上各层节点上的值 $u_{k,j}$，必须通过解下列线性方程组

$$
\begin{bmatrix}
1+2r & -r & & & & \\
-r & 1+2r & -r & & & \\
 & \ddots & \ddots & \ddots & & \\
 & & -r & 1+2r & -r \\
 & & & -r & 1+2r
\end{bmatrix}
\begin{bmatrix}
u_{1,j+1} \\
u_{2,j+1} \\
\vdots \\
u_{n-2,j+1} \\
u_{n-1,j+1}
\end{bmatrix}
=
\begin{bmatrix}
u_{1,j} + ru_{1,j+1} \\
u_{2,j} \\
\vdots \\
u_{n-2,j} \\
u_{n-1,j} + rg_{2,j+1}
\end{bmatrix}
$$

才能由 $u_{k,j}$ 计算 $u_{k,j+1}$，故差分方程称为古典隐式格式。此方程组是三对角方程组，且系数矩阵严格对角占优，故解存在唯一。

(3) 杜福特-弗兰克尔(DoFort-Frankel)格式

DoFort-Frankel 格式是三层显式格式，它是由式(2-23)与式(2-24)、式(2-25)结合得到的。具体形式如下：

$$
\begin{cases}
u_{k,j+1} = \dfrac{2r}{1+2r}(u_{k+1,j} + u_{k-1,j}) + \dfrac{1-2r}{1+2r}u_{k,j-1} & (k=1,2,\cdots,n-1; j=0,1,\cdots,m-1) \\
u_{k,0} = \varphi_k & (k=1,2,\cdots,n) \\
u_{0,j} = g_{1j}, u_{n,j} = g_{2j} & (j=1,2,\cdots,m)
\end{cases}
$$

$$(2\text{-}30)$$

用这种格式求解时，除了第 0 层上的值 $u_{k,0}$ 由初值条件得到，还必须先用古典显示格式求出第 1 层上的值 $u_{k,1}$，然后再按格式(2-30)逐层计算 $u_{k,j}(j=2,3,\cdots,m)$。

3) 双曲型方程的差分解法

对二阶波动方程(2-13)

$$
\frac{\partial^2 u}{\partial t^2} = a\frac{\partial^2 u}{\partial x^2}
$$

如果令 $v_1 = \dfrac{\partial u}{\partial t}, v_2 = \dfrac{\partial u}{\partial x}$，则方程(2-13)可化成一阶线性双曲型方程组

$$\begin{cases} \dfrac{\partial v_1}{\partial t} = a^2 \dfrac{\partial v_2}{\partial x} \\ \dfrac{\partial v_2}{\partial t} = \dfrac{\partial v_1}{\partial x} \end{cases} \tag{2-31}$$

记 $v = (v_1, v_2)^{\mathrm{T}}$，则方程组(2-31)可表示成矩阵形式

$$\frac{\partial v}{\partial t} = \begin{bmatrix} 0 & a^2 \\ 1 & 0 \end{bmatrix} \frac{\partial v}{\partial x} = A \frac{\partial v}{\partial x} \tag{2-32}$$

矩阵 A 有两个不同的特征值 $\lambda = \pm a$，故存在非奇异矩阵 P，使得

$$PAP^{-1} = \begin{bmatrix} a & 0 \\ 0 & -a \end{bmatrix} = \Lambda$$

作变换 $w = pv = (w_1, w_2)^{\mathrm{T}}$，方程组(2-31)可化成

$$\frac{\partial w}{\partial t} = \Lambda \frac{\partial w}{\partial x} \tag{2-33}$$

方程组(2-33)由两个独立的一阶双曲型方程联立而成。因此下面主要讨论一阶双曲型方程的差分解法。

考虑一阶双曲型方程的初值问题

$$\begin{cases} \dfrac{\partial u}{\partial t} + a\dfrac{\partial u}{\partial x} = 0, & t > 0, -\infty < x < +\infty \\ u(x,0) = \varphi(x), & -\infty < x < +\infty \end{cases} \tag{2-34}$$

将 xt 平面剖分成矩形网格。取 x 方向步长为 h，t 方向步长为 τ，网格线为

$$x = x_k = kh \quad (k = 0, \pm 1, \pm 2, \cdots), \quad t = t_j = j\tau \quad (j = 0, 1, 2, \cdots)$$

为简便，记

$$(k, j) = (x_k, y_j), \quad u(k, j) = u(x_k, y_j), \quad \varphi_k = \varphi(x_k)$$

以不同的差商近似偏导数，可以得到方程的不同差分近似

$$\frac{u_{k,j+1} - u_{k,j}}{\tau} + a\frac{u_{k+1,j} - u_{k,j}}{h} = 0 \tag{2-35}$$

$$\frac{u_{k,j+1} - u_{k,j}}{\tau} + a\frac{u_{k,j} - u_{k-1,j}}{h} = 0 \tag{2-36}$$

$$\frac{u_{k,j+1} - u_{k,j}}{\tau} + a\frac{u_{k+1,j} - u_{k-1,j}}{2h} = 0 \tag{2-37}$$

结合离散化的初始条件，可以得到几种简单的差分格式

$$\begin{cases} u_{k,j+1} = u_{k,j} - ar(u_{k+1,j+1} - u_{k,j}) \\ u_{k,0} = \varphi_k \end{cases} \quad (k = 0, \pm 1, \pm 2, \cdots; j = 0, 1, 2, \cdots) \tag{2-38}$$

$$\begin{cases} u_{k,j+1} = u_{k,j} - ar(u_{k,j} - u_{k-1,j}) \\ u_{k,0} = \varphi_k \end{cases} \quad (k = 0, \pm 1, \pm 2, \cdots; j = 0,1,2,\cdots) \quad (2\text{-}39)$$

$$\begin{cases} u_{k,j+1} = u_{k,j} - \dfrac{ar}{2}(u_{k+1,j} - u_{k-1,j}) \\ u_{k,0} = \varphi_k \end{cases} \quad (k = 0, \pm 1, \pm 2, \cdots; j = 0,1,2,\cdots) \quad (2\text{-}40)$$

其中，$r = \dfrac{\tau}{h}$。如果已知第 j 层节点上的值 $u_{k,j}$，按上面三种格式就可求出第 $j+1$ 层上的值 $u_{k,j+1}$。因此，这三种格式都是显性格式。

如果对 $\dfrac{\partial u}{\partial t}$ 采用向后差商，$\dfrac{\partial u}{\partial x}$ 采用向前差商，则方程可化成

$$\frac{u(k,j) - u(k,j-1)}{\tau} + a\frac{u(k+1,j) - u(k,j)}{h} + O(\tau + h) = 0 \quad (2\text{-}41)$$

相应的差分格式为

$$\begin{cases} u_{k,j+1} = u_{k,j} - ar(u_{k+1,j+1} - u_{k,j+1}) \\ u_{k,0} = \varphi_k \end{cases} \quad (k = 0, \pm 1, \pm 2, \cdots; j = 0,1,2,\cdots) \quad (2\text{-}42)$$

此差分格式是一种隐式格式，必须通过解方程组才能由第 j 层节点上的 $u_{k,j}$，求出第 $j+1$ 层上的值 $u_{k,j+1}$。

下面给出波动方程和边界条件的差分格式：

$$u_{tt}(x,t) = c^2 u_{xx}(x,y), \quad 0 < x < a, 0 < t < b \quad (2\text{-}43)$$

$$\begin{cases} u(0,t) = 0, u(a,t) = 0, & 0 \leqslant t < b \\ u(x,0) = f(t), & 0 \leqslant x < a \\ u_t(x,0) = g(x), & 0 < x < a \end{cases} \quad (2\text{-}44)$$

将矩形 $R = \{(x,t) : 0 \leqslant x \leqslant a, 0 \leqslant t \leqslant b\}$ 划分成 $(n-1) \times (m-1)$ 个小矩形，长宽分别为 $x = h, t = k$，形成一个网格。

把方程 (2-43) 离散化成差分方程

$$\frac{u_{i,j+1} - 2u_{i,j} + u_{i,j-1}}{k^2} = c^2 \frac{u_{i+1,j} - 2u_{i,j} + u_{i-1,j}}{h^2} \quad (2\text{-}45)$$

为方便起见，可将 $r = ck/h$ 代入上式，可得

$$u_{i,j+1} - 2u_{i,j} + u_{i,j-1} = r^2(u_{i+1,j} - 2u_{i,j} + u_{i-1,j}) \quad (2\text{-}46)$$

设行 j 和 $j-1$ 的近似值已知，可用上式求网格的行 $j+1$

$$u_{i,j+1} = (2 - 2r^2)u_{i,j} + r^2(u_{i+1,j} + u_{i-1,j}) - u_{i,j-1} \quad (2\text{-}47)$$

用上式时，必须注意，如果计算的某个阶段带来的误差最终会越来越小，则方法是稳定的。

为了保证上式的稳定性，必然使 $r=ck/h\leqslant 1$。还存在其他一些差分方程方法，称为隐格式法，它们更难实现，但对 r 无限制。

利用差分方法求解区间 $R=\{(x,t):0\leqslant x\leqslant a,0\leqslant t\leqslant b\}$，以式(2-44)作为初边界条件的波动方程的程序如下：

```
%****************************************************
function U=finedif(f,g,a,b,c,n,m)
%Input -f=u(x,0)as a string'f'
%     -g=ut(x,0)as a string'g'
%     -a and b right endpoints of [0,a] and [0,b]
%     -c the constant in the wave equation
%     -n and m number of grid points over [0,a] and [0,b]
%Output -U solution matrix;

% If f and g are M-file functions call U=finedif(@f,@g,a,b,c,n,m).
% if f and g are anonymous functions call U=finedif(f,g,a,b,c,n,m).
%Initialize parameters and U
h=a/(n-1);k=b/(m-1);r=c*k/h;
r2=r^2;r22=r^2/2;
s1=1 -r^2;s2=2 -2*r^2;
U=zeros(n,m);
%Comput first and second rows
for i=2:n-1
U(i,1)=feval(f,h*(i-1));
U(i,2)=s1*feval(f,h*(i-1))+k*feval(g,h*(i-1))…
+r22*(feval(f,h*i)+feval(f,h*(i-2)));
End

%Compute remaining rows of  U
for j=3:m,
for i=2:(n-1),
U(i,j)=s2*U(i,j-1)+r2*(U(i-1,j-1)+U(i+1,j-1))-U(i,j-2);
end
end
```

```
U=U';
%**********************************************************
```

2.2.5　偏微分方程 MATLAB 软件解法

1. 一维状态空间的偏微分方程的 MATLAB 解法

MATLAB 提供了一个指令 pdepe，用于解以下的偏微分方程式：

$$c\left(x,t,u,\frac{\partial u}{\partial x}\right)\frac{\partial u}{\partial t} = x^{-m}\frac{\partial}{\partial x}\left(x^m f\left(x,t,u,\frac{\partial u}{\partial x}\right)\right) + s\left(x,t,u,\frac{\partial u}{\partial x}\right) \qquad (2\text{-}48)$$

其中，时间介于 $t_0 \leqslant t \leqslant t_f$，而位置 x 则介于 $[a,b]$ 有限区域之间。m 值表示问题的对称性，其可为 0、1 或 2，分别表示平板(slab)、圆柱(cylindrical)或球体(spherical)的情形。因而，如果 $m > 0$，则 a 必等于 b，也就是说其具有圆柱或球体的对称关系。同时，式中 $f\left(x,t,u,\frac{\partial u}{\partial x}\right)$ 一项为通量(flux)项，而 $s\left(x,t,u,\frac{\partial u}{\partial x}\right)$ 为来源(source)项。$c\left(x,t,u,\frac{\partial u}{\partial x}\right)$ 为偏微分方程的对角线系数矩阵。若某一对角线元素为 0，则表示该偏微分方程为椭圆型偏微分方程，若为正值(不为 0)，则为抛物型偏微分方程。请注意 c 的对角线元素一定不全为 0。偏微分方程初始值可表示为

$$u(x,t_0) = v_0(x) \qquad (2\text{-}49)$$

而边界条件为

$$p(x,t,u) + q(x,t)f\left(x,t,u,\frac{\partial u}{\partial x}\right) = 0 \qquad (2\text{-}50)$$

其中，x 为两端点位置，即 a 或 b。

用以解含上述初始值及边界值条件的偏微分方程的 MATLAB 命令 pdepe 的用法如下：

```
sol=pdepe(m,pdefun,icfun,bcfun,xmesh,tspan,options)
```

其中，m 为问题之对称参数。

x_{mesh} 为空间变量 x 的网格点 (mesh) 位置向量，即 $x_{mesh} = [x_0, x_1, \cdots, x_N]$，$x_0 = a$(起点)，$x_N = b$(终点)。

t_{span} 为时间变量 t 的向量，即 $t_{span} = [t_0, t_1, \cdots, t_M]$，$t_0$ 为起始时间，t_M 为终点时间。

pdefun 为使用者提供的 pde 函数文件。其函数格式如下：

```
[c,f,s]=pdefun(x,t,u,dudx)
```

即，使用者仅需提供偏微分方程中的系数向量。c，f 和 s 均为行 (column) 向量，而向量 c 即矩阵 c 的对角线元素。

icfun 提供解 u 的起始值，其格式为 $u = icfun(x)$，值得注意的是 u 为行向量。

bcfun 为使用者提供的边界条件函数，格式如下：

$$[pl,ql,pr,qr]=bcfun(xl,ul,xr,ur,t)$$

其中，u_l 和 u_r 分别表示左边界 $(x_l = b)$ 和右边界 $(x_r = a)$ u 的近似解。输出变量中，p_l 和 q_l 分别表示左边界 p 和 q 的行向量，而 p_r 和 q_r 则表示右边界 p 和 q 的行向量。

sol 为解答输出，也为多维的输出向量，$sol(:,:,i)$ 为 u_i 的输出，即 $u_i = sol(:,:,i)$。元素 $u_i(j,k) = sol(j,k,i)$ 表示在 $t = tspan(j)$ 和 $x = x_{mesh}(k)$ 时 u_i 之答案。

options 为求解器的相关解法参数。

注 (1) MATLAB PDE 求解器 pdepe 的算法，主要是将原来的椭圆型和抛物型偏微分方程转化为一组常微分方程。此转换的过程是基于使用者所指定的网格点，以二阶空间离散化 (spatial discretization) 技术为之，然后以 ode15s 的指令求解。采用 ode15s 的 ode 解法，主要是因为在离散化的过程中，椭圆型偏微分方程被转化为一组代数方程，而抛物线型的偏微分方程则被转化为一组联立的微分方程。因而，原偏微分方程被离散化后，变成一组同时伴有微分方程与代数方程的微分代数方程组，故以 ode15s 便可顺利求解。

(2) x 的网格点位置对解的精确度影响很大，若 pdepe 求解器给出 "…has difficulty finding consistent initial considtion"，使用者可进一步将网格点取密一点，即增加网格点数。另外，若状态 u 在某些特定点上有较快速的变动，亦需将此处的点取密集些，以增加精确度。值得注意的是，pdepe 并不会自动做 x_{mesh} 的自动取点，使用者必须观察解的特性，自行作取点的操作。一般而言，所取的点数至少需大于 3 以上。

(3) t_{span} 的选取主要是基于使用者对那些特定时间的状态有兴趣而选定。而间距 (step size) 的控制由程序自动完成。

(4) 若要获得特定位置及时间下的解，可配合以 pdeval 命令。使用格式如下：

$$[uout, duoutdx]=pdeval(m, xmesh, ui, xout)$$

其中，m 代表问题的对称性。$m = 0$ 表示平板；$m = 1$ 表示圆柱体；$m = 2$ 表示球体。其意义同 pdepe 中的自变量 m。

x_{mesh} 为使用者在 pdepe 中所指定的输出点位置向量。$x_{mesh} = [x_0, x_1, \cdots, x_N]$。$u_i$ 即 $sol(j,:,i)$。也就是说其为 pdepe 输出中第 i 个输出 u_i 在各点位置 x_{mesh} 处，时间固定为 $t_j = t_{span}(j)$ 下的解。

x_{out} 为所欲内插输出点位置向量，此为使用者重新指定的位置向量。

u_{out} 为基于所指定位置 x_{out}，固定时间 t_f 下的相对应输出。

duoutdx 为相对应的 du/dx 输出值。

以下将以数个例子，详细说明 pdepe 的用法。

例 2.19　试解以下偏微分方程式

$$\pi^2 \frac{\partial u}{\partial t} = \frac{\partial^2 u}{\partial x^2}$$

其中，$0 \leqslant x \leqslant 1$，且满足以下初边值条件。

(1)初值条件：$u(x,0) = \sin(\pi x)$；

(2)边界条件

$$BC1: u(0,t) = 0; \quad BC2: \pi e^{-t} + \frac{\partial u(1,t)}{\partial x} = 0$$

注　本问题的解析解为 $u(x,t) = e^{-t} \sin(\pi x)$。

解　下面将叙述求解的步骤与过程。当完成以下各步骤后，可进一步将其汇总为一主程序 ex20_1.m，然后求解。

步骤 1：将欲求解的偏微分方程改写成如下的标准式。

$$\pi^2 \frac{\partial u}{\partial t} = x^0 \frac{\partial}{\partial x} \left(x^0 \frac{\partial u}{\partial x} \right) + 0$$

此即

$$c\left(x,t,u,\frac{\partial u}{\partial x} \right) = \pi^2$$

$$f\left(x,t,u,\frac{\partial u}{\partial x} \right) = \frac{\partial u}{\partial x}$$

$$s\left(x,t,u,\frac{\partial u}{\partial x} \right) = 0$$

和 $m = 0$。

步骤 2：编写偏微分方程的系数向量函数。

```
function[c,f,s]=ex20_1pdefun(x,t,u,dudx)
c=pi^2;
f=dudx;
s=0;
```

步骤 3：编写起始值条件。

```
function u0=ex20_1ic(x)
u0=sin(pi*x);
```

步骤 4：编写边界条件。在编写之前，先将边界条件改写成标准形式，如式(2-50)所示，找出相对应的 $p(.)$ 和 $q(.)$ 函数，然后写出 MATLAB 的边界条件函数，例如，原边界条件可写成

$$BC1 : u(0,t) + 0 \cdot \frac{\partial}{\partial x}(0,t) = 0, \quad x = 0$$

$$BC2 : \pi e^{-t} + \frac{\partial u(1,t)}{\partial x} = 0, \quad x = 1$$

即

$$p_l = u(0,t), \quad q_l = 0$$

和

$$p_r = \pi e^{-1}, \quad q_r = 1$$

因而，边界条件函数可编写成如下。

```
function [pl,ql,pr,qr]=ex20_1bc(xl,ul,xr,ur,t)
pl=ul;
ql=0;
pr=pi*exp(-t);
qr=1;
```

步骤 5：取点。例如，

```
x=linspace(0,1,20);%x 取 20 点
t=linspace(0,2,5);%时间取 5 点输出
```

步骤 6：利用 pdepe 求解。

```
m=0;%依步骤 1 之结果
sol=pdepe(m,@ex20_1pdefun,@ex20_1ic,@ex20_1bc,x,t);
```

步骤 7：显示结果。

```
u=sol(:,:,1);
surf(x,t,u)
title('pde 数值解')
xlabel('位置')
ylabel('时间' )
zlabel('u')
```

若要显示特定点上的解，可进一步指定 x 或 t 的位置，以便绘图。例如，欲了解时间为 2(终点)时，各位置下的解，可输入以下指令(利用 pdeval 指令)：

```
figure(2);%绘成图
M=length(t);%取终点时间的下标
xout=linspace(0,1,100);%输出点位置
[uout,dudx]=pdeval(m,x,u(M,:),xout);
plot(xout,uout);%绘图
title('时间为 2 时,各位置下的解')
```

```
xlabel('x')
ylabel('u')
```

综合以上各步骤，可编写一个程序求解例 2.19。其参考程序如下：

```
function ex20_1
%********************************
%求解一维热传导偏微分方程的一个综合函数程序
%********************************
m=0;
x=linspace(0,1,20);%xmesh
t=linspace(0,2,20);%tspan
%***********
%以 pdepe 求解
%***********
sol=pdepe(m,@ex20_1pdefun,@ex20_1ic,@ex20_1bc,x,t);
u=sol(:,:,1);%取出答案
%***********
%绘图输出
%***********
figure(1)
surf(x,t,u)
title('pde 数值解')
xlabel('位置 x')
ylabel('时间 t')
zlabel('数值解 u')
%************
%与解析解做比较
%************
figure(2)
surf(x,t,exp(-t)'*sin(pi*x));
title('解析解')
xlabel('位置 x')
ylabel('时间 t')
zlabel('数值解 u')
%***************
%t=tf=2 时各位置之解
```

```
%****************
figure(3)
M=length(t);%取终点时间的下表
xout=linspace(0,1,100);%输出点位置
[uout,dudx]=pdeval(m,x,u(M,:),xout);
plot(xout,uout);%绘图
title('时间为2时,各位置下的解')
xlabel('x')
ylabel('u')
%****************
%偏微分方程函数
%****************
function[c,f,s]=ex20_1pdefun(x,t,u,dudx)
c=pi^2;
f=dudx;
s=0;
%****************
%初始条件函数
%****************
function u0=ex20_1ic(x)
u0=sin(pi*x);
%****************
%边界条件函数
%****************
function[pl,ql,pr,qr]=ex20_1bc(xl,ul,xr,ur,t)
pl=ul;
ql=0;
pr=pi*exp(-t);
qr=1;
```

例2.20 试解以下联立的偏微分方程系统。

$$\frac{\partial u_1}{\partial t} = 0.024 \frac{\partial^2 u_1}{\partial x^2} - F(u_1 - u_2)$$

$$\frac{\partial u_2}{\partial t} = 0.170 \frac{\partial^2 u_2}{\partial x^2} + F(u_1 - u_2)$$

其中，$F(u_1 - u_2) = \exp(5.73(u_1 - u_2)) - \exp(-11.46(u_1 - u_2))$ 且 $0 \leqslant x \leqslant 1$ 和 $t \geqslant 0$。此联立偏微分方程系统满足以下初边值条件。

(1)初值条件

$$u_1(x,0) = 1, \quad u_2(x,0) = 0$$

(2)边值条件

$$\frac{\partial u_1}{\partial x}(0,t) = 0, \quad u_2(0,t) = 0, \quad u_1(1,t) = 1, \quad \frac{\partial u_2}{\partial x}(1,t) = 0$$

解 步骤 1：改写偏微分方程为标准式。

$$\begin{bmatrix} 1 \\ 1 \end{bmatrix} \times \frac{\partial}{\partial u} \begin{bmatrix} u_1 \\ u_2 \end{bmatrix} = \frac{\partial}{\partial x} \begin{bmatrix} 0.024\dfrac{\partial u_1}{\partial x} \\ 0.170\dfrac{\partial u_2}{\partial x} \end{bmatrix} + \begin{bmatrix} -F(u_1 - u_2) \\ F(u_1 - u_2) \end{bmatrix}$$

因此

$$c = \begin{bmatrix} 1 \\ 1 \end{bmatrix}, \quad f = \begin{bmatrix} 0.024\dfrac{\partial u_1}{\partial x} \\ 0.170\dfrac{\partial u_2}{\partial x} \end{bmatrix}, \quad s = \begin{bmatrix} -F(u_1 - u_2) \\ F(u_1 - u_2) \end{bmatrix}$$

和 $m = 0$。另外，左边界条件($x = 0$ 处)为

$$\begin{bmatrix} 0 \\ u_2 \end{bmatrix} + \begin{bmatrix} 1 \\ 0 \end{bmatrix} \times \begin{bmatrix} 0.024\dfrac{\partial u_1}{\partial x} \\ 0.170\dfrac{\partial u_2}{\partial x} \end{bmatrix} = \begin{bmatrix} 0 \\ 0 \end{bmatrix}$$

即

$$p_l = \begin{bmatrix} 0 \\ u_2 \end{bmatrix}, \quad q_l = \begin{bmatrix} 1 \\ 0 \end{bmatrix}$$

同理，右边界条件($x = 1$ 处)为

$$\begin{bmatrix} u_1 - 1 \\ 0 \end{bmatrix} + \begin{bmatrix} 0 \\ 1 \end{bmatrix} \times \begin{bmatrix} 0.024\dfrac{\partial u_1}{\partial x} \\ 0.170\dfrac{\partial u_2}{\partial x} \end{bmatrix} = \begin{bmatrix} 0 \\ 0 \end{bmatrix}$$

即

$$p_r = \begin{bmatrix} u_1 - 1 \\ 0 \end{bmatrix}, \quad q_r = \begin{bmatrix} 0 \\ 1 \end{bmatrix}$$

步骤 2：编写偏微分方程的系数向量函数。

```
function[c,f,s]=ex20_2pdefun(x,t,u,dudx)
```

```
c=[1 1]';
f=[0.024 0.170]'.*dudx;
y=u(1)-u(2);
F=exp(5.73*y)-exp(-11.47*y);
s=[-F F]';
```

步骤 3：编写初始条件函数。

```
function u0=ex20_2ic(x)
u0=[1 0]';
```

步骤 4：编写边界条件函数。

```
function [pl,ql,pr,qr]=ex20_2bc(xl,ul,xr,ur,t)
pl=[0 ul(2)]';
ql=[1 0]';
pr=[ur(1)-1 0]';
qr=[0 1]';
```

步骤 5：取点。

由于此问题的端点均受边界条件的限制，且时间 t 很小时状态的变动很大（由多次求解后的经验得知），故在两端点处的点可稍微密集些。同时对于 t 小处亦可取密一些。例如，

```
x=[0 0.005 0.01 0.05 0.1 0.2 0.5 0.7 0.9 0.95 0.99 0.995 1];
t=[0 0.005 0.01 0.05 0.1 0.5 1 1.5 2];
```

以上几个主要步骤编写完成后，事实上就可直接完成主程序来求解。此问题的参考程序如下：

```
function ex20_2
%*************************************
%求解一维偏微分方程组的一个综合函数程序
%*************************************
m=0;
x=[0 0.005 0.01 0.05 0.1 0.2 0.5 0.7 0.9 0.95 0.99 0.995 1];
t=[0 0.005 0.01 0.05 0.1 0.5 1 1.5 2];
%*************************************
%利用 pdepe 求解
%*************************************
sol=pdepe(m,@ex20_2pdefun,@ex20_2ic,@ex20_2bc,x,t);
u1=sol(:,:,1); %第一个状态之数值解输出
u2=sol(:,:,2); %第二个状态之数值解输出
```

```
%***********************************
%绘图输出
%***********************************
figure(1)
surf(x,t,u1)
title('u1 之数值解')
xlabel('x')
ylabel('t')
%
figure(2)
surf(x,t,u2)
title('u2 之数值解')
xlabel('x')
ylabel('t')
%************************************
%pde 函数
%************************************
function[c,f,s]=ex20_2pdefun(x,t,u,dudx)
c=[1 1]';
f=[0.024 0.170]'.*dudx;
y=u(1)-u(2);
F=exp(5.73*y)-exp(-11.47*y);
s=[-F F]';
%*************************************
%初始条件函数
%*************************************
function u0=ex20_2ic(x)
u0=[1 0]';
%*************************************
%边界条件函数
%*************************************
function [pl,ql,pr,qr]=ex20_2bc(xl,ul,xr,ur,t)
pl=[0 ul(2)]';
ql=[1 0]';
pr=[ur(1)-1 0]';
```

```
qr=[0 1]';
```

2. 二维状态空间的偏微分方程的 MATLAB 解法

MATLAB 中的偏微分方程(PDE)工具箱是用有限元法寻求典型偏微分方程的数值近似解的,该工具箱求解偏微分方程的具体步骤与用有限元方法求解偏微分方程的过程是一致的,包括几个步骤,即几何描述、边界条件描述、偏微分方程类型选择、有限元划分计算网格、初始化条件输入,最后给出偏微分方程的数值解(包括画图)。

下面我们讨论的方程是定义在平面上的有界区域 Ω 上,区域的边界记作 $\partial\Omega$。

1)方程类型

MATLAB 工具箱可以解决下列类型的偏微分方程。

(1)椭圆型偏微分方程

$$-\nabla \cdot (c\nabla u) + au = f, \quad \text{在} \Omega \text{中}$$

其中,c, a, f 和未知的 u 可以是 Ω 上的复值函数。

(2)抛物型偏微分方程

$$d\frac{\partial u}{\partial t} - \nabla \cdot (c\nabla u) + au = f, \quad \text{在} \Omega \text{中}$$

其中,c, a, f, d 可以依赖于时间 t。

(3)双曲型偏微分方程

$$d\frac{\partial^2 u}{\partial t^2} - \nabla \cdot (c\nabla u) + au = f, \quad \text{在} \Omega \text{中}$$

(4)特征值问题

$$-\nabla \cdot (c\nabla u) + au = \lambda du, \quad \text{在} \Omega \text{中}$$

其中,λ 是未知的特征值,d 是 Ω 上的复值函数。

(5)非线性椭圆偏微分方程

$$-\nabla \cdot (c(u)\nabla u) + a(u)u = f(u), \quad \text{在} \Omega \text{中}$$

其中,c, a, f 可以是 u 的函数。

(6)方程组

$$\begin{cases} -\nabla \cdot (c_{11}\nabla u_1) - \nabla \cdot (c_{12}\nabla u_2) + a_{11}u_1 + a_{12}u_2 = f_1 \\ -\nabla \cdot (c_{21}\nabla u_1) - \nabla \cdot (c_{22}\nabla u_2) + a_{21}u_1 + a_{22}u_2 = f_2 \end{cases}$$

2)边界条件

边界条件有如下三种。

(1)Dirichlet 条件

$$hu = r, \quad \text{在} \partial\Omega \text{上}$$

(2)Neumann 条件

$$n\ (c\nabla u + qu = g), \quad 在 \partial\Omega 上$$

这里 n 为区域的单位外法线向量，c 是 u 的函数，h, r, q, g 是定义在 $\partial\Omega$ 上的复值函数。

对于二维方程组情形，Dirichlet 边界条件为

$$h_{11}u_1 + h_{12}u_2 = r_1$$
$$h_{21}u_1 + h_{22}u_2 = r_2$$

Neumann 边界条件为

$$n \cdot (c_{11}\nabla u_1) + n \cdot (c_{12}\nabla u_2) + q_{11}u_1 + q_{12}u_2 = g_1$$
$$n \cdot (c_{21}\nabla u_1) + n \cdot (c_{22}\nabla u_2) + q_{21}u_1 + q_{22}u_2 = g_2$$

(3) 对于偏微分方程组，混合边界条件为

$$h_{11}u_1 + h_{12}u_2 = r_1$$
$$n \cdot (c_{11}\nabla u_1) + n \cdot (c_{12}\nabla u_2) + q_{11}u_1 + q_{12}u_2 = g_1 + \mu h_{11}$$
$$n \cdot (c_{21}\nabla u_1) + n \cdot (c_{22}\nabla u_2) + q_{21}u_1 + q_{22}u_2 = g_2 + \mu h_{12}$$

这里 μ 的计算是使得它满足 Dirichlet 边界条件。

3) 求解偏微分方程

例 2.21 求解 Poisson 方程

$$-\nabla^2 u = 1$$

求解区域为单位圆盘，边界条件为在圆盘边界上 $u = 0$。

解 它的精确解为

$$u(x, y) = \frac{1 - x^2 - y^2}{4}$$

下面求它的数值解，编写程序如下：

```
%(1)问题定义
g='circleg';%单位圆
b='circleb1';%边界上为零条件
c=1;a=0;f=1;
%(2)产生初始的三角形网格
[p,e,t]=initmesh(g);
%(3)迭代直至得到误差允许范围内的合格解
error=[];err=1;
while err>0.01,
[p,e,t]=refinemesh(g,p,e,t);
u=assempde(b,p,e,t,c,a,f);%求得数值解
exact=(1-p(1,:).^2-p(2,:).^2)/4;
err=norm(u-exact',inf);
error=[error err];
```

```
end
%结果显示
subplot(2,2,1),pdemesh(p,e,t);
subplot(2,2,2),pdesurf(p,t,u)
subplot(2,2,3),pdesurf(p,t,u-exact')
```

输出结果见图 2-12。

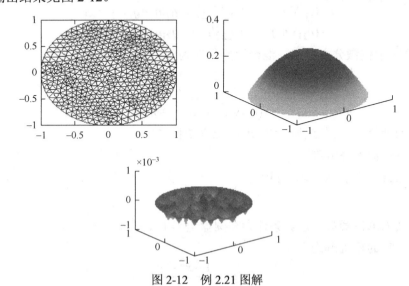

图 2-12　例 2.21 图解

例 2.22　考虑最小表面问题

$$-\nabla \cdot \left(\frac{1}{\sqrt{1+|\nabla u|^2}} \nabla u \right) = 0, \quad 在 \Omega = \{(x,y) \mid x^2 + y^2 \leqslant 1\} 上有效,$$

且圆盘边界上 $u = x^2$。

解　这是椭圆型方程,其中,$c = \dfrac{1}{\sqrt{1+|\nabla u|^2}}, a = 0, f = 0$,编写程序如下:

```
g='circleg';
b='circleb2';
c='1./sqrt(1+ux.^2+uy.^2)';
rtol=1e-3;
[p,e,t]=initmesh(g);
[p,e,t]=refinemesh(g,p,e,t);
u=pdenonlin(b,p,e,t,c,0,0,'Tol',rtol);
pdesurf(p,t,u)
```

输出结果，如图 2-13 所示。

例 2.23　求解正方形区域 $\{(x,y)\,|\,-1\leqslant x,$
$y\leqslant 1\}$ 上的热传导方程：

$$\frac{\partial u}{\partial t}=\Delta u$$

初始条件为 $u(0)=\begin{cases}1,& x^2+y^2<0.4^2,\\ 0,& \text{其他}.\end{cases}$

边界条件为 Dirichlet 条件 $u=0$。

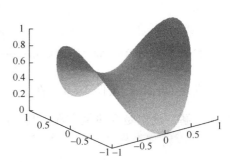

图 2-13　例 2.22 图解

解　这里是抛物型方程，其中，$c=1$,
$a=0, f=0, d=1$。编写程序如下：

```
%(1)问题定义
g='squareg';%定义正方形区域
b='squareb1';%边界上为零条件
c=1;a=0;f=0;d=1;
%(2)产生初始的三角形网格
[p,e,t]=initmesh(g);
%(3)定义初始条件
u0=zeros(size(p,2),1);
ix=find(sqrt(p(1,:).^2+p(2,:).^2)<0.4);
u0(ix)=1
%(4)在时间段为0到0.1的20个点上求解
nframe=20;
tlist=linspace(0,0.1,nframe);
u1=parabolic(u0,tlist,b,p,e,t,c,a,f,d);
```

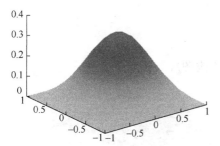

图 2-14　例 2.23 图解

```
%(5)动画图示结果
for j=1:nframe
pdesurf(p,t,u1(:,j));
mv(j)=getframe;
end
movie(mv,10)
```

输出 u_0 并截取 1 个动画片段，如图 2-14
所示。

例 2.24　求解正方形区域 $\{(x,y)\,|\,-1\leqslant x,$
$y\leqslant 1\}$ 上的波方程

$$\frac{\partial^2 u}{\partial t^2} = \Delta u$$

初始条件为 $u(0) = \arctan(\cos(\pi x))$，$\dfrac{\mathrm{d}u(0)}{\mathrm{d}t} = 3\sin(\pi x)\exp(\cos(\pi y))$，边界条件为在 $x = \pm 1$

上满足 Dirichlet 条件 $u = 0$，在 $y = \pm 1$ 上满足 Neumann 条件 $\dfrac{\partial u}{\partial n} = 0$。

解　这里是双曲型方程，其中，$c = 1, a = 0, f = 0, d = 1$。编写程序如下：

```
%(1)问题定义
g='squareg';%定义正方形区域
b='squareb3';%定义边界
c=1;a=0;f=0;d=1;
%(2)产生初始的三角形网格
[p,e,t]=initmesh(g);
%(3)定义初始条件
x=p(1,:)';y=p(2,:)';
u0=atan(cos(pi*x));
ut0=3*sin(pi*x).*exp(cos(pi*y));
%(4)在时间段为0到5的31个点上求解
n=31;
tlist=linspace(0,5,n);
uu=hyperbolic(u0,ut0,tlist,b,p,e,t,c,a,f,d);
%(5)动画图示结果
for j=1:n
pdesurf(p,t,uu(:,j));
mv(j)=getframe;
end
movie(mv,10)
```

输出结果，如图 2-15 所示(截取 2 个动画片段图)。

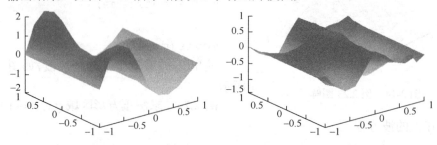

图 2-15　例 2.24 图解

例 2.25 求解 Poisson 方程

$$-\nabla^2 u = \delta(0,0)$$

求解区域为单位圆盘，边界条件为在圆盘边界上 $u = 0$。

解 它的精确解为 $u(x,y) = -\dfrac{1}{2\pi}\ln\sqrt{x^2+y^2}$。下面求它的数值解，编写程序如下：

```
g='circleg';
b='circleb1';
c=1;a=0;f='circlef';
[p,e,t]=initmesh(g);
[p,e,t]=refinemesh(g,p,e,t);
u=assempde(b,p,e,t,c,a,f);
exact=-1/(2*pi)*log(sqrt(p(1,:).^2+p(2,:).^2));
subplot(2,2,1),pdemesh(p,e,t);
subplot(2,2,2),pdesurf(p,t,u)
subplot(2,2,3),pdesurf(p,t,u-exact')
```

输出结果，如图 2-16 所示。

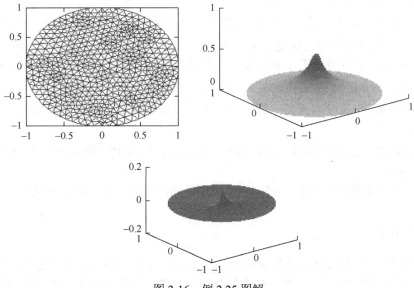

图 2-16　例 2.25 图解

第3章 规 划 模 型

规划模型是实际问题建模中应用最广泛的一类模型,通常表现为经营管理中如何有效地使用或分配有限的资源(包括劳动力、原材料、机器、资金等),使得费用最小或者利润最大。在数学上包括线性规划、整数规划、非线性规划、目标规划等。本章主要通过实例针对线性规划、整数规划、非线性规划以及目标规划进行介绍,重点说明模型的建立过程与实现方法。

3.1 线性规划模型

3.1.1 问题的提出

例 3.1 一个奶制品加工厂用牛奶生产 A_1, A_2 两种奶制品,1 桶牛奶可以在甲类设备上用 12h 加工成 3kg A_1,或者在乙类设备上用 8h 加工成 4kg A_2。根据市场需求,生产的 A_1, A_2 能全部售出,且每千克 A_1 获利 24 元,每千克 A_2 获利 16 元。现在加工厂每天能得到 50 桶牛奶的供应,每天工人总的劳动时间是 480h,并且甲类设备每天至多能加工 100kg A_1,乙类设备的加工能力没有限制。试为该厂制订一个生产计划,使每天获利最大,并进一步讨论下列 3 个问题:

(1)若用 35 元可以买到一桶牛奶,应否作这项投资?若投资,每天最多购买多少桶牛奶?

(2)若以增加劳动时间提高利润,那么延长的劳动时间内能支付的最高工资是多少?

(3)由于市场需求变化,每千克 A_1 的获利增加到 30 元,是否改变生产计划?

【问题分析】

这个优化问题的目标是使每天的获利最大,要做的决策是生产计划,即每天用多少桶牛奶生产 A_1,用多少桶牛奶生产 A_2(也可以是每天生产多少千克的 A_1,多少千克的 A_2)。这个决策受到三个条件的制约:原料(牛奶)的供应、劳动时间、甲类设备的加工能力。把这些信息抽象为数学符号,用表达式列出,就可以得到模型。

【模型假设】

(1)假设每天用 x_1 桶牛奶生产 A_1，用 x_2 桶牛奶生产 A_2；

(2)每天可获利 z 元。

【模型建立】

x_1 桶牛奶可生产 $3x_1\,\mathrm{kg}$ 的 A_1，可获利 $24 \times 3x_1$ 元；x_2 桶牛奶可生产 $4x_2\,\mathrm{kg}$ 的 A_2，可获利 $16 \times 4x_2$ 元，故 $z = 72x_1 + 64x_2$。

原料供应限制：生产 A_1, A_2 的原料总量不得超过每天的供应量 50 桶，即 $x_1 + x_2 \leqslant 50$。

劳动时间限制：生产 A_1, A_2 的总加工时间不得超过每天工人的劳动时间，即 $12x_1 + 8x_2 \leqslant 480$。

设备能力限制：A_1 的产量不得超过甲类设备每天的加工能力，即 $3x_1 \leqslant 100$。另外，x_1, x_2 表示桶数，不能为负值，即 $x_1, x_2 \geqslant 0$。

综上可得模型

$$\max \quad z = 72x_1 + 64x_2 \tag{3-1}$$

$$\text{s.t.} \begin{cases} x_1 + x_2 \leqslant 50 & (3\text{-}2) \\ 12x_1 + 8x_2 \leqslant 480 & (3\text{-}3) \\ 3x_1 \leqslant 100 & (3\text{-}4) \\ x_1, x_2 \geqslant 0 & (3\text{-}5) \end{cases}$$

这就是该问题的基本数学模型，由于所有列式对于变量 x_1, x_2 而言都是线性的，所以称为**线性规划**(linear programming，LP)。

3.1.2　线性规划模型的相关概念

由上面的例子，可得出线性规划的**一般形式**：

$$\max(\text{或 min}) \quad z = \sum_{j=1}^{n} c_j x_j \tag{3-6}$$

式中，变量需满足：

$$\text{s.t.} \begin{cases} \displaystyle\sum_{j=1}^{n} a_{ij} x_j \leqslant b_i (\text{或} \geqslant b_i, \text{或} = b_i) & (i = 1, 2, \cdots, m) \\ x_j \geqslant 0 & (j = 1, 2, \cdots, n) \end{cases} \tag{3-7}$$

线性规划中的式(3-6)称为**目标函数**，x_j 称为**决策变量**，式(3-7)称为**约束条件**。目标函数和约束条件都是关于决策变量的线性关系式。决策变量、目标函数、约束条件构成了线性规划问题的三要素。满足约束条件 (3-7) 的解 $X = (x_1, x_2, \cdots, x_n)^{\mathrm{T}}$ 称为线性规划问题的**可行解**，而使目标函数 (3-6) 达到最大 (或最小) 的可行解称为**最优解**。所有可行解构成的集合称为线性规划问题的**可行域**。

3.1.3　线性规划模型的标准形式

由于目标函数与约束条件内容和形式上的差别，线性规划问题可以有多种表达式。为了便于讨论，这里我们规定线性规划问题的标准形式为

$$\max \quad z = \sum_{j=1}^{n} c_j x_j$$

$$\text{s.t.} \begin{cases} \sum_{j=1}^{n} a_{ij} x_j = b_i & (i = 1, 2, \cdots, m) \\ x_j \geqslant 0 & (j = 1, 2, \cdots, n) \end{cases}$$

或矩阵和向量形式

$$\max \quad z = CX$$

$$\text{s.t.} \begin{cases} AX = b \\ X \geqslant 0 \end{cases}$$

标准形式的线性规划模型中，目标函数为求极大值，约束条件全为等式，约束条件右端常数项 b_i 全为非负值，变量 x_j 的取值全为非负值。对非标准形式的线性规划问题，可分别通过下列方法化为标准形式。

(1) 目标函数为求极小值，即 $\min z = \sum_{j=1}^{n} c_j x_j$。因为求 $\min z$ 等价于求 $\max(-z)$，令 $z' = -z$，即化为 $\max z' = -\sum_{j=1}^{n} c_j x_j$。

(2) 约束条件的右端项 $b_i < 0$。这时只需将等式或不等式两端同乘 -1，则等式右端项必大于零。

(3) 约束条件为不等式。

当约束条件为 "$\leqslant$" 时，如 $x_1 + x_2 \leqslant 5$，可在右边加上一个非负变量 x_3，得到等式 $x_1 + x_2 + x_3 = 5$。

当约束条件为 "$\geqslant$" 时，如 $2x_1 + x_2 \geqslant 3$，可在右边减去一个非负变量 x_4，得到等式 $2x_1 + x_2 - x_4 = 3$。

x_3 和 x_4 是为了将不等式转化为等式引入的变量，一般将 x_3 称为**松弛变量**，x_4 称为**剩余变量**。松弛变量或剩余变量在实际问题中分别表示未被充分利用的资源

和超出的资源数，均未转化为价值和利润，所以引进模型后它们在目标函数中的系数均为零。

(4) 决策变量的取值无约束。如果决策变量 x 的取值可能是正也可能是负，这时可令 $x = x' - x''$，其中，$x' \geqslant 0, x'' \geqslant 0$，将其代入线性规划模型即可。

(5) 决策变量 $x \leqslant 0$。可令 $x' = -x$，显然 $x' \geqslant 0$，将其代入模型即可。

例 3.2 把例 3.1 中的线性规划模型标准化。

$$\max \; z = 72x_1 + 64x_2$$

$$\text{s.t.} \begin{cases} x_1 + x_2 \leqslant 50 \\ 12x_1 + 8x_2 \leqslant 480 \\ 3x_1 \leqslant 100 \\ x_1, x_2 \geqslant 0 \end{cases}$$

解 上述问题中目标函数为极大化，决策变量均非负，约束条件右端项均大于零，所以只需引入三个松弛变量 x_3, x_4, x_5，将不等式化成等式即可。该问题的标准形式为

$$\max \; z = 72x_1 + 64x_2$$

$$\text{s.t.} \begin{cases} x_1 + x_2 + x_3 = 50 \\ 12x_1 + 8x_2 + x_4 = 480 \\ 3x_1 + x_5 = 100 \\ x_j \geqslant 0, \quad j = 1, 2, \cdots, 5 \end{cases}$$

3.1.4 求解方法与软件

1. 图解法

例 3.1 中的线性规划模型，决策变量为二维，用图解法既简单，又便于直观地把握线性规划的基本性质。

先将约束条件中 (3-2) ～ (3-5) 的不等号看成等号，可知它们是平面 $x_1 O x_2$ 上的 5 条直线，依次记为 $L_1 \sim L_5$，如图 3-1 所示。L_4, L_5 分别是 x_1 轴和 x_2 轴，并且不难判断，式 (3-2) ～式 (3-5) 界定的区域是 5 条直线上的线段所围成的五边形 $OABCD$。容易算出 5 个顶点的坐标为 $O(0,0)$，$A(0,50)$，$B(20,30)$，$C\left(\dfrac{100}{3}, 10\right)$，$D\left(\dfrac{100}{3}, 0\right)$。

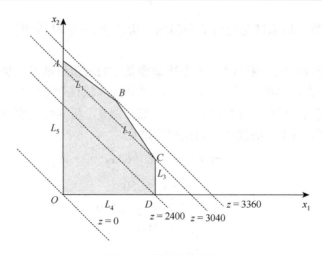

图 3-1　模型的图解法

目标函数 (3-1) 中的 z 取不同的数值，图 3-1 中就得到一组平行直线 (图中虚线)，称为等值线族。例如，$z=0$ 是过原点的直线，$z=2400$ 是过 D 点的直线，$z=3040$ 是过 C 点的直线等。可以看出，当这族平行线向右上方移动到过 B 点时，$z=3360$，达到最大值，所以 B 点的坐标 $(20,30)$ 即最优解，$x_1=20, x_2=30$。

我们直观地看到，由于目标函数和约束条件都是线性函数，在二维情形下，解的取值范围为直线段围成的凸多边形，目标函数的等值线为直线，于是最优解一定在凸多边形的某个顶点取得。由线性规划的理论可知，推广到 n 维情形，最优解也会在约束条件所界定的一个凸多面体的某个顶点处取得。这也是软件实现的一个重要的理论依据。

2. 软件实现

求解线性规划模型有很多数学软件，比如用 LINGO、MATLAB 都可以很方便的实现。

用 MATLAB 优化工具箱解线性规划模型，要求模型形式为

$$\min \ z = CX$$

$$\text{s.t.} \begin{cases} AX \leqslant b \\ \text{Aeq}X = \text{beq} \\ \text{VLB} \leqslant X \leqslant \text{VUB} \end{cases}$$

其中，Aeq 和 beq 分别为等式约束的系数矩阵和右端列向量，VLB 为变量下界，VUB 为变量上界。

这里需要强调的是，模型的目标函数为求极小值，对于求极大值的情形，可

以按照标准化中介绍的方法进行转化。如果模型中没有等式约束，则令 Aeq=[ ]，beq=[ ]。

MATLAB 中常用的求解线性规划的命令函数为 linprog，调用格式为

```
x=linprog(C,A,b,Aeq,beq,VLB,VUB,x0)
[x,fval]=linprog(C,A,b,Aeq,beq,VLB,VUB,x0)
```

可返回最优解 x 和 x 处的目标函数值，其中，x_0 是初值，若没有，可以缺省。

如例 3.1 所示，在界面输入

```
>>C=[-72 -64];
A=[1,1;12,8;3,0];b=[50;480;100];
Aeq=[];beq=[];
VLB=zeros(2,1);VUB=[];
[x,fval]=linprog(C,A,b,Aeq,beq,VLB,VUB)
```

运行结果为

```
x=
    20.0000
    30.0000
fval=-3360
```

为了更好地回答例 3.1 中的 3 个附加问题，这里用 LINGO 软件对模型加以实现。在 LINGO 界面直接输入

```
model:
max=72*x1+64*x2;
x1+x2<50;
12*x1+8*x2<480;
3*x1<100;
end
```

选择菜单"LINGO|Solve"执行，即可得到如下输出：

```
Global optimal solution found.
Objective value:                          3360.000
  Total solver iterations:                     2
            Variable       Value      Reduced Cost
                  x1     20.00000        0.000000
                  x2     30.00000        0.000000
                 Row   Slack or Surplus  Dual Price
                   1     3360.000         1.000000
                   2     0.000000        48.00000
```

```
           3          0.000000        2.000000
           4         40.00000        0.000000
```

上面结果的前 3 行告诉我们，LINGO 求出了模型的全局最优解(global optimal solution found)，最优值为 3360，迭代次数为 2 次。接下来的 3 行告诉我们，这个线性规划的最优解为 $x_1 = 20, x_2 = 30$ (即用 20 桶牛奶生产 A_1，30 桶牛奶生产 A_2)。剩下 5 行结合题目中的 3 个附加问题给予说明。

(1)3 个约束条件的右端不妨看作 3 种"资源"：原料、劳动时间、甲类设备的加工能力。输出 8～11 行"Slack or Surplus"给出这 3 种资源在最优解下是否有剩余："Row2"表示原料，"Row3"表示劳动时间，剩余均为 0，"Row4"表示甲类设备，仍有 40kg 加工能力。一般称"资源"剩余为零的约束为**紧约束(有效约束)**。

(2)目标函数可以看作"效益"，成为紧约束的"资源"一旦增加，"效益"必然跟着增长。输出 8～11 行"Dual Price"给出这 3 种资源在最优解下"资源"增加 1 个单位时"效益"的增量："Row2"表示原料增加 1 个单位(即 1 桶牛奶)时利润增长 48 元，"Row3"表示劳动时间增加 1 个单位(1 小时)时利润增长 2 元，而增加非紧约束"Row4"中的甲类设备的能力不会使利润增长。这里，"效益"的增量可以看作"资源"的潜在价值，经济学上称为**影子价格**，即 1 桶牛奶的影子价格为 48 元，1 小时劳动时间的影子价格为 2 元，甲类设备的影子价格为 0。

用影子价格的概念很容易回答附加问题(1)和(2)：用 35 元可以买到 1 桶牛奶，低于 1 桶牛奶的影子价格，当然应该做这项投资。对于增加的劳动时间，能支付的工资要低于劳动时间的影子价格才可以获利，所以理论上最多支付 2 元/小时。

(3)目标函数的系数发生变化时(假定约束条件不变)，最优解和最优值会改变吗？这种对目标函数系数变化的影响的讨论，通常称为对目标函数系数的灵敏度分析。LINGO 在缺省设置中不会给出这种结果，但可以通过修改 LINGO 选项得到。具体做法如下。

选择"LINGO|Option"菜单，在弹出的选项卡中选择"General Solver"，找到选项"Dual Computations"，在下拉框中选中"Prices&Ranges"，应用或保存设置，重新运行"LINGO|Solve"，然后选择"LINGO|Ranges"菜单，得到如下输出：

```
Ranges in which the basis is unchanged:
                Objective Coefficient Ranges
                   Current      Allowable      Allowable
     Variable    Coefficient    Increase       Decrease
           x1    72.00000       24.00000       8.000000
           x2    64.00000       8.000000       16.00000
                Righthand Side Ranges
     Row         Current        Allowable      Allowable
```

	RHS	Increase	Decrease
2	50.00000	10.00000	6.666667
3	480.0000	53.33333	80.00000
4	100.0000	INFINITY	40.00000

上面输出的第 2~6 行"Current Coefficient"(当前系数)对应的"Allowable Increase"和"Allowable Decrease"给出了最优解不变条件下目标函数系数的允许变化范围:x_1 的系数为 $(72-8, 72+24)$,即 $(64, 96)$;x_2 的系数为 $(64-16, 64+8)$,即 $(48, 72)$。

注意 x_1 的系数允许变化范围需要 x_2 的系数 64 不变,反之亦然。

用这个结果便可以回答附加问题(3):若每千克 A_1 的获利增加到 30 元,则 x_1 的系数变为 90 元,在允许变化范围内,所以不改变生产计划。

(4)对"资源"的影子价格作进一步的分析。上面输出的第 7~12 行"Current RHS"(当前右端项)对应的"Allowable Increase"和"Allowable Decrease"给出了影子价格有意义条件下约束右端项的限制范围:"Row2"表示原料最多增加 10 桶牛奶,"Row3"表示劳动时间最多增加 53.3h。

现在可以回答附加问题(1)中的第 2 问:虽然现在应该作 35 元买 1 桶牛奶的投资,但每天最多购买 10 桶牛奶。类似地,我们还可以得到用低于每小时 2 元的工资聘用钟点工以增加劳动时间,但最多增加 53.3h。

最后需要注意的是,LINGO 给出的灵敏性分析结果只是充分条件,比如上述"最多增加 10 桶牛奶"应理解成"增加 10 桶牛奶"一定是有利可图的,但这并不意味着"增加 10 桶以上的牛奶"一定不是有利可图的,这需要求解新的模型进行判断。

3.2 整数规划模型

3.2.1 问题的提出

例 3.3 一个汽车厂生产小、中、大三种类型的汽车,已知各类型车辆对钢材、劳动时间的需求、利润以及每月工厂钢材、劳动时间的现有量如表 3-1 所示。试制订月生产计划,使工厂的利润最大。

进一步讨论:由于各种条件限制,如果生产某一类型汽车,则至少要生产 80 辆,那么最优的生产计划应作何改变?

表 3-1　汽车厂的生产数据

	小型	中型	大型	现有量
钢材/t	1.5	3	5	600
劳动时间/h	280	250	400	60000
利润/万元	2	3	4	—

【模型假设】

(1)假设每月小、中、大型汽车的数量分别为 x_1，x_2，x_3；

(2)工厂的月利润为 z 元；

(3)题中所涉及参数均不随生产数量变化。

【模型建立与求解】

由汽车厂的生产数据表，立即可得线性规划模型

$$\max \quad z = 2x_1 + 3x_2 + 4x_3 \tag{3-8}$$

$$\text{s.t.} \begin{cases} 1.5x_1 + 3x_2 + 5x_3 \leqslant 600 & (3\text{-}9) \\ 280x_1 + 250x_2 + 400x_3 \leqslant 60000 & (3\text{-}10) \\ x_1, x_2, x_3 \geqslant 0 & (3\text{-}11) \end{cases}$$

用 MATLAB 或者 LINGO 求解，可得最优解 $x_1 = 64.516129, x_2 = 167.741928$，$x_3 = 0$。但是根据实际意义，变量表示汽车数量，出现小数，显然不合适。通常的解决办法有以下几种。

(1)简单地舍去小数，取 $x_1 = 64, x_2 = 167$，一般情况下，这种做法得到的解仅仅是最优解的近似。

(2)在得到的非整数解附近试探：如取 $x_1 = 65, x_2 = 167$；$x_1 = 64, x_2 = 168$ 等，然后分别计算函数值 z，通过比较大小可能得到最优解。

(3)在线性规划模型中增加约束条件

$$x_1, x_2, x_3 \text{ 均为整数} \tag{3-12}$$

这样得到的式(3-8)～式(3-12)称为整数规划(integer programming，IP)，可以用 LINGO 直接求解，输入文件中用"@gin"函数将变量限定为整数即可。

求得的最优解 $x_1 = 64, x_2 = 168, x_3 = 0$，最优值 $z = 632$。即使利润最大的月生产计划为生产小型车 64 辆、中型车 168 辆，不生产大型车。

3.2.2　整数规划模型的相关概念

当规划中的变量(部分或全部)限制为整数时，称为**整数规划**。若在线性规划

模型中，变量限制为整数，则称为**整数线性规划**。即

$$\max \ z = CX$$

$$\text{s.t.} \begin{cases} AX = b \\ x_j \geqslant 0 \\ x_j \text{为整数} \quad (j = 1, 2, \cdots, n) \end{cases}$$

如不加特殊说明，整数规划一般指整数线性规划，大致可分为两类。

(1) 当变量全限制为整数时，称为纯(完全)整数规划。常见的有 0-1 整数规划：

$$\max \ z = CX$$

$$\text{s.t.} \begin{cases} AX = b \\ x_j = 0, 1 \quad (j = 1, 2, \cdots, n) \end{cases}$$

(2) 当变量部分限制为整数时，称为混合整数规划。如

$$\max \ z = CX$$

$$\text{s.t.} \begin{cases} AX = b \\ x_j \geqslant 0 \\ x_j \text{为整数} \quad (j = 1, 2, \cdots, p) \end{cases}$$

其中，n 个决策变量中有 p 个限定为整数。

3.2.3　整数规划模型的求解方法

1. 分支定界法

对有约束条件的最优化问题的所有可行域恰当地进行系统搜索，这就是分支与定界的内容。通常，把全部可行域反复地分割为越来越小的子集，称为**分支**，并且对每个子集内的解集计算一个目标上界(对于最大化问题)，称为**定界**。在每次分支后，凡是界限超出已知可行解集目标值的那些子集不再进一步分支，这样，许多子集可不予考虑，称为**剪枝**。这就是分支定界法的主要思路。

分支定界法可用于解纯整数或混合整数规划问题，在 20 世纪 60 年代初由 Land Doig 和 Dakin 等提出。这种方法由于灵活且便于计算机求解，所以现在已成为解整数规划的重要方法。目前分支定界法已被成功地应用于求解生产进度问题、旅行推销员问题、工程选址问题、背包问题及指派问题等。

设有最大化的整数规划问题 A，与它对应的线性规划，一般称为**松弛问题 B**。从解问题 B 开始，若其最优解不符合 A 的整数条件，那么 B 的最优目标函数必是

A 的最优目标函数 z^* 的上界，记为 $\bar{z}$；而 A 的任意可行解的目标函数值将是 z^* 的一个下界 $\underline{z}$。分支定界法就是将 B 的可行域分成子区域的方法，逐步减小 $\bar{z}$ 和增大 $\underline{z}$，最终求得 z^*。

例 3.4　求解下述整数规划

$$\max\ z = 40x_1 + 90x_2$$

$$\text{s.t.}\begin{cases}9x_1 + 7x_2 \leqslant 56 \\ 7x_1 + 20x_2 \leqslant 70 \\ x_1, x_2 \geqslant 0\text{且为整数}\end{cases}$$

解　(1) 先不考虑整数限制，解相应的松弛问题 B，得到最优解：

$$x_1 = 4.8092,\quad x_2 = 1.8168,\quad z = 355.8779$$

不符合整数条件。这时 z 是原问题 A 的最优目标函数值 z^* 的上界，记作 $\bar{z}$。而 $x_1 = 0, x_2 = 0$ 显然是问题 A 的一个整数可行解，这时 $z = 0$ 是 z^* 的下界，记作 $\underline{z}$，即 $0 \leqslant z^* \leqslant 356$。

(2) x_1, x_2 当前均为非整数，任选一个进行分支。设选 x_1 进行分支，把可行集分成两个子集：$x_1 \leqslant 4, x_1 \geqslant 5$，进而得到两个子规划问题 B_1 和 B_2。

问题 B_1：　$\max\ z = 40x_1 + 90x_2$　　　　　问题 B_2：　$\max\ z = 40x_1 + 90x_2$

$$\text{s.t.}\begin{cases}9x_1 + 7x_2 \leqslant 56 \\ 7x_1 + 20x_2 \leqslant 70 \\ 0 \leqslant x_1 \leqslant 4, x_2 \geqslant 0\end{cases} \qquad \text{s.t.}\begin{cases}9x_1 + 7x_2 \leqslant 56 \\ 7x_1 + 20x_2 \leqslant 70 \\ x_1 \geqslant 5, x_2 \geqslant 0\end{cases}$$

最优解为 $x_1 = 4.0, x_2 = 2.1, z = 349$　　　　最优解为 $x_1 = 5.0, x_2 = 1.57, z = 341.4$

再定界：$0 \leqslant z^* \leqslant 349$。

(3) 对问题 B_1 再进行分支：$x_2 \leqslant 2, x_2 \geqslant 3$，得到问题 B_{11} 和问题 B_{12}，分别求最优解。B_{11}：$x_1 = 4.0, x_2 = 2.0, z = 340$；$B_{12}$：$x_1 = 1.43, x_2 = 3.0, z = 327.14$。

再定界：$340 \leqslant z^* \leqslant 349$，并把 B_{12} 剪枝。

(4) 对问题 B_2 再进行分支：$x_2 \leqslant 1, x_2 \geqslant 2$，得到问题 B_{21} 和问题 B_{22}，分别求最优解。B_{21}：$x_1 = 5.44, x_2 = 1.0, z = 308$；$B_{22}$：无可行解，把 B_{21}，B_{22} 剪枝。

于是可以断定原问题的最优解为 $x_1 = 4, x_2 = 2, z^* = 340$。

上述分支定界法求解的过程可用树状图 3-2 表示。

分支定界法解整数规划(最大化)的一般步骤如下。

步骤 1：求松弛问题 B。如问题 B 无可行解，则问题 A 也无可行解；如问题 B 的最优解符合问题 A 的整数条件，则它就是问题 A 的最优解。对于这两种情况，求解过程到此结束。如问题 B 的最优解存在，但不符合问题 A 的整数要求，记为 $\bar{z}$，转步骤 2。

步骤 2：求问题 A 的一个可行解，得其目标函数值，记为 $\underline{z}$，转步骤 3。

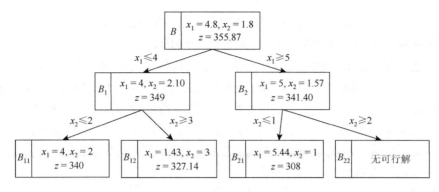

图 3-2 分支定界法

步骤 3：为问题 B 任选一个不符合整数要求的变量进行分支。设选择 $x_j = b_j$，以 $[b_j]$ 表示不超过 b_j 的最大整数。对问题 B 分别增加下面两个约束条件：

$$x_j \leqslant [b_j] \quad \text{和} \quad x_j \geqslant [b_j]+1$$

从而形成两个后继问题。解这两个后继问题。转步骤 4。

步骤 4：考察所有后继问题。以每个后继问题作为一分支标明求解结果，在其他问题的解的结果中，找出最优目标函数值最大者作为新的上界 $\bar{z}$。从满足整数要求的各分支中，找出目标函数值最大者作为新的下界 $\underline{z}$，否则，原来的 $\underline{z}$ 不变。转步骤 5。

步骤 5：各分支的最优目标函数中若有小于 $\underline{z}$ 者，则剪枝。若大于 $\underline{z}$，且不符合整数条件，则回到步骤 3，直到求出 $z^* = \underline{z}$ 为止。

2. 0-1 整数规划

回顾本节例 3.3 中的讨论题，对于问题中提出的"如果生产某一类型汽车，则至少要生产 80 辆"的限制，我们用整数规划得到的最优解 $x_1 = 64, x_2 = 168, x_3 = 0$ 显然不满足这个条件。这种类型的要求是在实际生产中经常提出的。解决的办法可以引入 0-1 变量，具体如下：

设 $y_1 = 0$ 或 1，则" $x_1 = 0$ 或 $x_1 \geqslant 80$ "等价于

$$80y_1 \leqslant x_1 \leqslant My_1, \quad y_1 \in \{0,1\} \tag{3-13}$$

其中，M 是相当大的正数，本例中可以取 1000，因为 x_1 不可能超过 1000。类似地有

$$80y_2 \leqslant x_2 \leqslant My_2, \quad y_2 \in \{0,1\} \tag{3-14}$$

$$80y_3 \leqslant x_3 \leqslant My_3, \quad y_3 \in \{0,1\} \tag{3-15}$$

于是式 (3-8)～式 (3-15) 构成了一个特殊的整数规划模型，既有一般的整数变量，又有 0-1 变量。可以用 LINGO 直接求解，输入的最后加上 0-1 变量的限定语句：

```
        @bin(y1);    @bin(y2);    @bin(y3);
```
可得最优解 $x_1 = 80, x_2 = 150, x_3 = 0$，最优值 $z = 610$。

整数规划问题的求解使用 LINGO 等专用软件比较方便。对于整数线性规划问题，也可以用 MATLAB 中的 intlinprog 函数求解，但使用 MATLAB 软件求解数学规划问题有一个缺陷，即必须把所有的决策变量化为一维决策变量，实际上对于多维变量的数学规划问题，用 MATLAB 求解，需要做一个变量替换，把多维决策变量化成一维决策变量，变量替换后，约束条件很难写出，而使用 LINGO 软件求解则无需做变换，更为简便。

MATALB 求解混合整数线性规划的命令为

```
[x,fval]=intlinprog(f,intcon,A,b,Aeq,beq,VLB,VUB)
```
对应如下的数学模型

$$\min_{x} f^{\mathrm{T}}x$$

$$\text{s.t.} \begin{cases} x(\text{intcon})\text{为整数} \\ Ax \leqslant b \\ \text{Aeq} \cdot x = \text{beq} \\ \text{VLB} \leqslant x \leqslant \text{VUB} \end{cases} \tag{3-16}$$

式中，$f, x, \text{intcon}, b, \text{beq}, \text{VLB}, \text{VUB}$ 为列向量；A, Aeq 为矩阵。

例 3.5 （指派问题） 拟分配 5 个人去做 5 项工作，每人做且只做一项工作，指派矩阵 $(c_{ij})_{5\times 5}$ 中的元素表示分配第 i 个人做第 j 项工作花费的单位时间，问应如何分配工作才能使工人花费的总时间最少？指派矩阵为

$$(c_{ij})_{5\times 5} = \begin{bmatrix} 3 & 8 & 2 & 10 & 3 \\ 8 & 7 & 2 & 9 & 7 \\ 6 & 4 & 2 & 7 & 5 \\ 8 & 4 & 2 & 3 & 5 \\ 9 & 10 & 6 & 9 & 10 \end{bmatrix}$$

解 这里需要把二维决策变量 $x_{ij}(i, j = 1, 2, \cdots, 5)$ 变成一维决策变量 $y_k(k = 1, 2, \cdots, 25)$，编写的 MATLAB 程序如下：

```
clc,clear
c=[3 8 2 10 3;8 7 2 9 7;6 4 2 7 5;8 4 2 3 5;9 10 6 9 10];
c=c(:);a=zeros(10,25);intcon=1:25;
for i=1:5
    a(i,(i-1)*5+1:5*i)=1;
    a(5+i,i:5:25)=1;
end
```

```
b=ones(10,1);VLB=zeros(25,1);VUB=ones(25,1);
x=intlinprog(c,intcon,[],[],a,b,VLB,VUB);
x=reshape(x,[5,5])
```

求得最优指派方案为 $x_{15} = x_{23} = x_{32} = x_{44} = x_{51} = 1$，最优值为 21。

求解的 LINGO 程序如下：

```
model:
sets:
var/1..5/;
links(var,var):c,x;
endsets
data:
c=3 8 2 10 3
  8 7 2 9 7
  6 4 2 7 5
  8 4 2 3 5
  9 10 6 9 10;
enddata
min=@sum(links:c*x);
@for(var(i):@sum(var(j):x(i,j))=1);
@for(var(j):@sum(var(i):x(i,j))=1);
@for(links:@bin(x));
end
```

这种编程方程采用了 LINGO 程序中的集，更为简便，请读者参阅第 1 章 LINGO 使用方法。求解结果与 MATLAB 相同，这里就不再列出了。

例 3.6 求解如下混合整数规划问题

$$\min \ z = -3x_1 - 2x_2 - x_3$$

$$\text{s.t.} \begin{cases} x_1 + x_2 + x_3 \leqslant 7 \\ 4x_1 + 2x_2 + x_3 = 12 \\ x_1, x_2 \geqslant 0 \\ x_3 = 0\text{或}1 \end{cases}$$

解 求解的 MATLAB 程序如下：

```
clc,clear
f=[-3;-2;-1];intcon=3;   %整数变量的地址
a=ones(1,3);b=7;
Aeq=[4 2 1];beq=12;
```

```
VLB=zeros(3,1);VUB=[inf;inf;1];  %x(3)为 0-1 变量
x=intlinprog(f,intcon,a,b,Aeq,beq,VLB,VUB)
```
求得的最优解为 $x_1 = 0, x_2 = 5.5, x_3 = 1$ ，目标函数的最优值为 –12 。

3.3　非线性规划模型

前面讨论的属于线性规划问题，即目标函数和约束条件都是关于决策变量的线性函数的规划问题。在实际工作中，常常遇到另一类规划问题，即目标函数和约束条件至少有一个是非线性函数的规划问题。

下面通过一个选址问题的实例，说明如何建立非线性规划模型。

3.3.1　问题的提出

例 3.7　某公司有 6 个建筑工地要开工，每个工地的位置(用平面坐标 (a,b) 表示，距离单位：km) 及水泥日用量 d (单位：t)由表 3-2 给出。目前有两个临时料场位于 $P(5,1)$ ， $Q(2,7)$ ，日储量各有 20t 。

表 3-2　工地的位置 (a,b) 及水泥的日用量 d

	工地					
	1	2	3	4	5	6
a/km	1.25	8.75	0.5	5.75	3	7.25
b/km	1.25	0.75	4.75	5	6.5	7.75
d/t	3	5	4	7	6	11

请回答以下两个问题：

(1)假设从料场到工地之间均有直线道路相连，试制订每天的供应计划，即从 P,Q 两料场分别向各工地运送多少吨水泥，使总的吨千米数最小；

(2)为了进一步减少吨千米数，打算舍弃目前的两个临时料场，改建两个新的料场，日储量仍各为 20t，问应建在何处，与目前相比节省的吨千米数有多少。

【问题分析】

设定 6 个工地的位置为 (a_i, b_i) ，水泥日用量为 d_i ， $i = 1, 2, \cdots, 6$ ；料场的位置为 (x_j, y_j) ，日储量为 e_j ， $j = 1, 2$ ；从料场 j 向工地 i 的运送量为 c_{ij} 。

在问题(1)中，决策变量就是料场 j 向工地 i 的运送量 c_{ij} ；在问题(2)中，决策变量除了料场 j 向工地 i 的运送量 c_{ij} 外，新建料场位置 (x_j, y_j) 也是决策变量。

【模型建立】

目标函数：这个优化问题的目标函数 f 是总吨千米数(运送量×运输距离)，所以优化目标可以表示为

$$\min f = \sum_{j=1}^{2}\sum_{i=1}^{6}c_{ij}\sqrt{(x_j - a_i)^2 + (y_j - b_i)^2}$$

约束条件：各工地的日用量必须满足，所以从 2 个料场运往某个工地的水泥总量等于该工地的水泥日用量，即 $\sum_{j=1}^{2}c_{ij} = d_i, i = 1,2,\cdots,6$；

各料场的运送量不能超过日储量，所以从某个料场运往 6 个工地的水泥总量应小于等于该料场的水泥日储量，即 $\sum_{i=1}^{6}c_{ij} \leqslant e_j, j = 1,2$；

非负约束，运送量 $c_{ij} \geqslant 0$。综上可得

$$\min \ f = \sum_{j=1}^{2}\sum_{i=1}^{6}c_{ij}\sqrt{(x_j - a_i)^2 + (y_j - b_i)^2}$$

$$\text{s.t.} \begin{cases} \sum_{j=1}^{2}c_{ij} = d_i, & i = 1,2,\cdots,6 \\ \sum_{i=1}^{6}c_{ij} \leqslant e_j, & j = 1,2 \\ c_{ij} \geqslant 0, & i = 1,\cdots,6, j = 1,2 \end{cases} \tag{3-17}$$

当使用临时料场时(问题(1))，决策变量只有 c_{ij}，目标函数和约束条件关于 c_{ij} 都是线性的，所以这时的优化模型为线性规划模型；当为新料场选址时(问题(2))，决策变量为 c_{ij} 和 x_j, y_j，由于目标函数 f 对 x_j, y_j 是非线性的，所以在新建料场时这个优化模型是非线性规划模型。

3.3.2　非线性规划模型的相关概念

由上面的例子，可得出非线性规划的一般(标准)形式：

$$\min \ f(x)$$

$$\text{s.t.} \begin{cases} g_i(x) \leqslant 0, & i = 1,2,\cdots,m \\ h_j(x) = 0, & j = 1,2,\cdots,r \end{cases} \tag{3-18}$$

其中，x 为欧氏空间 $\boldsymbol{R}^n$ 中的向量，称为决策向量，$f(x)$ 为目标函数，$g_i(x)$，$h_j(x)$ 称为约束条件。$f(x)$，$g_i(x)$，$h_j(x)$ 中至少有一个是关于决策变量的非线性函数关系式。同理，决策变量、目标函数、约束条件构成了非线性规划问题的三要素。

对常规的非线性规划问题，可行域、可行解、最优解、最优值的概念与线性规划中类似。但是如果目标函数为一非线性函数，通过作图（二维函数）可以看到，目标函数通常表现为多峰函数，因此存在多个局部最优，而全局最优只有一个，一般非线性规划方法求出的只是某个局部最优解。

另外，线性规划问题中，如果最优解存在，其最优解只能在可行域的边界上达到（特别是可行域的顶点上达到）；而非线性规划的最优解（如果存在）则可能在其可行域的任意一点达到。

3.3.3　求解方法与软件

一般来说，求解非线性规划问题要比求解线性规划问题困难得多。线性规划问题有统一的数学模型，有通用的解法。而非线性规划问题目前还没有适合各种问题形式的一般算法，现有的各算法都有特定的适用范围，带有一定的局限性。

实际问题中绝大多数都是有约束的非线性优化问题，求解方法是将约束问题转化为无约束问题，将非线性规划问题转化为线性规划问题，以及将复杂问题转化为较简单的问题等。

下面介绍几种有代表性的非线性规划模型及其算法和软件工具。

1. 一般类型的 MATLAB 解法

MATLAB 中非线性规划的数学模型写成以下形式：

$$\min \quad f(x)$$
$$\text{s.t.} \begin{cases} AX \leqslant b \\ \text{Aeq} \cdot X = \text{beq} \\ C(x) \leqslant 0 \\ \text{Ceq}(x) = 0 \end{cases} \tag{3-19}$$

其中，$f(x)$ 是目标函数，$A, b, \text{Aeq}, \text{beq}$ 是相应维数的矩阵和向量，$C(x), \text{Ceq}(x)$ 是非线性向量函数。

MATLAB 中解非线性规划的函数是 fmincon，命令格式如下：

```
x=fmincon(fun,x0,A,b,Aeq,beq,VLB,VUB,nonlcon,options)
```
返回值是向量 x，其中 fun 是用 M 文件定义的函数 $f(x)$；x_0 是 x 的初始值；A，b，Aeq，beq 定义了线性约束 $AX \leqslant b$，$\text{Aeq} \cdot X = \text{beq}$。如果没有线性约束，则 $A = [\ \ ]$，

$b = [\ ]$，Aeq = $[\ ]$，beq = $[\ ]$；VLB 和 VUB 是变量 x 的下界和上界。如果没有上、下界约束，则 VLB=$[\ ]$，VUB=$[\ ]$。如果 x 无下界，则 VLB 的各分量都是 $-inf$，上界也同样处理；nonlcon 是用 M 文件定义的非线性向量函数 $C(x)$，$Ceq(x)$；options 定义了优化参数，可以使用 MATLAB 缺省的参数设置。

例 3.8　求下列非线性规划。

$$\min\ f(x) = x_1^2 + x_2^2 + x_3^2 + 8$$

$$\text{s.t.} \begin{cases} x_1^2 - x_2 + x_3^2 \geqslant 0 \\ x_1 + x_2^2 + x_3^3 \leqslant 20 \\ -x_1 - x_2^2 + 2 = 0 \\ x_2 + 2x_3^2 = 3 \\ x_1, x_2, x_3 \geqslant 0 \end{cases}$$

解　(1)编写 M 文件 fun1.m 定义目标函数：

```
function f=fun1(x);
f=sum(x.^2)+8;
```

(2)编写 M 文件 fun2.m 定义非线性约束条件：

```
function [g,h]=fun2(x);
g=[-x(1)^2+x(2)-x(3)^2;x(1)+x(2)^2+x(3)^3-20];
%非线性不等式约束
h=[-x(1)-x(2)^2+2;x(2)^2+2*x(3)^2-3];
%非线性等式约束
```

(3)编写主程序文件：

```
options=optimset('largescale', 'off');
[x,y]=fmincon('fun1',rand(3,1),[],[],[],[],zeros(3,1),[],
'fun2',options)
```

就可以求得当 $x_1 = 0.5522, x_2 = 1.2033, x_3 = 0.9478$ 时，有最小值 $y = 10.6511$。

例 3.9　求解非线性约束优化问题。

$$\min\ z = e^{x_1}(4x_1^2 + 2x_2^2 + 4x_1x_2 + 2x_2 + 1)$$

$$\text{s.t.} \begin{cases} x_1 + x_2 = 0 \\ 1.5 + x_1x_2 - x_1 - x_2 \leqslant 0 \\ -x_1x_2 - 10 \leqslant 0 \end{cases}$$

解　先建立 M 文件 fun4.m，定义目标函数：

```
function f=fun4(x);
f=exp(x(1))*(4*x(1)^2+2*x(2)^2+4*x(1)*x(2)+2*x(2)+1);
```

再建立 M 文件 mycon.m，定义非线性约束：

```
function [g,Ceq]=mycon(x)
g=[1.5+x(1)*x(2)-x(1)-x(2);-x(1)*x(2)-10];
Ceq= x(1)+x(2);
```

主程序为

```
x0=[-1;1];
A=[];b=[];
Aeq=[1 1];beq=[0];
VLB=[];VUB=[];
[x,fval]=fmincon('fun4',x0,A,b,Aeq,beq,VLB,VUB,'mycon')
```

求得当 $x_1 = -3.0160, x_2 = 3.0160$ 时，有最小值 $z = 1.2359$。

2. 二次规划的 MATLAB 解法

若非线性规划的目标函数为变量 x 的二次函数，约束条件又全是线性的，就称这种规划为二次规划。

MATLAB 中二次规划的数学模型可表述如下：

$$\min \frac{1}{2}x^{\mathrm{T}}Hx + f^{\mathrm{T}}x$$
$$\text{s.t.} \begin{cases} Ax \leqslant b \\ \mathrm{Aeq} \cdot x = \mathrm{beq} \end{cases} \tag{3-20}$$

其中，H 是实对称矩阵，f,b 是列向量，A 是相应维数的矩阵。

MATLAB 中求解二次规划的命令是

```
[x,fval]=quadprog(H,f,A,b,Aeq,beq,VLB,VUB,x0,options)
```

返回值 x 是决策变量 x 的值，返回值 fval 是目标函数在 x 处的值。

例 3.10　求解二次规划

$$\min\ f(x) = 2x_1^2 - 4x_1x_2 + 4x_2^2 - 6x_1 - 3x_2$$
$$\text{s.t.} \begin{cases} x_1 + x_2 \leqslant 3 \\ 4x_1 + x_2 \leqslant 9 \\ x_1, x_2 \geqslant 0 \end{cases}$$

解　编写程序如下：

```
h=[4,-4;-4,8];
f=[-6;-3];
a=[1,1;4,1];
b=[3;9];
```

```
[x,fval]=quadprog(h,f,a,b,[],[],zeros(2,1))
```

便可求得，当 $x_1 = 1.95, x_2 = 1.05$ 时，$\min f(x) = -11.025$。

3. 约束极值的 MATLAB 解法

在 MATLAB 优化工具箱中，用于求解约束最优化问题的函数有：fminbnd，fmincon，quadprog，fminimax，前面我们已经介绍了函数 fmincon 和 quadprog 的用法。

1) fminbnd 函数

求单变量非线性函数在区间上的极小值

$$\min_{x} f(x), \quad x \in [x_1, x_2]$$

MATLAB 命令为

```
[x,fval]=fminbnd('fun',x1,x2,options)
```

返回值是极小点 x 和函数的极小值。这里 fun 是用 M 文件定义的函数或 MATLAB 中的单变量数学函数。

例 3.11　求函数 $f(x) = (x-3)^2 - 1, x \in [0,5]$ 的极小值。

解　编写 M 文件 fun3.m：

```
function f=fun3(x);
f=(x-3)^2-1;
```

在 MATLAB 的命令行窗口输入

```
[x,y]=fminbnd('fun3',0,5)
```

即可求得极小点和极小值。

2) fminimax 函数

求解 $\min_{x}\{\max_{f} F(x)\}$，约束条件与 fmincon 中的一致。其中 $F(x) = \{f_1(x), \cdots, f_m(x)\}$。

MATLAB 命令为

```
x=fminimax('fun',x0,A,b,Aeq,beq,VLB,VUB,'nonlcon')
```

例 3.12　求函数族 $\{f_1(x), f_2(x), f_3(x), f_4(x), f_5(x)\}$ 取极大、极小值时的 x。其中

$$\begin{cases} f_1(x) = 2x_1^2 + x_2^2 - 48x_1 - 40x_2 + 304 \\ f_2(x) = -x_1^2 - 3x_2^2 \\ f_3(x) = x_1 + 3x_2^2 - 18 \\ f_4(x) = -x_1 - x_2 \\ f_5(x) = x_1 + x_2 - 8 \end{cases}$$

解 编写 M 文件 fun4.m，定义向量函数如下：

```
function f=fun4(x);
f=[2*x(1)^2+x(2)^2-48*x(1)-40*x(2)+304;-x(1)^2-3*x(2)^2;
   x(1)+3*x(2)^2-18;-x(1)-x(2);x(1)+x(2)-8];
```

在 MATLAB 的命令行窗口输入：

$$[x,y]=fminimax(@fun4,rand(2,1)$$

4. 罚函数法

利用罚函数法，可将非线性规划问题的求解，转化为求解一系列无约束极值问题，因此也称这种方法为序列无约束最小化技术(sequential unconstrained minimization technique，SUMT)。

罚函数法求解非线性规划问题的思想是，利用问题中的约束函数作出适当的罚函数，由此构造出带参数的增广目标函数，把问题转化为无约束非线性规划问题。主要有两种形式，一种叫外罚函数法，另一种叫内罚函数法，下面介绍外罚函数法。

考虑问题：

$$\min \ f(x)$$
$$\text{s.t.} \begin{cases} g_i(x) \leqslant 0, & i=1,\cdots,r \\ h_j(x) \geqslant 0, & j=1,\cdots,s \\ k_m(x)=0, & m=1,\cdots,t \end{cases} \quad (3\text{-}21)$$

取一个充分大的数 $M>0$，构造函数

$$P(x,M)=f(x)+M\sum_{i=1}^{r}\max\{g_i(x),0\}-M\sum_{j=1}^{s}\min\{h_j(x),0\}+M\sum_{m=1}^{t}|k_m(x)| \quad (3\text{-}22)$$

则以增广目标函数 $P(x,M)$ 为目标函数的无约束极值问题 $\min P(x,M)$ 的最优解 x 就是原问题的最优解。

例 3.13 求下列非线性规划

$$\min \ f(x)=x_1^2+x_2^2+8$$
$$\text{s.t.} \begin{cases} x_1^2-x_2 \geqslant 0 \\ -x_1-x_2^2+2=0 \\ x_1,x_2 \geqslant 0 \end{cases}$$

解 编写 M 文件 fun5.m：

```
function p=fun5(x);
M=50000;
```

```
f=x(1)^2+x(2)^2+8;
p=f-M*min(x(1),0)-M*min(x(2),0)-M*min(x(1)^2-x(2),0)+M*
    abs(-x(1)-x(2)^2+2);
```

在 MATLAB 命令行窗口输入：

$$[x,y]=\text{fminnuc('fun5',rand(2,1))}$$

即可求得问题的解。

5. 非线性规划的 LINGO 求解

实现非线性规划算法的常用软件还有 LINGO，回顾例 3.7，下面用 LINGO 求解该料场选址问题。

将模型输入 LINGO 时，首先定义需求点 demand 和供应点 supply 两个集合，分别有 6 个和 2 个元素(下标)，决策变量(运送量) c_{ij} 的两个下标分别来自集合 demand 和 supply，由此在这两个基本集合的基础上，定义一个新的集合(称为**派生集合**)links，语句为

$$\text{links(demand,supply):c;}$$

因此，c 就是一个 6×2 的矩阵(或者说是含有 12 个元素的二维数组)。具体程序如下：

```
model:
sets:
demand/1..6/:a,b,d;
supply/1..2/:x,y,e;
links(demand,supply):c;
endsets
data:
a=1.25,8.75,0.5,5.75,3,7.25;
b=1.25,0.75,4.75,5,6.5,7.75;
d=3,5,4,7,6,11;
e=20,20;
enddata
init:
x,y=5,1,2,7;
endinit
min=@sum(links(i,j):c(i,j)*((x(j)-a(i))^2+(y(j)-b(i))^
    2)^(1/2));
@for(demand(i):@sum(supply(j):c(i,j))=d(i););
```

```
@for(supply(j):@sum(demand(i):c(i,j))<=e(j););
@for(supply:@free(x);@free(y););
end
```

运行菜单命令"LINGO|Solve"得最优解:

```
x(1)=3.254883,x(2)=7.250000,y(1)=5.652332,y(2)=7.750000,
c(略),最小运送量85.26604。
```

现在考察 85.26604 是不是全局最优。采用全局最优求解器激活全局最优求解程序的方法,用"LINGO|Options"菜单命令打开选项对话框,在"Global Solver"选项卡上选择"Use Global Solver"。全局最优求解程序花费的时间可能很长,所以为了减少计算工作量,我们可以对 x,y 的取值再做一些限制。虽然理论上新建料场的位置可以是任意的,但我们可以直观地想到,最佳的料场位置不应该离工地太远,无论如何至少不应该超出现在 6 个工地坐标的最大、最小值所决定的矩形之外,即

$$0.5 \leqslant x \leqslant 8.75, \quad 0.75 \leqslant y \leqslant 7.75$$

可以用@bnd 函数加上这个条件取代模型 end 上面的行,运行模型会发现全局最优解程序花费的时间仍然很长,请自行验证。

最后指出,如果把料场 $P(5,1)$, $Q(2,7)$ 的位置看成是已知且固定的,只需要把程序中的初始段 "x, y=5, 1, 2, 7" 语句移到数据段就可以了。此时,运行结果告诉我们得到全局最优解,最小运送量为 136.2275。

3.4　目标规划模型

目标规划是由线性规划发展演变而来的。线性规划考虑的是只有一个目标函数的问题,而实际问题中往往需要考虑多个目标函数,这些目标不仅有主次关系,而且有的还相互矛盾,这些问题用线性规划求解比较困难,因而本节提出了目标规划。

3.4.1　问题的提出

例 3.14　某企业生产甲、乙两种产品,需要用到 A,B,C 三种设备,关于产品的盈利与使用设备的工时及限制如表 3-3 所示。问:该企业应如何安排生产,使得在计划期内总利润最大?

表 3-3　生产产品使用设备的工时、限制和产品的盈利

	甲	乙	设备生产能力/h
A /(h/件)	2	2	12
B /(h/件)	4	0	16
C /(h/件)	0	5	15
盈利/(元/件)	200	300	—

进一步，现企业不仅考虑利润这一个经营目标，还增加如下因素：

(1) 力求使利润指标不低于 1500 元；

(2) 考虑到市场需求，甲、乙两种产品的产量比应尽量保持 1:2；

(3) 设备 A 为贵重设备，严禁超时使用；

(4) 设备 C 可以适当加班，但要控制；设备 B 既要求充分利用，又尽可能不加班。在重要性上，设备 B 是设备 C 的 3 倍。

【问题分析】

从上述问题可以看出，仅用线性规划是不够的，为了克服线性规划的局限性，采用以下手段。

1. 设置偏差变量

用偏差变量 (deviational variable) 来表示实际值与目标值之间的差异，令 d^+ 为超出目标的差值，称为**正偏差变量**；d^- 为未达到目标的差值，称为**负偏差变量**，其中，d^+ 和 d^- 至少有一个为 0。当实际值超过目标值时，有 $d^-=0, d^+>0$；当实际值未达到目标值时，有 $d^+=0, d^->0$；当实际值与目标值一致时，有 $d^+=0, d^-=0$。

2. 统一处理目标与约束

将约束分成两类，一类是对资源有严格限制的，称为**硬约束** (hard constraint)。同线性规划的处理相同，用严格的等式或不等式约束表示。例如，题目中的设备 A 禁止超时使用，于是有

$$2x_1 + 2x_2 \leqslant 12$$

其中，x_1, x_2 是甲、乙产品的产量。

另一类约束是可以不用严格限制的，称为**软约束** (soft constraint)。在约束中加入正、负偏差变量，并把目标函数变成求偏差的极小值的形式。如题目中：

(1) 利润指标不低于 1500 元，目标可表示为

$$\begin{cases} \min\{d^-\} \\ 200x_1 + 300x_2 + d^- - d^+ = 1500 \end{cases}$$

(2) 甲、乙两种产品的产量比应尽量保持 1∶2，目标可表示为

$$\begin{cases} \min\{d^+ + d^-\} \\ 2x_1 - x_2 + d^- - d^+ = 0 \end{cases}$$

(3) 设备 C 可以适当加班，但要控制，目标可表示为

$$\begin{cases} \min\{d^+\} \\ 5x_2 + d^- - d^+ = 15 \end{cases}$$

(4) 设备 B 既要求充分利用，又要求尽可能不加班，目标可表示为

$$\begin{cases} \min\{d^+ + d^-\} \\ 4x_1 + d^- - d^+ = 16 \end{cases}$$

3. 目标的优先级与权系数

在 3.4.1 节 2. 中我们制订了多个目标，目标的优先级分为两个层次。第一个层次是目标分成不同的优先级，先优化高优先级的目标，然后再优化低优先级的目标。以 $P_1, P_2, \cdots$ 表示不同的优先因子，规定 $P_k \gg P_{k+1}$。第二个层次是目标处于同一优先级的，但两个目标的权重不一样，则两个目标同时优化，但用权系数的大小来表示目标重要性的差别。

【模型建立】

通过分析问题，企业最重要的指标是利润，将它的优先级列为第一级；甲、乙两种产品的产量比保持 1∶2 的比例，列为第二级；设备 B，C 工作时间要有所控制，列为第三级，同时，设备 B 的重要性是 C 的 3 倍，因此，它们的权重不一样，设备 B 的权系数是设备 C 权系数的 3 倍，综上，得到模型：

$$\min \ z = P_1 d_1^- + P_2(d_2^+ + d_2^-) + P_3(3d_3^+ + 3d_3^- + d_4^+)$$

$$\text{s.t.} \begin{cases} 2x_1 + 2x_2 \leqslant 12 \\ 200x_1 + 300x_2 + d_1^- - d_1^+ = 1500 \\ 2x_1 - x_2 + d_2^- - d_2^+ = 0 \\ 4x_1 + d_3^- - d_3^+ = 16 \\ 5x_2 + d_4^- - d_4^+ = 15 \\ x_1, x_2, d_i^-, d_i^+ \geqslant 0, \quad i = 1, 2, 3, 4 \end{cases} \tag{3-23}$$

通过上述实例，可以给出目标规划的一般数学模型。

3.4.2 目标规划模型的一般形式

设 $x_j(j=1,2,\cdots,n)$ 是目标规划的决策变量，共有 m 个硬约束，可能是等式约束，也可能是不等式约束；共有 l 个软约束，其目标规划约束的偏差为 $d_i^-, d_i^+(i=1,$ $2,\cdots,l)$；共有 q 个优先级，分别为 $P_1,P_2,\cdots,P_q$。在同一个优先级 P_k 中，有不同的权重，分别记为 $\omega_{kj}^+, \omega_{kj}^-(j=1,2,\cdots,l)$。因此目标规划模型的一般数学表达式为

$$\min \ z = \sum_{k=1}^{q} P_k \sum_{j=1}^{l} (\omega_{kj}^- d_j^- + \omega_{kj}^+ d_j^+)$$

$$\text{s.t.} \begin{cases} \sum_{j=1}^{n} a_{ij}x_j \leqslant (\geqslant,=)b_i, & i=1,2,\cdots,m \\ \sum_{j=1}^{n} c_{ij}x_j + d_i^- - d_i^+ = g_i, & i=1,2,\cdots,l \\ x_j \geqslant 0, & j=1,2,\cdots,n \\ d_i^-, d_i^+ \geqslant 0, & i=1,2,\cdots,l \end{cases} \tag{3-24}$$

3.4.3 求解方法与软件

序贯式算法是求解目标规划的常用算法，其核心是根据优先级的先后次序，将目标规划问题分解成一系列的单目标规划问题，然后再依次求解。

对于 $k=1,2,\cdots,q$，求解单目标问题：

$$\min \ z_k = \sum_{j=1}^{l} (\omega_{kj}^- d_j^- + \omega_{kj}^+ d_j^+)$$

$$\text{s.t.} \begin{cases} \sum_{j=1}^{n} a_{ij}x_j \leqslant (\geqslant,=)b_i, & i=1,2,\cdots,m \\ \sum_{j=1}^{n} c_{ij}x_j + d_i^- - d_i^+ = g_i, & i=1,2,\cdots,l \\ \sum_{j=1}^{l} (\omega_{sj}^- d_j^- + \omega_{sj}^+ d_j^+) \leqslant z_s^*, & s=1,2,\cdots,k-1 \\ x_j \geqslant 0, & j=1,2,\cdots,n \\ d_i^-, d_i^+ \geqslant 0, & i=1,2,\cdots,l \end{cases} \tag{3-25}$$

其最优目标值为 z_s^*，当 $k=1$ 时，z_s^* 约束条件为空约束，当 $k=q$ 时，z_a^* 所对应的解 x^* 为目标规划的最优解。

求解多目标规划问题时，多采用 LINGO 软件工具。

对于例 3.14 我们可以用 LINGO 分几段连续编几个程序，这样在使用时不是很方便，下面以例 3.14 为例，给出一个通用程序，在程序中用到了数据段有未知数据的编程方法。

```
model:
sets:
level/1..3/:p,z,goal;
variable/1..2/:x;
hcon/1..1/:b;
scon/1..4/:g,dplus,dminus;
hcons(hcon,variable):a;
scons(scon,variable):c;
obj(level,scon):wplus,wminus;
endsets
data:
p=? ? ?;
goal=? ? 0;
b=12;
g=1500 0 16 15;
a=2 2;
c=200 300 2 -1 4 0 0 5;
wplus=0 0 0 0
      0 1 0 0
      0 0 3 1;
wminus=1 0 0 0
       0 1 0 0
       0 0 3 0;
enddata
min=@sum(level:p*z);
@for(level(i):z(i)=@sum(scon(j):wplus(i,j)*dplus(j))+
@sum(scon(j):wminus(i,j)*dminus(j)));
    @for(hcon(i):@sum(variable(j):a(i,j)*x(j))<=b(i));
    @for(scon(i):@sum(variable(j):c(i,j)*x(j))+dminus(i)-
```

```
dplus(i)=g(i));
    @for(level(i)|i#lt#@size(level):@bnd(0,z(i),goal(i)));
    @for(level(i):@gin(x)););
    end
```

在程序中，level 说明的是目标规划的优先级，有三个变量 p，z 和 goal，其中 p 表示优先级，z 表示正负偏差变量的总和，goal 表示该优先级对应的目标函数值。

在做第一级目标计算时，$p(1)$，$p(2)$，$p(3)$分别输入 1, 0, 0; goal(1)和 goal(2) 输入两个较大的值，表明这两项约束不起作用。计算部分结果如下：

```
Global optimal solution found.
    Objective value:                              0.000000
    Total solver iterations:                             2
              Variable          Value        Reduced Cost
                 p(1)        1.000000            0.000000
                 p(2)        0.000000            0.000000
                 p(3)        0.000000            0.000000
                 z(1)        0.000000            1.000000
                 z(2)        5.000000            0.000000
                 z(3)        58.00000            0.000000
                 x(1)        0.000000            0.000000
                 x(2)        5.000000            0.000000
```

第一级最优偏差为 0，进行第二轮计算。

在第二级目标的运算中，$p(1)$，$p(2)$，$p(3)$分别输入 0, 1, 0; goal(1)输入 0，goal(2)输入较大的数值，计算结果如下：

```
Global optimal solution found.
    Objective value:                              0.000000
    Total solver iterations:                             4
              Variable          Value        Reduced Cost
                 p(1)        0.000000            0.000000
                 p(2)        1.000000            0.000000
                 p(3)        0.000000            0.000000
                 z(1)        0.000000            0.000000
                 z(2)        0.000000            1.000000
                 z(3)        29.00000            0.000000
               goal(1)       0.000000            0.000000
                 x(1)        2.000000            0.000000
```

```
           x(2)            4.000000            0.000000
```
第二级的最优偏差也是 0，进行第三级计算。

在第三级的计算中，$p(1)$, $p(2)$, $p(3)$ 分别输入 0, 0, 1，goal(1) 输入 0，goal(2) 输入 0。计算结果如下：

```
Global optimal solution found.
   Objective value:                          29.00000
   Total solver iterations:                         0
          Variable          Value          Reduced Cost
            p(1)          0.000000            0.000000
            p(2)          0.000000            0.000000
            p(3)          1.000000            0.000000
            z(1)          0.000000            0.000000
            z(2)          0.000000            0.000000
            z(3)         29.00000            0.000000
          goal(1)         0.000000            0.000000
          goal(2)         0.000000            0.000000
            x(1)          2.000000           -12.00000
            x(2)          4.000000            5.000000
         DPLUS(1)        100.0000            0.000000
         DPLUS(3)          0.000000            6.000000
         DPLUS(4)          5.000000            0.000000
```

最终结果是：$x_1 = 2, x_2 = 4$，最优利润是 1600 元，第三级的最优偏差为 29。

例 3.15 某计算机公司生产三种型号的笔记本 A, B, C。这三种笔记本需要在复杂的装配线上生产，生产 1 台 A, B, C 型号的笔记本分别需要 5h，8h，12h。公司装配线正常的生产时间是每月 1700h。公司营业部门估计 A, B, C 三种笔记本的利润分别是每台 1000 元，1440 元和 2520 元。而公司预测这个月生产的笔记本能够全部售出。公司经理考虑以下目标。

第一目标：充分利用正常的生产能力，避免开工不足；

第二目标：优先满足老客户的需求，A, B, C 三种型号的笔记本分别为 50 台，50 台，80 台，同时依据三种笔记本的纯利润分配不同的权因子；

第三目标：限制装配线加班时间，最好不要超过 200h；

第四目标：满足各种型号笔记本的销售目标，A, B, C 三种型号分别为 100 台，120 台，100 台，再根据三种笔记本的纯利润分配不同的权因子；

第五目标：装配线的加班时间尽可能少。

列出相应的目标规划模型，用 LINGO 软件求解。

解　建立目标约束。

(1)装配线正常生产。

设生产的 A,B,C 型号的笔记本分别为 x_1,x_2,x_3 台，d_1^- 为装配线正常生产时间未利用数，d_1^+ 为装配线加班时间，希望装配线正常生产，避免开工不足，因此装配线目标约束为

$$\begin{cases} \min\{d_1^-\} \\ 5x_1+8x_2+12x_3+d_1^--d_1^+=1700 \end{cases}$$

(2)销售目标。

优先满足老客户的需求，并根据三种笔记本的纯利润分配不同的权因子，A,B,C 三种型号的笔记本每小时的利润是 $\dfrac{1000}{5},\dfrac{1440}{8},\dfrac{2520}{12}$，因此，老客户的销售目标约束为

$$\begin{cases} \min\{20d_2^-+18d_3^-+21d_4^-\} \\ x_1+d_2^--d_2^+=50 \\ x_2+d_3^--d_3^+=50 \\ x_3+d_4^--d_4^+=80 \end{cases}$$

再考虑一般销售，类似上面的讨论，得到

$$\begin{cases} \min\{20d_5^-+18d_6^-+21d_7^-\} \\ x_1+d_5^--d_5^+=100 \\ x_2+d_6^--d_6^+=120 \\ x_3+d_7^--d_7^+=100 \end{cases}$$

(3)加班限制。

首先是限制装配线加班时间，不允许超过 200h，因此得到

$$\begin{cases} \min\{d_8^+\} \\ 5x_1+8x_2+12x_3+d_8^--d_8^+=1900 \end{cases}$$

其次是装配线的加班时间尽可能少，即

$$\begin{cases} \min\{d_1^+\} \\ 5x_1+8x_2+12x_3+d_1^--d_1^+=1700 \end{cases}$$

最后写出目标规划的数学模型

$$\min \ z = P_1 d_1^- + P_2(20d_2^- + 18d_3^- + 21d_4^-) + P_3 d_8^-$$
$$+ P_4(20d_5^- + 18d_6^- + 21d_7^-) + P_5 d_1^+$$

$$\text{s.t.} \begin{cases} 5x_1 + 8x_2 + 12x_3 + d_1^- - d_1^+ = 1700 \\ x_1 + d_2^- - d_2^+ = 50 \\ x_2 + d_3^- - d_3^+ = 50 \\ x_3 + d_4^- - d_4^+ = 80 \\ x_1 + d_5^- - d_5^+ = 100 \\ x_2 + d_6^- - d_6^+ = 120 \\ x_3 + d_7^- - d_7^+ = 100 \\ 5x_1 + 8x_2 + 12x_3 + d_8^- - d_8^+ = 1900 \\ x_1, x_2, x_3, d_i^-, d_i^+ \geqslant 0, i = 1, 2, \cdots, 8 \end{cases}$$

写出相应的 LINGO 程序

```
model:
sets:
level/1..5/:p,z,goal;
variable/1..3/:x;
s_con_num/1..8/:g,dplus,dminus;
s_con(s_con_num,variable):c;
obj(level,s_con_num)/1 1,2 2,2 3,2 4,3 8,4 5,4 6,4 7,5
1/:wplus,wminus;
endsets
data:
ctr=?;
goal=????0;
g=1700 50 50 80 100 120 100 1900;
c=5 8 12 1 0 0 0 1 0 0 0 1 1 0 0 0 1 0 0 0 1 5 8 12;
wplus=0 0 0 0 1 0 0 0 1;
wminus=1 20 18 21 0 20 18 21 0;
enddata
min=@sum(level:p*z);
p(ctr)=1;
@for(level(i)|i#ne#ctr:p(i)=0);
```

```
@for(level(i):z(i)=@sum(obj(i,j):wplus(i,j)*dplus(j)+
  wminus(i,j)*dminus(j)));
@for(s_con_num(i):@sum(variable(j):c(i,j)*x(j))+dminus(i)
  -dplus(i)=g(i));
@for(level(i)|i#lt#@size(level):@bnd(0,z(i),goal));
end
```

计算 5 次得到 $x_1 = 100, x_2 = 55, x_3 = 80$。装配线生产时间为 1900h，满足装配线加班不超过 200h 的要求，能够满足老客户的需求，但未能达到销售目标。销售总利润为 380800 元。

第4章 图与网络模型

本章介绍与图和网络有关的优化问题模型。在这里，我们并不打算全面系统介绍图论及网络的知识，而是着重介绍与 MATLAB、LINGO 软件有关的组合优化模型和相应的求解过程。如果读者打算深入地了解关于图与网络更全面的知识，请参阅图论或运筹学中的有关书籍。

MATLAB 软件和 LINGO 软件可以求解一些著名的组合优化问题，这包括最短路问题、最大流问题、运输和转运问题、最优匹配和最优指派问题、最优连线或最小生成树问题、旅行商问题、网络最大流问题等。本章选取其中几类问题进行介绍。

4.1 最短路问题

4.1.1 问题的提出

例 4.1 在图 4-1 中，用点表示城市，现有 $A, B_1, B_2, C_1, C_2, C_3, D$ 共 7 个城市。点与点之间的连线表示城市间有道路相连。连线旁的数字表示道路的长度。现计划从城市 A 到城市 D 铺设一条天然气管道，请设计出最小长度管道铺设方案。

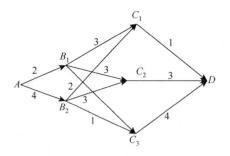

图 4-1　7 个城市间的连线图

这个问题的本质是求从城市 A 到城市 D 的一条最短路。为了便于讨论，下面先给出有关概念的明确定义。

4.1.2 图论模型的相关概念

直观地讲，对于平面上的 n 个点，把其中的一些点对用曲线段或直线段连接起来，不考虑点的位置与连线的曲直长短，这样形式的一个关系结构就是一个图。记为 $G(V,E)$，V 是以上述点为元素的顶点集，E 是以上述连线为元素的边集。

定义 4.1　如果 $G'(V',E')$ 是一个图，并且 $V' \subset V,E' \subset E$，则称 G' 是 $G(V,E)$ 的**子图**。对于图 $G(V,E)$，如果对 $(v_i,v_j) \in E$，赋予一个实数 $\omega(v_i,v_j)$，则称 $\omega(v_i,v_j)$ 为边 (v_i,v_j) 的**权**，G 连同边上的权称为**赋权图**。

定义 4.2　各条边都加上方向的图称为**有向图**，各条边都没有加上方向的图称为**无向图**。有的边有方向，有的边无方向的图称为**混合图**。

定义 4.3　无向图 G 的一条途径是指一个有限的非空序列 $W = v_0,e_1,v_1,e_2,\cdots,e_m,v_m$，它的项是交替的顶点和边，称 m 为 W 的长。若途径的边 $e_1,e_2,\ldots,e_m$ 互不相同，则称 W 为**迹**。若顶点 $v_0,v_1,\cdots,v_m$ 互不相同，则称 W 为**路**。如果 $v_0 = v_m$，并且没有其他相同的顶点，则称 W 为**圈**。

若 H 是赋权图的一个子图，则 H 的权 $\omega(H)$ 是指它各边的权和 $\displaystyle\sum_{e \in E(H)} \omega(e)$。所谓最短路问题就是找出赋权图中指定两点之间的最小权路。这里假定 $\omega(e) \geqslant 0$，$\forall e \in E$。

为了叙述清楚，把赋权图中一条路的权称为它的长，把两点路的最小权称为这两点之间的距离，因此，最短路问题就是求两点间的最小权路。

定义 4.4　如果 $(v_i,v_j) \in E$，则称 v_i 与 v_j 邻接，具有 n 个顶点的图的邻接矩阵是一个 $n \times n$ 矩阵 $A = (a_{ij})_{n \times n}$，其分量为

$$a_{ij} = \begin{cases} 1, & (v_i,v_j) \in E \\ 0, & \text{其他} \end{cases}$$

n 个顶点的赋权图的赋权矩阵是一个 $n \times n$ 矩阵 $W = (\omega_{ij})_{n \times n}$，其分量为

$$\omega_{ij} = \begin{cases} \omega(v_i,v_j), & (v_i,v_j) \in E \\ 0\text{或}\infty, & \text{其他} \end{cases}$$

根据定义 4.4，图 4-2 中的邻接矩阵为 $\begin{bmatrix} 0 & 1 & 1 & 1 \\ 1 & 0 & 1 & 0 \\ 1 & 1 & 0 & 1 \\ 1 & 0 & 1 & 0 \end{bmatrix}$，该矩阵具有下列特点：

(1) 矩阵是对称矩阵；

(2) 第 i 行（列）元素的和为第 i 个节点的度（**度**是指与该顶点相关联的边的数目）。

对于图 4-3 中的有向图，其邻接矩阵为 $\begin{bmatrix} 0 & 1 & 0 & 1 \\ 0 & 0 & 1 & 0 \\ 1 & 0 & 0 & 1 \\ 0 & 0 & 0 & 0 \end{bmatrix}$，该矩阵具有下列特点：

(1)矩阵不是对称矩阵；

(2)第 i 行元素的和为第 i 个节点的出度(**出度**是从该顶点出发的边的数目)；

(3)第 i 列元素的和为第 i 个节点的入度(**入度**是指向该顶点的边的数目)。

图 4-4 是赋权图，其邻接矩阵为 $\begin{bmatrix} 0 & 8 & 15 & 6 \\ 8 & 0 & 10 & \infty \\ 15 & 10 & 0 & 9 \\ 6 & \infty & 9 & 0 \end{bmatrix}$。

采用邻接矩阵表示图，直观方便。通过查看邻接矩阵元素的值可以很容易地查找图中任两个顶点 v_i 与 v_j 之间有无边，以及边上的权值。当图的边数远小于顶点数时，邻接矩阵表示法会造成很大的空间浪费。

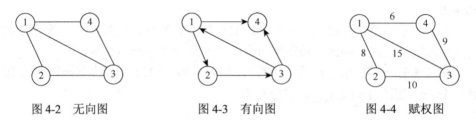

图 4-2　无向图　　　　　图 4-3　有向图　　　　　图 4-4　赋权图

4.1.3　求解方法与软件

1. LINGO 求解

要用 LINGO 软件求解例 4.1，需要把最短路问题变成数学模型的表达式。一般情况下，我们假设图有 n 个顶点，现需要求从顶点 v_1 到顶点 v_n 的最短路。设决策变量为 x_{ij}，当 $x_{ij}=1$ 时，说明弧 (i,j) 位于顶点 v_1 到顶点 v_n 的最短路上；否则 $x_{ij}=0$。其数学模型为

$$\min \sum_{(i,j)\in E} \omega_{ij} x_{ij} \tag{4-1}$$

$$\text{s.t.} \begin{cases} \displaystyle\sum_{\substack{j=1 \\ (i,j)\in E}}^{n} x_{ij} - \sum_{\substack{j=1 \\ (j,i)\in E}}^{n} x_{ji} = \begin{cases} 1, & i=1 \\ -1, & i=n \\ 0, & i\neq 1,n \end{cases} \tag{4-2} \\ x_{ij}=0 \text{或} 1, \quad (i,j)\in E \tag{4-3} \end{cases}$$

按照数学模型 (4-1)～(4-3) 编写 LINGO 程序如下:

```
1]model:
2]sets:
3]cities/A,B1,B2,C1,C2,C3,D/;
4]roads(cities,cities)/A B1,A B2,B1 C1,B1 C2,B1 C3,B2
  C1,B2 C2,B2 C3,C1 D,C2 D,C3 D/:W,x;
5]endsets
6]data:
7]W=2,4,3,3,1,2,3,1,1,3,4;
8]enddata
9]n=@size(cities);
10]min=@sum(roads:W*x);
11]@for(cities(i)|i#ne#1#and#i#ne#n:@sum(roads(i,j):
   x(i,j))=@sum(roads(j,i):x(j,i)));
12]@sum(roads(i,j)|i#eq#1:x(i,j))=1;
13]@sum(roads(j,i)|i#eq#n:x(j,i))=1;
14]end
```

在上述程序中, 第 9 行中的 n = @size(cities) 用来计算集 cities 的个数, 这里的计算结果是 $n = 7$, 这种编写方法的目的在于提高程序的通用性。第 10 行表示目标函数 (4-1), 即求道路的最小权值。第 11 行表示约束 (4-2) 中 $i \neq 1, i \neq n$ 的情形, 即最短路中中间点的约束条件。第 12, 13 行分别表示约束 (4-2) 中 $i = 1$ 和 $i = n$ 的情形, 即最短路中起点的约束。

LINGO 软件的计算结果 (仅保留非零变量) 如下:

```
Global optimal solution found.
Objective value:                    6.000000
                Variable     Value        Reduced Cost
                x(A,B1)      1.000000     0.000000
                x(B1,C1)     1.000000     0.000000
                x(C1,D)      1.000000     0.000000
```

即最短路是 $A \rightarrow B_1 \rightarrow C_1 \rightarrow D$, 最短路长为 6 个单位。

例 4.1 属于有向图的最短路问题, 前面我们建立了数学模型与求解算法, 现在可以在此基础上研究其他情形的最短路问题。

例 4.2(无向图的最短路问题) 求图 4-5 中 $v_1 \rightarrow v_{11}$ 的最短路。

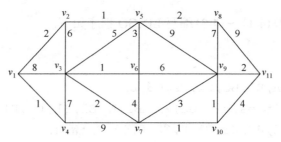

图 4-5　无向图的最短路问题

解　对于无向图的最短路问题，可以这样理解：把点 v_1 到点 v_i 和点 v_i 到点 v_{11} 的边看成有向弧，其他各条边均看成有不同方向的双弧。因此，可以按照前面介绍有向图的最短路问题来编程，但按照这种方法编写 LINGO 程序相当于边(弧)增加了一倍。这里选择邻接矩阵和赋权矩阵的方法编写 LINGO 程序。

编写 LINGO 程序如下：

```
1]model:
2]sets:
3]cities/1..11/;
4]roads(cities,cities):p,W,x;
5]endsets
6]data:
7]p=0 1 1 1 0 0 0 0 0 0 0
8]  0 0 1 0 1 0 0 0 0 0 0
9]  0 1 0 1 1 1 1 0 0 0 0
10] 0 0 1 0 0 0 1 0 0 0 0
11] 0 1 1 0 0 1 0 1 1 0 0
12] 0 0 1 0 1 0 1 0 1 0 0
13] 0 0 1 1 0 1 0 0 1 1 0
14] 0 0 0 0 1 0 0 0 1 0 1
15] 0 0 0 0 1 1 1 1 0 1 1
16] 0 0 0 0 0 0 1 0 1 0 1
17] 0 0 0 0 0 0 0 0 0 0 0;
18]W=0 2 8 1 0 0 0 0 0 0 0
19] 2 0 6 0 1 0 0 0 0 0 0
20] 8 6 0 7 5 1 2 0 0 0 0
21] 1 0 7 0 0 0 9 0 0 0 0
22] 0 1 5 0 0 3 0 2 9 0 0
```

```
23]  0 0 1 0 3 0 4 0 6 0 0
24]  0 0 2 9 0 4 0 0 3 1 0
25]  0 0 0 0 2 0 0 0 7 0 9
26]  0 0 0 0 9 6 3 7 0 1 2
27]  0 0 0 0 0 0 1 0 1 0 4
28]  0 0 0 0 0 0 0 9 2 4 0;
29]enddata
30]n=@size(cities);
31]min=@sum(roads:W*x);
32]@for(cities(i)|i#ne#1#and#i#ne#n:@sum(cities(j):p(i,
j)*x(i,j))=@sum(cities(j):p(j,i)*x(j,i)));
33]@sum(cities(j):p(1,j)*x(1,j))=1;
34]@sum(cities(j):p(j,n)*x(j,n))=1;
35]end
```

上述程序中, 第 7 行到第 17 行给出了邻接矩阵 p, v_1 到 v_2, v_3, v_4 和 v_8, v_9, v_{10} 到 v_{11} 的边按单向计算, 其余边按双向计算。第 18 行到第 28 行给出了图的赋权矩阵 W。注意, 由于有了邻接矩阵 p, 两点无道路连接时, 权值可以定义为 0, 其他的处理方法基本上与有向图相同。

用 LINGO 软件求解, 得到 (仅保留非零变量):

```
Global optimal solution found.
Objective value:                    13.00000
            Variable      Value        Reduced Cost
            x(1,2)        1.000000     0.000000
            x(2,5)        1.000000     0.000000
            x(3,7)        1.000000     0.000000
            x(5,6)        1.000000     0.000000
            x(6,3)        1.000000     0.000000
            x(7,10)       1.000000     0.000000
            x(9,11)       1.000000     0.000000
            x(10,9)       1.000000     0.000000
```

即最短路径为 $1 \to 2 \to 5 \to 6 \to 3 \to 7 \to 10 \to 9 \to 11$, 最短路长度为 13。

2. Dijkstra 算法

迪杰斯特拉 (Dijkstra) 提出了一个按路径长度递增的顺序产生最短路径的方法, 这是求从一个顶点到其余各顶点的最短路径的成熟算法。该方法的基本思想是：把图中所有顶点分成两组，第一组为确定最短路径的顶点集 S，第二组为尚未确定最短路径的顶点集，按最短路径长度递增的顺序逐个把第二组的顶点加到第一组中去，直至从 v 出发可以到达的所有顶点都包括在第一组中。在此过程中，总保持从 v 到第一组各顶点的最短路径长度都不大于从 v 到第二组的任何顶点的最短路径长度。为避免重复并保留每一步的计算信息，采用了标号算法。

Dijkstra 算法步骤：

步骤 1：令 $l(u_0) = 0$，对 $v \neq u_0$，令 $l(v) = \infty$，$S_0 = \{u_0\}$，$i = 0$。

步骤 2：对每个 $v \in \overline{S}_i (\overline{S}_i = V - S_i)$，用

$$\min_{u \in S_i} \{l(v), l(u) + \omega(uv)\}$$

代替 $l(v)$，这里 $\omega(uv)$ 表示顶点 u 和 v 之间边的权值。计算 $\min_{v \in \overline{S}_i} \{l(v)\}$，把达到这个最小值的顶点记为 u_{i+1}，令 $S_{i+1} = S_i \bigcup \{u_{i+1}\}$。

步骤 3：直至 $\overline{S} = \varnothing$，停止。

算法结束时，从 u_0 到各顶点 v 的距离由 v 的最后一次标号 $l(v)$ 给出。v 进入 S_i 之前的标号 $l(v)$ 叫 T 标号，v 进入 S_i 时的标号 $l(v)$ 叫 P 标号。算法就是不断修改各顶点的 T 标号，直至获得 P 标号。若在算法执行过程中，将每个顶点获得 P 标号所得来的边在图上标明，则算法结束时，u_0 到各顶点的最短路也在图上标示出来了。

例 4.3　某公司在六个城市 $c_1, c_2, \cdots, c_6$ 中都有分公司，从 c_i 到 c_j 的直接航程票价记在下述矩阵的 (i, j) 位置上（∞ 表示无直接航路）。请帮助该公司设计一张城市 c_1 到其他城市间票价最便宜的路线图。

$$\begin{bmatrix} 0 & 50 & \infty & 40 & 25 & 10 \\ 50 & 0 & 15 & 20 & \infty & 25 \\ \infty & 15 & 0 & 10 & 20 & \infty \\ 40 & 20 & 10 & 0 & 10 & 25 \\ 25 & \infty & 20 & 10 & 0 & 55 \\ 10 & 25 & \infty & 25 & 55 & 0 \end{bmatrix}$$

用矩阵 $a_{n \times n}$（n 为顶点个数）存放各边权的邻接矩阵，行向量 pd, index1, index2, d 分别用来存放 P 标号信息、标号顶点顺序、标号顶点索引、最短通路的值，其中分量

$$\mathrm{pd}(i) = \begin{cases} 1, & \text{当第} i \text{顶点的标号已成为P标号} \\ 0, & \text{当第} i \text{顶点的标号未成为P标号} \end{cases}$$

index2(i) 表示存放始点到第 i 顶点最短通路中第 i 顶点前一顶点的序号；$d(i)$ 表示存放始点到第 i 顶点最短通路的值。

求城市 c_1 到其他城市的最短路径的 MATLAB 程序如下：

```
clc,clear
a=zeros(6);  %邻接矩阵初始化
a(1,2)=50;a(1,4)=40;a(1,5)=25;a(1,6)=10;
a(2,3)=15;a(2,4)=20;a(2,6)=25;
a(3,4)=10;a(3,5)=20;
a(4,5)=10;a(4,6)=25;
a(5,6)=55;
a=a+a';
a(a==0)=inf;
pb(1:length(a))=0;pb(1)=1;index1=1;index2=ones(1,length(a));
d(1:length(a))=inf;
d(1)=0;
temp=1;  %最新的 P 标号的顶点
while sum(pb)<length(a)
    tb=find(pb==0);
    d(tb)=min(d(tb),d(temp)+a(temp,tb));
    tmpb=find(d(tb)==min(d(tb)));
    temp=tb(tmpb(1));
    %可能有多个点同时到达最小值,只取其中的一个
    pb(temp)=1;
    index1=[index1,temp];
    temp2=find(d(index1)==d(temp)-a(temp,index1));
    index2(temp)=index1(temp2(1));
end
d,index1,index2
```

求得 c_1 到 $c_2,\cdots,c_6$ 的最便宜票价分别为 35,45,35,25,10。

例 4.4   用 MATLAB 求解图 4-6 中 v_s 到 v_t 的最短路径和长度。

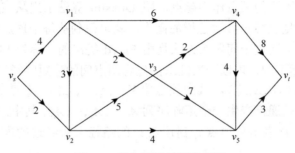

图 4-6   有向图的最短路问题

解 该赋权有向图顶点集 $V = \{v_s, v_1, \cdots, v_5, v_t\}$ 中共有 7 个顶点，其邻接矩阵为

$$W = \begin{bmatrix} 0 & 4 & 2 & \infty & \infty & \infty & \infty \\ \infty & 0 & 3 & 2 & 6 & \infty & \infty \\ \infty & \infty & 0 & 5 & \infty & 4 & \infty \\ \infty & \infty & \infty & 0 & 2 & 7 & \infty \\ \infty & \infty & \infty & \infty & 0 & 4 & 8 \\ \infty & \infty & \infty & \infty & \infty & 0 & 3 \\ \infty & \infty & \infty & \infty & \infty & \infty & 0 \end{bmatrix}$$

计算的 MATLAB 程序如下：

```
clc,clear
a=zeros(7);
a(1,2)=4;a(1,3)=2;
a(2,3)=3;a(2,4)=2;a(2,5)=6;
a(3,4)=5;a(3,6)=4;
a(4,5)=2;a(4,6)=7;
a(5,6)=4;a(5,7)=8;
a(6,7)=3;
b=sparse(a);    %构造稀疏矩阵,这里给出构造稀疏矩阵的另一种方法
[x,y,z]=graphshortestpath(b,1,7,'Directed',1,'Method',
'Bellman-Ford')
    %有向图,Directed 属性值为真或 1,方法(Method)属性的默认值是%
Dijkstraview(biograph(b,[]))
```

运行结果：最短路径长度为 9，路线为 $v_s \rightarrow v_2 \rightarrow v_5 \rightarrow v_t$。

3. Floyd 算法

计算赋权图中各对顶点之间的最短路径，显然可以调用 Dijkstra 算法。具体方法是：每次以不同的顶点作为起点，用 Dijkstra 算法求出从该起点到其余顶点的最短路径，反复执行 $n-1$ 次这样的操作，就可得到从每个顶点到其他顶点的最短路径。第二种解决这一问题的方法是由 Floyd 提出的，称为 Floyd 算法，它与 Dijkstra 算法截然不同，可以一次性求出任意两点间的最短路径和距离。

对于赋权图 $G(V, E, A_0)$，其中顶点集 $V = \{v_1, \cdots, v_n\}$，A_0 是邻接矩阵。Floyd 算法的基本思想是递推产生一个矩阵序列 $A_1, \cdots, A_k, \cdots, A_n$，其中，矩阵 A_k 的第 i 行第 j 列元素 $A_k(i,j)$ 表示从顶点 v_i 到顶点 v_j 的路径上所经过的顶点序号不大于 k 的最短路径长度。

计算时用迭代公式：

$$A_k(i,j) = \min\{A_{k-1}(i,j), A_{k-1}(i,k) + A_{k-1}(k,j)\} \tag{4-4}$$

k 是迭代次数，$i,j,k = 1,2,\cdots,n$。

最后，当 $k = n$ 时，A_n 即各顶点之间的最短通路值。

例 4.5 用 Floyd 算法求解例 4.3。

矩阵 path 用来存放每对顶点之间最短路径上所经过的顶点的序号。使用 MATLAB 程序编写的 Floyd 算法如下：

```
a(2,3)=15;a(2,4)=50;a(2,6)=25;a(3,4)=10;a(3,5)=20;
a(4,5)=10;a(4,6)=25;a(5,6)=55;
a=a+a';
a(a==0)=inf;   %把所有零元素替换成无穷
n=6
a([1:n+1:n^2])=0;   %对角线元素替换成零,MATLAB 中数据是逐列储存的
path=zeros(n);
for k=1:n
  for i=1:n
    for j=1:n
      if a(i,j)>a(i,k)+a(k,j)
        a(i,j)=a(i,k)+a(k,j);
        path(i,j)=k;
      end
    end
  end
end
a,path
```

运行结果：

```
a=
    0   35   45   35   25   10
   35    0   15   25   35   25
   45   15    0   10   20   35
   35   25   10    0   10   25
   25   35   20   10    0   35
   10   25   35   25   35    0
path=
    0    6    5    5    0    0
```

```
6    0    0    3    3    0
5    0    0    0    0    4
5    3    0    0    0    0
0    3    0    0    0    1
0    0    4    0    1    0
```

使用 LINGO 程序编写的 Floyd 算法如下：

```
model:
sets:
cities/c1..c6/;
links(cities,cities):w,path;
endsets
data:
path=0;
w=0;
@text(mydata1.txt)=@writefor(cities(i):@writefor(cities
(j):@format(w(i,j),'10.0f')),@newline(1));
@text(mydata1.txt)=@write(@newline(1));
@text(madata1.txt)=@writefor(cities(i):@writefor(cities
(j):@format(path(i,j),'10.0f')),@newline(1));
enddata
calc:
w(1,2)=50;w(1,4)=40;w(1,5)=25;w(1,6)=10;
w(2,3)=50;w(2,4)=20;w(2,6)=25;
w(3,4)=10;w(3,5)=20;
w(4,5)=10;w(4,6)=25;w(5,6)=55;
@for(links(i,j):w(i,j)=w(i,j)+w(j,i));
@for(links(i,j)|i#ne#j:w(i,j)=@if(w(i,j)#eq#0,10000,
w(i,j)));
@for(cities(k):@for(cities(i):@for(cities(j):tm=@smin
(w(i,j),w(i,k)+w(k,j));path(i,j)=@if(w(i,j)#gt#tm,k,path
(i,j));w(i,j)=tm)));
endcalc
end
```

4.2　最小生成树问题

在连通图中，树是最简单也是最重要的一种图。树的应用领域非常广泛，涉及计算机科学、生物学、晶体结构学、社会科学等，同时它也是图与网络的基础，由它自身或通过它可以导出许多结果。本节引入最小生成树问题，重点讨论 Prim 和 Kruskal 两种最常用的算法及它们的应用。

4.2.1　问题的提出

　　例 4.6　我国西部的 SV 地区共由 1 个城市(标记为 1)和 9 个乡镇(标记为 2~10)组成，该地区不久将用上天然气，其中城市 1 含有井源。现在要设计一个供气系统，使得从城市 1 到每个乡镇(2~10)都有一条管道相连，并且铺设管道的数量尽可能少。图 4-7 给出了 SV 地区的地理位置图，表 4-1 给出了城镇之间的距离。

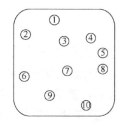

图 4-7　SV 地区的地理位置

表 4-1　SV 地区城镇之间的距离　　　　　　（单位：km）

	2	3	4	5	6	7	8	9	10
1	8	5	9	12	14	12	16	17	22
2		9	15	17	8	11	18	14	22
3			7	9	11	7	12	12	17
4				3	17	10	7	15	18
5					8	10	6	15	15
6						9	14	8	16
7							8	6	11
8								11	11
9									10

　　例 4.6 是要找一条最优连线连通所有的点，实际上就是求连接各城镇之间的最小生成树问题。下面先给出图论中关于树与生成树的有关定义，以及相关的定理。

4.2.2　树的相关概念

　　1. 树图

　　定义 4.5　任意两点之间有且只有一条路径的图称为树(tree)，记为 T。如果有向图中任何一个顶点都可由某一顶点 v_1 到达，则称 v_1 为图的根。如果有向图有根，且它的基础图是树，则称图为有向树。

在现实生活中，多级辐射制的电信网络、管理的指标体系、家谱、分类学、组织结构等都是典型的树图，图4-8就一个树图。树图一般研究无向图。

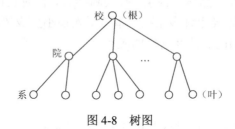

图 4-8　树图

树具有如下性质：

(1)最少边的连通子图，树中必不存在回路；树中任意两个不相邻顶点间添加一边后，就恰好含一个圈；

(2)在树中任意去掉一条边，将会不连通；

(3)具有 n 个节点的树 T 的边恰好为 $n-1$ 条，反之，要将 n 个点的树连接起来至少需要 $n-1$ 条边。

2. 图的生成树

定义 4.6　若 G' 是包含 G 的全部顶点的子图，它又是树，则称 G' 是生成树或支撑树。

图的生成树(spanning tree)是指从连通图的任一顶点出发，访问图中的每个顶点且每个顶点只访问一次(术语为**遍历**)，过程中经过的边加上图的所有顶点构成的子图。

定理 4.1　如果无向图 G 是有限的、连通的，则在 G 中存在生成树。

一个简单的连通图只要不是树，其生成树就不唯一。一般，n 个顶点的完全图，其不同的生成树个数为 n^{n-2}。找到一棵生成树最常见的方法是深度优先生成树(图4-9)和广度优先生成树(图4-10)。

深度优先生成树(depth first search)　任选一点标记为0点开始搜索，选一条未标记的边走到下一点，该点标记为1，将走过的边标记；假设已标记到 i 点，总是从最新标记的点向下搜索，若从 i 点无法向下标记，即与 i 点相关联的边都已标记或相邻节点都已标记，则退回到 $i-1$ 点继续搜索，直到所有点都被标记。

广度优先生成树(breadth first search)　是一种有层级结构的搜索，一般得到的是树形图。选根节点标记为0点开始搜索，然后选与根节点相连的第二层的点依次进行标记，再对第三层的点依次进行标记，直到所有点都被标记。

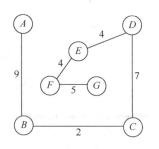

图 4-9　深度优先生成树　　　　图 4-10　广度优先生成树

定义 4.7　在一个赋权图中，称具有最小权和的生成树为最优生成树或最小生成树。

需要指出的是：一个连通图的最小生成树不唯一，但最小权和是相同的。

4.2.3　求解方法

求最小生成树一般不用穷举法。比如 30 个顶点的完全图就有 30^{28} 棵生成树，数位有 42 位，即使应用计算机，在有生之年也无法穷举，因此穷举法是无效算法。求最小生成树常用的是 Prim 算法和 Kruskal 算法。

1. Prim 算法

构造连通赋权图 $G(V,E,W)$ 的最小生成树，设置两个集合 P 和 Q，其中集合 P 用于存放 G 的最小生成树的顶点，集合 Q 用于存放 G 的最小生成树的边。令集合 P 的初值为 $P = \{v_1\}$（假设构造最小生成树时，从顶点 v_1 出发），集合 Q 的初值为 $Q = \varnothing$（空集）。

Prim 算法的思想是，从所有 $p \in P, v \in V - P$ 的边中，选取具有最小权值的边 pv，将顶点 v 加入集合 P 中，将边 pv 加入集合 Q 中，如此不断重复，直到 $P = V$，最小生成树构造完毕，这时集合 Q 中包含了最小生成树的所有边。

Prim 算法如下：

(1) $P = \{v_1\}$，$Q = \varnothing$；

(2) while $P \sim = V$ 找最小边 pv，其中 $p \in P, v \in V - P$；

$$P = P + \{v\}$$
$$Q = Q + \{pv\}$$

end

从顶点 A 出发，用 Prim 算法构造网络图 4-11 的最小

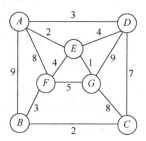

图 4-11　网络图

生成树的过程如图 4-12 所示。

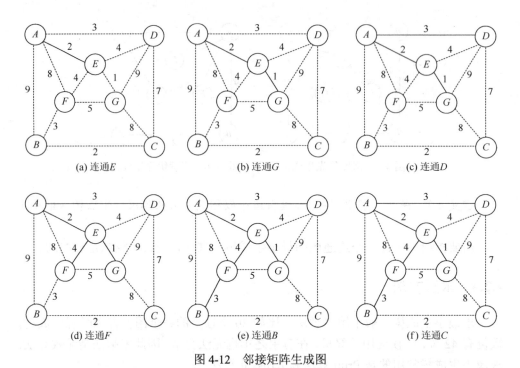

(a) 连通 E　　　　　　(b) 连通 G　　　　　　(c) 连通 D

(d) 连通 F　　　　　　(e) 连通 B　　　　　　(f) 连通 C

图 4-12　邻接矩阵生成图

例 4.7　借助 MATLAB 软件，用 Prim 算法求图 4-13 的最小生成树。

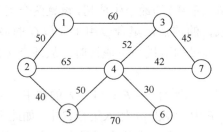

图 4-13　最小生成树问题

解　MATLAB 程序如下：

```
clc;clear;
a=zeros(7);
a(1,2)=50;a(1,3)=60;
a(2,4)=65;a(2,5)=40;
a(3,4)=52;a(3,7)=45;
```

```
a(4,5)=50;a(4,6)=30;a(4,7)=42;
a(5,6)=70;
a=a+a';
a(a==0)=inf;
result=[];
p=1;tb=2:length(a);
while size(result,2)~=length(a)-1
temp=a(p,tb);temp=temp(:);
d=min(temp);
[jb,kb]=find(a(p,tb)==d,1);
j=p(jb);k=tb(kb);
result=[result,[j,k,d]];p=[p,k];tb(find(tb==k))=[];
end
result
```

2. Kruskal 算法

克鲁斯卡尔(Kruskal)在 1956 年给出了求最小生成树的一个算法，该方法是"避圈法"的推广。基本思想是：设连通图 $G(V,E)$ 是网络，初始状态为只有 n 个顶点而无边的非连通图 $T(V,\varnothing)$，T 中每个顶点都自成一个连通分量。将集合 E 中的边按权值递增顺序排列，按权值从小到大依次检测每一条边，如果该边依附的两个顶点分别落在两个不同的连通分量上，将此边加入到图 T 中，否则舍弃该边，避免加入该边后图 T 中形成圈。依此类推，直到 T 中所有顶点都在同一个连通分量上为止。该连通分量就是图 $G(V,E)$ 的一棵最小生成树。

算法如下：

(1)选择边 e_1，使得权值 $\omega(e_1)$ 尽可能小。

(2)若已选定边 $e_1,e_2,\cdots,e_i$，则从 $E(G)-\{e_1,e_2,\cdots,e_i\}$ 中选取边 e_{i+1}，使得① $\{e_1,e_2,\cdots,e_i,e_{i+1}\}$ 中无圈；② e_{i+1} 是 $E(G)-\{e_1,e_2,\cdots,e_i\}$ 中权值最小的边。

(3)当(2)不能继续执行时，停止。

用 Kruskal 算法构造网络图 4-11 的最小生成树的过程如图 4-14 所示。

例 4.8　借助 MATLAB 软件，用 Kruskal 算法求例 4.7 的最小生成树。

用 $\text{index}_{2\times n}$ 存放各边端点的信息，当选中某一边之后，就将此边对应的顶点序号中较大序号 u 改为此边的另一序号 v，同时把后面边中所有为 u 的序号改为 v。此方法的几何意义是将序号 u 的这个顶点收缩到 v 顶点，u 顶点不复存在。后面继续寻查，当发现某边的两个顶点序号相同时，认为这两个顶点已被收缩掉，失去了被选取的资格。

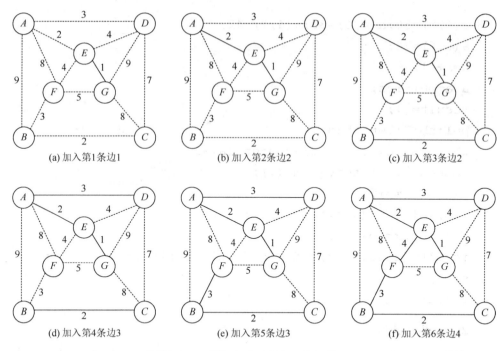

(a) 加入第1条边1　　　　(b) 加入第2条边2　　　　(c) 加入第3条边2

(d) 加入第4条边3　　　　(e) 加入第5条边3　　　　(f) 加入第6条边4

图 4-14　最小生成树的 Kruskal 算法

MATLAB 程序如下:

```
clc;clear
a(1,[2,3])=[50,60];a(5,[4,5])=[65,40];
%这里给出邻接矩阵的另外一种输入方式
a(3,[4,7])=[52,45];a(4,[5,6])=[50,30];
a(4,7)=42;a(5,6)=70;
[i,j,b]=find(a);
data=[i,j,b];index=data(1:2,:);
loop=length(a)-1;
result=[];
    while length(result)<loop
        temp=min(data(3,:));
        flag=find(data(3,:)==temp);
        flag=flag(1);
        v1=index(1,flag);v2=index(2,flag);
        if v1~=v2
            result=[result,data(:,flag)];
```

```
                    end
                    index(find(index==v2))=v1;
                    data(:,flag)=[];
                    index(:,flag)=[];
              end
result
```

例 4.9 电缆铺设问题。设有 9 个节点 $v_i(i=1,2,\cdots,9)$，坐标分别为 (x_i,y_i)，具体数据见表 4-2。任意两个节点之间的距离为 $d_{ij}=|x_i-x_j|+|y_i-y_j|$。问怎样连接电缆使每个节点都连通，且所用的总电缆长度为最短？

表 4-2 点的坐标数据表

i	1	2	3	4	5	6	7	8	9
x_i	0	5	16	20	33	23	35	25	10
y_i	15	20	24	20	25	11	7	0	3

解 以 $V=\{v_i\}(i=1,2,\cdots,9)$ 作为顶点集，构造赋权图 $G(V,E,W)$，这里 $W=(\omega_{ij})_{9\times9}$ 为邻接矩阵，其中 $\omega_{ij}=d_{ij},i,j=1,2,\cdots,9$。求总电缆长度最短的问题实际上就是求图 G 的最小生成树。

计算的 MATLAB 程序如下：

```
clc,clear
x=[0    5    16    20    33    23    35    25    10]
y=[15    20    24    20    25    11    7    0    3]
xy=[x;y];
d=mandist(xy);    %求 xy 的两两列向量间的绝对距离
d=tril(d);    %截取 MATLAB 工具箱要求的下三角矩阵
b=sparse(d)    %转化为稀疏矩阵
[ST,pred]=graphminspantree(b,'Method','Kruskal')
%调用最小生成树的命令
st=full(ST);    %把最小生成树的稀疏矩阵转化为普通矩阵
TreeLength=sum(sum(st))    %求最小生成树的长度
view(biograph(ST,[],'ShowArrows','off'))    %画出最小生成树
```

运行结果见图 4-15。

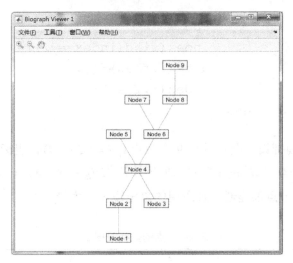

图 4-15　最小生成树结果图

求得边集为 $\{v_2v_1, v_4v_2, v_4v_3, v_5v_4, v_6v_4, v_7v_6, v_8v_6, v_9v_8\}$，总电缆长度的最小值为 110。

3. LINGO 解法

如果采用 LINGO 软件求解最小生成树问题，需要先把问题写成数学规划的形式。设 d_{ij} 是两点 i 和 j 之间的距离，$x_{ij} = 0,1$（1 表示连接，0 表示不连接），并假设顶点 v_1 是生成树的根。则数学表达式为

$$\min \sum_{i \neq j} d_{ij} x_{ij} \tag{4-5}$$

$$\text{s.t.} \begin{cases} \sum_{j \in V} x_{1j} \geqslant 1 & \text{(4-6)} \\ \sum_{j \in V} x_{ji} = 1, \quad i \neq 1 & \text{(4-7)} \\ \text{各边不构成圈} & \text{(4-8)} \end{cases}$$

约束条件中，式(4-6)表示根至少有一条边连接到其他点，式(4-7)表示除根外，每个点只有一条边进入。

按照数学规划模型(4-5)～(4-8)写出例 4.6 的 LINGO 程序：

```
model:
sets:
cities/1..10/:level;
links(cities,cities):distance,x;
endsets
```

```
data:
distance=0 8 5 9 12 14 12 16 17 22
         8 0 9 15 17 8 11 18 14 22
         5 9 0 7 9 11 7 12 12 17
         9 15 7 0 3 17 10 7 15 15
         12 17 9 3 0 8 10 6 15 15
         14 8 11 17 8 0 9 14 8 16
         12 11 7 10 10 9 0 8 6 11
         16 18 12 7 6 14 8 0 11 11
         17 14 12 15 15 8 6 11 0 10
         22 22 17 15 15 16 11 11 10 0;
enddata
n=@size(cities);
min=@sum(links(i,j)|i#ne#j:distance(i,j)*x(i,j));
@sum(cities(i)|i#gt#1:x(1,i))>=1;
@for(cities(i)|i#gt#1:@sum(cities(j)|j#ne#i:x(j,i))=1;
    @for(cities(j)|j#gt#1#and#j#ne#i:level(j)>=level(i)+
    x(i,j)-(n-2)*(1-x(i,j))+(n-3)*x(j,i););
    @bnd(1,level(i),99999);
    level(i)<=n-1-(n-2)*x(1,i););
@for(links:@bin(x));
end
```

上述程序中，利用水平(level)变量保证所选的边不构成圈。计算结果如下：

```
Global optimal solution found.
Objective value:                    60.00000
          Variable    Value       Reduced Cost
          x(1,2)      1.000000     8.000000
          x(1,3)      1.000000     5.000000
          x(2,6)      1.000000     8.000000
          x(3,4)      1.000000     7.000000
          x(3,7)      1.000000     7.000000
          x(4,5)      1.000000     3.000000
          x(5,8)      1.000000     6.000000
          x(7,9)      1.000000     6.000000
          x(9,10)     1.000000     10.00000
```

连接这 10 个城镇的最小距离为 60km，其连接情况如图 4-16 所示。

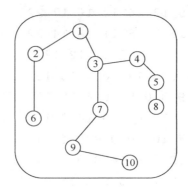

图 4-16　SV 地区的最优连线

4.3　旅行商问题

4.3.1　问题的提出

　　一名推销员准备前往若干个城市推销产品，然后回到驻地。如何为他设计一条最短的旅行路线(从驻地出发，经过每个城市恰好一次，最后返回驻地)?

　　这个问题称为旅行商问题。用图论的术语说，就是在一个赋权完全图中，找出一个有最小权的 **Hamilton 圈**，这种圈称为**最优圈**。

　　下面先介绍 Hamilton 圈的定义。

4.3.2　Hamilton 图的基本概念

　　定义 4.8　包含图 G 的每个顶点的路称为 Hamilton 路，包含图 G 的每个顶点的圈称为 Hamilton 圈。一个图若包含 Hamilton 圈，则称这个图为 Hamilton 图。

　　直观地讲，Hamilton 图是从一个顶点出发，每个顶点恰通过一次并回到出发点的图，即不重复地行遍所有的顶点再回到出发点。

4.3.3　求解方法与软件

1. 改良圈近似算法

　　目前还没有求解旅行商问题的有效算法，一个可行的办法是首先求一个 Hamilton 圈 C，然后适当修改 C 以得到具有较小权的另一个 Hamilton 圈。修改的方法叫做改良圈算法。

　　设初始圈 $C = v_1 v_2 \cdots v_n v_1$，算法如下：

(1)对于 $1 \leqslant i < i+1 < j \leqslant n$，构造新的 Hamilton 圈：

$$C_{ij} = v_1 v_2 \cdots v_i v_j v_{j-1} v_{j-2} \cdots v_{i+1} v_{j+1} v_{j+2} \cdots v_n v_1$$

它是由 C 中删去边 $v_i v_{i+1}$ 和 $v_j v_{j+1}$，添加边 $v_i v_j$ 和 $v_{i+1} v_{j+1}$ 而得到的。

若 $\omega(v_i v_j) + \omega(v_{i+1} v_{j+1}) < \omega(v_i v_{i+1}) + \omega(v_j v_{j+1})$，则以 C_{ij} 代替 C，C_{ij} 称为 C 的改良圈。

(2)转(1)，直至无法改进，停止。

改良圈算法得到的结果几乎可以肯定不是最优的。为了提高精确度，可以选择不同的初始圈，重复进行几次。

例 4.10 从北京(PE)乘飞机到东京(T)、纽约(N)、墨西哥(M)、伦敦(L)、巴黎(PA)五城市旅游，每个城市只去一次再回北京应如何安排旅游线使旅途最短？各城市之间的航线距离如表 4-3 所示。

表 4-3　六城市间的距离　　　　　　　　（单位：km）

	M	N	PA	PE	T
L	56	35	21	51	60
M		21	57	78	70
N			36	68	68
PA				51	61
PE					13

解　编写 MATLAB 程序如下：

```
function main
a=zeros(6);
a(1,2)=56;a(1,3)=35;a(1,4)=21;a(1,5)=51;a(1,6)=60;
a(2,3)=21;a(2,4)=57;a(2,5)=78;a(2,6)=70;
a(3,4)=36;a(3,5)=68;a(3,6)=68;
a(4,5)=51;a(4,6)=61;
a(5,6)=13;
a=a+a';
L=size(a,1);
c=[5 1:4 6 5];%选取初始圈
[circle.long]=modifycircle(a,L,c)%调用下面改良圈的子函数
%以下为改良圈的子函数
function [circle,long]=modifycircle(a,L,c);
for k=1:L
    flag=0;%退出标志
```

```
for m=1:L-2 %m为算法中的i
    for n=m+2:L %n为算法中的j
        if a(c(m),c(n))+a(c(m+1),c(n+1))<a(c(m),c(m+
        1))+a(c(n), c(n+1))
            c(m+1:n)=c(n:-1:m+1);flag=flag+1;
            %修改一次,标志加1
        end
    end
end
if flag==0,  %一条边也没有修改,就返回
    long=0;  %圈长的初始值
    for i=1:L
        long=long+a(c(i),c(i+1));  %求改良圈的长度
    end
    circle=c;  %返回改良圈
    return
end
end
```

求得近似圈为$5 \to 4 \to 1 \to 3 \to 2 \to 6 \to 5$，近似圈的长度为211。

2. LINGO 解法

LINGO 软件也可以求解旅行商问题，先把问题写成数学规划模型。设城市的个数为n，d_{ij}是两个城市i和j之间的距离，$x_{ij} = 0,1$（1表示走过城市i到城市j的路，0表示没有选择走这条路），则有

$$\min \sum_{i \neq j} d_{ij} x_{ij} \tag{4-9}$$

$$\text{s.t.} \begin{cases} \sum_{j=1}^{n} x_{ij} = 1, \quad i = 1,2,\cdots,n & (4\text{-}10) \\ \sum_{i=1}^{n} x_{ij} = 1, \quad j = 1,2,\cdots,n & (4\text{-}11) \\ \text{除起点和终点外，各边不构成圈} & (4\text{-}12) \end{cases}$$

例 4.11 将例 4.6 看成旅行商问题，推销员从城市 1 出发，经过各个城镇，再回到城市 1。为节省开支，公司希望推销员走过这 10 个城镇的总距离最小。

解 编写 LINGO 程序如下：

```
model:
sets:
cities/1..10/:level;
links(cities,cities):distance,x;
endsets
data:
distance=0 8 5 9 12 14 12 16 17 22
         8 0 9 15 17 8 11 18 14 22
         5 9 0 7 9 11 7 12 12 17
         9 15 7 0 3 17 10 7 15 15
         12 17 9 3 0 8 10 6 15 15
         14 8 11 17 8 0 9 14 8 16
         12 11 7 10 10 9 0 8 6 11
         16 18 12 7 6 14 8 0 11 11
         17 14 12 15 15 8 6 11 0 10
         22 22 17 15 15 16 11 11 10 0;
enddata
n=@size(cities);
min=@sum(links(i,j)|i#ne#j:distance(i,j)*x(i,j));
@for(cities(i):@sum(cities(j)|j#ne#i:x(j,i))=1;
              @sum(cities(j)|j#ne#i:x(i,j))=1;
              @for(cities(j)|j#gt#1#and#j#ne#i:level(j)
>=level(i)+x(i,j)-(n-2)*(1-x(i,j))+(n-3)*x(j,i);););
    @for(links:@bin(x));
    @for(cities(i)|i#gt#1:level(i)<=n-1-(n-2)*x(1,i);level
(i)>=1+(n-2)*x(i,1););
    end
```

水平变量仍然是用来保证所选的边除第 1 点外不构成圈。计算结果如下：

```
Global optimal solution found.
Objective value:                73.00000
                Variable     Value        Reduced Cost
                x(1,3)       1.000000     5.000000
                x(2,1)       1.000000     8.000000
                x(3,7)       1.000000     7.000000
```

x(4,5)	1.000000	3.000000
x(5,6)	1.000000	8.000000
x(6,2)	1.000000	8.000000
x(7,9)	1.000000	6.000000
x(8,4)	1.000000	7.000000
x(9,10)	1.000000	10.00000
x(10,8)	1.000000	11.00000

旅行商经过 10 个城镇的最短距离为 73km，其连接情况如图 4-17 所示。

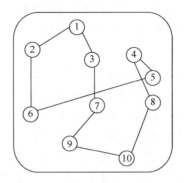

图 4-17　SV 地区的旅行商路线

4.4　网络最大流问题

4.4.1　问题的提出

例 4.12　现需要将城市 s 的石油通过管道运送到城市 t，中间有 4 个中转站 v_1, v_2, v_3 和 v_4，城市与中转站的连接以及管道的容量如图 4-18 所示，求从城市 s 到城市 t 的最大流。

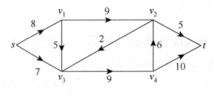

图 4-18　网络图

这是一个典型的最大流问题，最大流问题涉及图论中的网络及相关概念，下面给出相关的具体定义。

4.4.2　网络最大流的有关概念

1. 网络与流

定义 4.8　给一个有向图 $D(V,A)$，其中 A 为弧集，在 V 中指定了一点，称为**发点**（记为 v_s），另一点称为**收点**（记为 v_t），其余的点叫**中间点**，对于每一条弧 $(v_i,v_j) \in A$，对应有　个 $c(v_i,v_j) \geqslant 0$（或简写成 c_{ij}），称为**弧的容量**。通常把这样的有向图 D 叫做一个网络，记为 $D(V,A,C)$，其中 $C = \{c_{ij}\}$。

图 4-18 中，s 为发点，t 为收点，v_1, v_2, v_3 和 v_4 为中间点，箭头旁边的数字表示容量。

所谓网络上的**流**，是指定义在弧集合 A 上的一个函数 $f = \{f_{ij}\} = \{f(v_i,v_j)\}$，并称 f_{ij} 为弧 (v_i,v_j) 上的流量。

2. 可行流与最大流

定义 4.9　满足下列条件的流 f 称为**可行流**：

(1)**容量限制条件**　对每一弧 $(v_i,v_j) \in A$，$0 \leqslant f_{ij} \leqslant c_{ij}$；

(2)**平衡条件**　对于中间点，流出量等于流入量，即对于每个 $i(i \neq s,t)$，有

$$\sum_{j:(v_i,v_j)\in A} f_{ij} - \sum_{j:(v_j,v_i)\in A} f_{ji} = 0 \tag{4-13}$$

对于发点 v_s，记

$$\sum_{(v_s,v_j)\in A} f_{sj} - \sum_{(v_j,v_s)\in A} f_{js} = v(f) \tag{4-14}$$

对于收点 v_t，记

$$\sum_{(v_t,v_j)\in A} f_{tj} - \sum_{(v_j,v_t)\in A} f_{jt} = -v(f) \tag{4-15}$$

式中，$v(f)$ 为这个可行流的流量，即发点的净输出量。

定义 4.10　如果存在可行流 f^*，使得对网络中所有的可行流 f 均有 $v(f^*) \geqslant v(f)$，则称 f^* 为**最大流**。

3. 增广路

给定一个可行流 $f = \{f_{ij}\}$，把网络中使 $f_{ij} = c_{ij}$ 的弧称为**饱和弧**，使 $f_{ij} < c_{ij}$ 的弧称为**非饱和弧**。把 $f_{ij} = 0$ 的弧称为**零流弧**，$f_{ij} > 0$ 的弧称为**非零流弧**。

若 μ 是网络中连接发点 v_s 和收点 v_t 的一条路，定义路的方向是从 v_s 到 v_t，则路

上的弧被分成两类：一类是弧的方向与路的方向一致，称为**前向弧**，前向弧的全体记为 μ^+；另一类是弧的方向与路的方向相反，称为**后向弧**，后向弧的全体记为 μ^-。

定义 4.11 设 f 是一个可行流，μ 是从 v_s 到 v_t 的一条链（**链**是图中表示关联关系的点和边的交替序列，其中点可重复，边不可重复），若 μ 满足：前向弧是非饱和弧，后向弧是非零流弧，则称 μ 为关于可行流 f 的一条**增广链**。

由增广链的定义可知：若在前向弧上增加流量 θ，则会得到一个流量更大的可行流。可增加的调整量为

$$\theta = \min\{\min_{\mu^+}(c_{ij} - f_{ij}), \min_{\mu^-}(f_{ji})\} \tag{4-16}$$

现有一条增广链，如图 4-19 所示，弧上权值表示 (c_{ij}, f_{ij})。

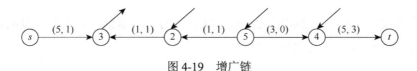

图 4-19　增广链

每弧可增加量 θ：$\theta_{s3} = 4, \theta_{23} = 1, \theta_{52} = 1, \theta_{54} = 3, \theta_{4t} = 2$。

由式 (4-16) 可得调整量：$\theta = \min\{4, 1, 1, 3, 2\} = 1$，调整方式为

$$f' = \begin{cases} f_{ij} + \theta, & \text{对增广链上的} \mu^+ \\ f_{ji} - \theta, & \text{对增广链上的} \mu^- \\ f_{ij}, & \text{非增广链上的弧} \end{cases} \tag{4-17}$$

图 4-19 中的增广链调整后见图 4-20。

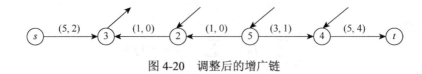

图 4-20　调整后的增广链

不难发现，f' 仍是可行流，但较 f 流量增大了 θ，因此只有当网络图中找不到增广链时，才能获得最大流。

4.4.3　求解方法与软件

1. LINGO 解法

根据定义 4.9 中的平衡条件，最大流问题可以写成如下的数学规划模型：

$$\max \quad v(f)$$

$$\text{s.t.} \begin{cases} \displaystyle\sum_{j:(v_i,v_j)\in A} f_{ij} - \sum_{j:(v_j,v_i)\in A} f_{ji} = \begin{cases} v(f), & i=s \\ -v(f), & i=t \\ 0, & i\neq s,t \end{cases} & \quad (4\text{-}18) \\ 0 \leqslant f_{ij} \leqslant c_{ij}, \quad \forall(v_i,v_j)\in A & \quad (4\text{-}19) \end{cases}$$

根据式(4-18)，式(4-19)编写解决例 4.12 的 LINGO 程序如下。

```
1]model:
2]sets:
3]nodes/s,1,2,3,4,t/;
4]arcs(nodes,nodes)/s 1,s 3,1 2,1 3,2 3,2 t,3 4,4 2,4
t/:c,f;
5]endsets
6]data:
7]c=8 7 9 5 2 5 9 6 10;
8]enddata
9]n=@size(nodes);
10]max=flow;
11]@for(nodes(i)|i#ne#1#and#i#ne#n:@sum(arcs(i,
j):f(i,j))=@sum(arcs(j,i):f(j,i)));
12]@sum(arcs(i,j)|i#eq#1:f(i,j))=flow;
13]@sum(arcs(j,i)|i#eq#n:f(j,i))=flow;
14]@for(arcs:@bnd(0,f,c));
15]end
```

程序的第 11～13 行表示约束式(4-18)，14 行表示有界约束(4-19)。LINGO 的计算结果如下(只保留流量值 f)。

```
Global optimal solution found.
Objective value:          14.00000
            F(S,1)   7.000000   0.000000
            F(S,3)   7.000000   0.000000
            F(1,2)   5.000000   0.000000
            F(1,3)   2.000000   0.000000
            F(2,3)   0.000000   0.000000
            F(2,T)   5.000000  -1.000000
            F(3,4)   9.000000  -1.000000
            F(4,2)   0.000000   1.000000
            F(4,T)   9.000000   0.000000
```

　　因此，该网络的最大流为 14，F 的值对应弧上的流。

　　在上面的程序中，采用了稀疏集的编写方法，下面介绍的程序编写方法是利用赋权邻接矩阵，这样可以不使用稀疏集的编写方法，更便于推广到复杂网络。

```
model:
sets:
nodes/s,1,2,3,4,t/;
arcs(nodes,nodes):p,c,f;
endsets
data:
p=0 1 0 1 0 0
  0 0 1 1 0 0
  0 0 0 1 0 1
  0 0 0 0 1 0
  0 0 1 0 0 1
  0 0 0 0 0 0;
c=0 8 0 7 0 0
  0 0 9 5 0 0
  0 0 0 2 0 5
  0 0 0 0 9 0
  0 0 6 0 0 10
  0 0 0 0 0 0;
enddata
n=@size(nodes);
max=flow;
@for(nodes(i)|i#ne#1#and#i#ne#n:@sum(nodes(j):p(i,j)*f(i,
j))=@sum(nodes(j):p(j,i)*f(j,i)));
@sum(nodes(i):p(1,i)*f(1,i))=flow;
@sum(nodes(i):p(i,n)*f(i,n))=flow;
@for(arcs:@bnd(0,f,c));
end
```

　　上述程序中，由于使用了邻接矩阵，当两点之间无弧时，定义弧容量为零，计算结果与前面程序完全相同，这里就不再列出了。

2. 标号算法

　　这种算法由 Ford 和 Fulkerson 于 1956 年提出，故又称 Ford-Fulkerson 标号算

法。其实质是一种逐步求增广链，并调整流量的方法。从 v_s 到 v_t 的一个可行流出发(若网络中没有给定 f，则可以设 f 是零流)，经过标号过程和调整过程，即可求出从 v_s 到 v_t 的最大流。两个过程的算法步骤分述如下。

1)标号过程

在算法中，每个顶点 v_i 的标号值有两个，v_i 的第一个标号值表示在可能的增广链上 v_i 的前驱顶点；v_i 的第二个标号值记为 θ_i，表示在可能的增广链上可以调整的流量。

步骤 1：初始化，给发点 v_s 标号 $(0, \infty)$。

步骤 2：若顶点 v_i 已标号，则对 v_i 所有未标号的邻接顶点 v_j 按以下规则标号。

(1)若 (v_i, v_j) 是前向弧且 $f_{ij} = c_{ij}$，则不给顶点 v_j 标号。

(2)若 (v_i, v_j) 是前向弧且 $f_{ij} < c_{ij}$，则顶点 v_j 标号为 (v_i, θ_j)，其中，$\theta_j = \min \{c_{ij} - f_{ij}, \theta_i\}$。

(3)若 (v_i, v_j) 是后向弧且 $f_{ji} = 0$，则不给顶点 v_j 标号。

(4)若 (v_i, v_j) 是后向弧且 $f_{ji} > 0$，则顶点 v_j 标号为 $(-v_i, \theta_j)$，其中，$\theta_j = \min \{f_{ji}, \theta_i\}$。

步骤 3：不断地重复步骤 2 直至收点 v_t 被标号，或不再有顶点可以标号为止。当 v_t 被标号时，表明存在一条从 v_s 到 v_t 的增广链，则转到增流过程。若 v_t 点不能被标号，且不存在其他可以标号的顶点，表明不存在从 v_s 到 v_t 的增广链，算法结束，此时获得的流就是最大流。

2)增流过程

(1)对于增广链中的前向弧，令 $f'_{ij} = f_{ij} + \theta_j$；

(2)对于增广链中的后向弧，令 $f'_{ji} = f_{ji} - \theta_j$；

(3)非增广链上的弧，$f'_{ij} = f_{ij}$。

最后，抹除图上所有标号，回到标号过程。

最大流算法可以使用 MATLAB 工具箱中的 graphmaxflow 命令实现，下面给出应用的例子。

例 4.13　求图 4-21 中从 v_1 到 v_8 的最大流。

解　MATLAB 图论工具箱求解最大流的命令，只能解决权重都为正值，且两个顶点之间不能有两条弧的问题。图 4-21 中顶点 v_3, v_4 之间有两条弧，为此，在 v_3 和 v_4 之间加入虚拟的顶点 v_9，并添加两条弧，删除 v_3 和 v_4 之间权重为 2 的弧，加入两条弧的容量都是 2。

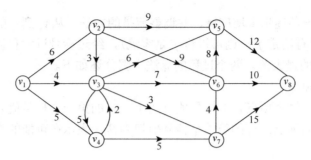

图 4-21　最大流问题的网络图

求解的 MATLAB 程序如下：

```
clc,clear,a=zeros(9);
a(1,2)=6;a(1,3)=4;a(1,4)=5;
a(2,3)=3;a(2,5)=9;a(2,6)=9;
a(3,4)=4;a(3,5)=6;a(3,6)=7;a(3,7)=3;
a(4,7)=5;a(4,9)=2;
a(5,8)=12;
a(6,5)=8;a(6,8)=10;
a(7,6)=4;a(7,8)=15;
a(9,3)=2;
b=sparse(a);
[x,y,z]=graphmaxflow(b,1,8)
```

求得最大流的流量为 15。

下面在例 4.12 的基础上，我们来介绍最小费用最大流问题。

例 4.14　由于输油管道的长短不一或地质等原因，每条管道上的运输费用也不相同，因此，除了考虑输油管道的最大流外，还需要考虑输油管道输送最大流的最小费用。图 4-22 是带有运费的网络，其中第 1 个数字是网络的容量，第 2 个数字是网络的单位运费。

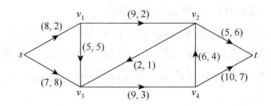

图 4-22　最小费用最大流的网络图

解　设 f_{ij} 是弧 (v_i, v_j) 上的流量，c_{ij} 是弧 (v_i, v_j) 上的容量，b_{ij} 是弧 (v_i, v_j) 上的单位运费，d_i 是顶点 v_i 处的净流量，则最小费用流的数学规划表达式为

$$\min \sum_{(v_i, v_j) \in A} b_{ij} f_{ij} \tag{4-20}$$

$$\text{s.t.} \begin{cases} \displaystyle\sum_{j:(v_i,v_j)\in A} f_{ij} - \sum_{j:(v_j,v_i)\in A} f_{ji} = d_i = \begin{cases} v(f), & i = s \\ -v(f), & i = t \\ 0, & i \neq s, t \end{cases} \tag{4-21} \\ 0 \leqslant f_{ij} \leqslant c_{ij}, \quad \forall (v_i, v_j) \in A \tag{4-22} \end{cases}$$

当 $v(f)$ 是网络的最大流时，数学规划模型 (4-20) ～ (4-22) 表示的就是最小费用最大流问题。按这个模型写出相应的 LINGO 程序：

```
model:
sets:
nodes/s,1,2,3,4,t/:d;
arcs(nodes,nodes)/s 1,s 3,1 2,1 3,2 3,2 t,3 4,4 2,4
t/:b,c,f;
endsets
data:
d=14 0 0 0 0-14;!maxflow=14;
b=2 8 2 5 1 6 3 4 7;
c=8 7 9 5 2 5 9 6 10;
enddata
min=@sum(arcs:b*f);
@for(nodes(i):@sum(arcs(i,j):f(i,j))-@sum(arcs(j,i):f
(j,i))=d(i));
@for(arcs:@bnd(0,f,c));
end
```

LINGO 的计算结果如下 (仅保留 f 的值)：

```
Global optimal solution found.
Objective value:                        205.0000
                F(S,1)        8.000000       -1.000000
                F(S,3)        6.000000        0.000000
                F(1,2)        7.000000        0.000000
                F(1,3)        1.000000        0.000000
                F(2,3)        2.000000       -2.000000
```

```
                    F(2,T)      5.000000     -7.000000
                    F(3,4)      9.000000      0.000000
                    F(4,2)      0.000000      10.00000
                    F(4,T)      9.000000      0.000000
```

因此，最大流的最小费用是 205 单位，而原最大流的费用为 210 单位，原方案并不是最优的。

第 5 章 统 计 模 型

由于客观事物内部规律的复杂性及人们认识程度的限制，无法分析实际对象内在的因果关系，建立合乎机理规律的数学模型，所以通常的办法是搜集大量的数据，基于对数据的统计分析去建立模型。本章主要介绍用途非常广泛的一类统计模型，包括拟合与回归、方差分析、聚类分析、主成分分析。

5.1 拟合与回归

曲线拟合与回归分析都是确定两种或两种以上变量间相互依赖的定量关系的统计分析方法。当然，它们拥有各自的统计分析特点，适用的范围存在差异。

根据一组二维数据，即平面上的若干点，要求确定一个一元函数 $y = f(x)$，即曲线，使这些点与曲线总体来说尽量接近。这就是数据拟合成曲线的思想，简称曲线拟合。曲线拟合的目的是根据实验获得的数据去建立因变量与自变量之间有效的经验函数关系，为进一步的深入研究提供线索。

对具有相关关系的现象，选一个适当的数学关系式，用以说明一个或一组变量变动时，另一变量或一组变量平均变动的情况，这种关系式称为回归方程。如所选关系式是线性的，称为线性回归分析；反之，称为非线性回归分析。回归分析按照涉及的自变量的多少，可分为一元回归分析和多元回归分析。回归分析是应用极其广泛的数据分析方法之一。它基于观测数据建立变量间适当的依赖关系，分析数据内在规律，并可用于预报、控制等问题。

本节通过给药方案问题了解曲线拟合问题的模型建立与求解方法，掌握一些曲线拟合和回归分析的基本方法，学会使用 MATLAB 软件进行曲线拟合与回归分析。

5.1.1 给药方案问题

【问题背景】

一种新药用于临床之前，必须设计给药方案。药物进入机体后血液输送到全身，在这个过程中不断地被吸收、分布、代谢，最终排出体外，药物在血液中的浓度，即单位体积血液中的药物含量，称为血药浓度。

一室模型：将整个机体看作一个房室，称中心室，室内血药浓度是均匀的。快速静脉注射后，浓度立即上升；然后迅速下降。

当浓度太低时，达不到预期的治疗效果；当浓度太高时，又可能导致药物中毒或副作用太强。临床上，每种药物都有一个最小有效浓度 c_1 和一个最大有效浓度 c_2。设计给药方案时，要使血药浓度保持在 $c_1 \sim c_2$。本题设 $c_1 = 10\mu g/mL$，$c_2 = 25\mu g/mL$。

要设计给药方案，必须知道给药后血药浓度随时间变化的规律。从实验和理论两方面着手：

在实验方面，$t = 0$ 时对某人用快速静脉注射方式一次注入该药物 300mg 后，在一定时刻 t(h) 采集血药，测得血药浓度 $c(\mu g/mL)$，如表 5-1 所示。

表 5-1　血药浓度与时间数据

t/h	0.25	0.5	1	1.5	2	3	4	6	8
$c/(\mu g/mL)$	19.21	18.15	15.36	14.10	12.89	9.32	7.45	5.24	3.01

问题：

(1) 在快速静脉注射的给药方式下，研究血药浓度(单位体积血液中的药物含量)的变化规律。

(2) 给定药物的最小有效浓度和最大治疗浓度，设计给药方案：每次注射剂量多大；间隔时间多长。

【问题分析】

要设计给药方案，必须知道给药后血药浓度随时间变化的规律。从实验和理论两方面着手：实验方面，对血药浓度数据作拟合，符合负指数变化规律；理论方面，用一室模型研究血药浓度变化规律。利用 MATLAB 软件进行曲线拟合找到时间与血药浓度的变化规律，从而确定给药方案。

【模型假设】

(1) 机体看作一个房室，室内血药浓度均匀——一室模型；

(2) 药物排除速率与血药浓度 c 成正比，比例系数 $k > 0$；

(3) 血液容积 v，$t = 0$ 时注射剂量为 d，血药浓度即 $\dfrac{d}{v}$。

【模型建立与求解】

由假设 (2) 得 $\dfrac{\mathrm{d}c}{\mathrm{d}t} = -kc \Rightarrow c(t) = \dfrac{d}{v}\mathrm{e}^{-kt}$。

由假设(3)得 $c(0) = \dfrac{d}{v}$。

在此,$d = 300\text{mg}$,t 及 $c(t)$ 在某些点处的值见表 5-1,需经拟合求出参数 k, v。

$$\left.\begin{array}{l} c(t) = \dfrac{d}{v}\mathrm{e}^{-kt} \Rightarrow \ln c = \ln\dfrac{d}{v} - kt \\[2mm] y = \ln c, a_1 = -k, a_2 = \ln\dfrac{d}{v} \end{array}\right\} \Rightarrow \begin{array}{l} y = a_1 t + a_2 \\[2mm] k = -a_1, v = \dfrac{d}{\mathrm{e}^{a_2}} \end{array}$$

用 MATLAB 求解:

```
d=300;
t=[0.25,0.5,1,1.5,2,3,4,6,8];
c=[19.21,18.15,15.36,14.10,12.89,9.32,7.45,5.24,3.01];
y=log(c);
a=polyfit(t,y,1)
k=-a(1)
v=d/exp(a(2))
```

计算结果:

```
a=
    -0.2347    2.9943
k=
    0.2347
v=
    15.0219
```

画出血药浓度随时间的变化规律图(图 5-1):

```
t1=[0:0.1:8];
ct=(d/v)*exp(-k*t1);
plot(t,c,'o',t1,ct,'g-')
```

设每次注射剂量为 D,间隔时间为 τ,血药浓度 $c(t)$ 应为 $c_1 \leqslant c(t) \leqslant c_2$,初次注射剂量 D_0 应加大,给药方案记为 $\{D_0, D, \tau\}$

$$D_0 = vc_2, \quad D = v(c_2 - c_1)$$

$$c_1 = c_2\mathrm{e}^{-k\tau} \Rightarrow \tau = \frac{1}{k}\ln\frac{c_2}{c_1}$$

其中,$c_1 = 10, c_2 = 25, k = 0.2347, v = 15.02$。

计算结果:

$$D_0 = 375.5, \quad D = 225.3, \quad \tau = 3.9$$

给药方案:

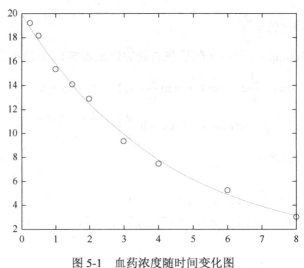

图 5-1　血药浓度随时间变化图

$$D_0 = 375.5\text{(mg)}, \quad D = 225.3\text{(mg)}, \quad \tau = 4\text{(h)}$$

即首次注射 375mg，其余每次注射 225mg，注射的间隔时间为 4h。

5.1.2　曲线拟合

已知平面上一些表示实验数据的点，找一条满足一定性质的曲线（如对数曲线），使它与这些点最接近，这种找曲线的方法，称为曲线拟合，所求出的曲线称为拟合曲线。考虑到实验误差的存在，拟合并不要求曲线通过平面上所有的点。

1. 线性最小二乘法拟合

令

$$f(x) = a_1 r_1(x) + \cdots + a_m r_m(x) \tag{5-1}$$

其中，$r_m(x)$ 是事先选定的一组函数，a_m 是待定系数。拟合准则是使 n 个点 (x_i, y_i)，$i = 1, 2, \cdots, n$，与 $y = f(x_i)$ 的距离的平方和最小（称为最小二乘准则），即求使

$$J(a_1, \cdots, a_m) = \sum_{i=1}^{n} (f(x_i) - y_i)^2 \tag{5-2}$$

达到最小的 a_k，$k = 1, 2, \cdots, m$。

令 $\dfrac{\partial J}{\partial a_k} = 0$，$k = 1, \cdots, m$，可得出 a_k，$k = 1, 2, \cdots, m$，满足线性方程组

$$R^T Ra = R^t y \tag{5-3}$$

其中，$a = (a_1, \cdots, a_m)^T, y = (y_1, \cdots, y_n)$，$R = \begin{bmatrix} r_1(x_1) & \cdots & r_m(x_1) \\ \vdots & & \vdots \\ r_1(x_n) & \cdots & r_m(x_n) \end{bmatrix}_{n \times m}$。

关键的一步是选取 $r_m(x)$，根据机理分析或 (x_i, y_i) $(i = 1, 2, \cdots, n)$ 的图形判断。

2. 多项式拟合的 MATLAB 实现

在多项式拟合应用中，用 a = polyfit(x,y,m)，其中，输入参数 $x = [x_1, \cdots, x_n]$，$y = [y_1, \cdots, y_n]$ 为要拟合的数据，m 为拟合多项式的次数。输出参数 $a = (a_1, \cdots, a_m, a_{m+1})$ 为拟合多项式 $y = a_1 x^m + \cdots + a_m x + a_{m+1}$ 的系数。求拟合多项式在 x 处的值，可用 MATLAB 命令 y = polyval(a,x)。

例 5.1 电阻问题

已知热敏电阻值与温度的数据，如表 5-2 所示。

表 5-2 电阻值与温度数据

温度 $t/°C$	20.5	32.7	51.0	73.0	95.7
电阻 R/Ω	765	826	873	942	1032

求温度为 $t = 63°C$ 时的电阻值。

解 首先作出散点图(图 5-2)。

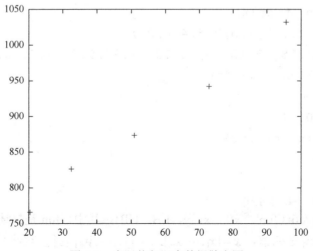

图 5-2 电阻值与温度数据散点图

程序如下：

```
t=[20.5,32.7,51.0,73.0,95.7];
r=[765,826,873,942,1032];
plot(t,r,'+')
```

从散点图可以看出电阻值和温度数据之间的关系近似于线性。因此设 $R=a_1t+a_2$。

```
a=polyfit(t,r,1)
a=
3.3987  702.0968
```

表示 $R=3.3987t+702.0968$。

因此，$t=63℃$时的电阻值为 916.2174。

```
r=polyval(a,63)
r=
916.2174
```

3. 非线性最小二乘拟合

经典的非线性最小二乘法的公式可以记为 $r_i(a) = y_i - f(x, a)$，其中，公式中的 $r(a) = (r_1(a), \cdots, r_n(a))$，拟合准则是 $r_i(a)$ 的平方和最小，于是问题转化为如下优化问题：$\min R(a) = r(a)r^{\mathrm{T}}(a)$。

非线性最小二乘拟合的 MATLAB 命令如下。

(1) Lsqnonlin('f', x0)，其中 f 是描述函数 $R(a)$ 的函数文件名，x_0 是初值。

用 Lsqnonlin 求解给药设计问题，可运行程序如下。

建立 M 文件：

```
function  f=ct(x)
t=[0.25,0.5,1,1.5,2,3,4,6,8];
c=[19.21,18.15,15.36,14.10,12.89,9.32,7.45,5.24,3.01];
f=c-x(1)*exp(x(2)*t)
```

执行程序为

```
x0=[10,0.5]
Lsqnonlin('ct',x0)
```

运行结果：

```
ans=
20.2413  -0.2420
```

(2) Lsqcurvefit('fun', x0, x, y, LB, UB)，其中，fun 是描述函数 $f(x, a)$ 的函数文件名，x_0 是初值，$x = [x_1, \cdots, x_n], y = [y_1, \cdots, y_n]$ 为待拟合数据。

用 Lsqcurvefit 求解血药浓度问题，可得建立 M 文件：

```
function  f=xue(x,t)
f=x(1)*exp(x(2)*t)
```

执行程序为

```
t=[0.25,0.5,1,1.5,2,3,4,6,8];
c=[19.21,18.15,15.36,14.10,12.89,9.32,7.45,5.24,3.01];
x0=[10,0.5]
Lsqcurvefit('xue',x0,t,c)
```

运行结果为

```
ans=
20.2413 -0.2420
```

此结果与(1)中结果一样。

5.1.3 回归分析

在客观世界中普遍存在着变量之间的关系。变量之间的关系一般来说可分为确定性的与非确定性的。确定性关系是指变量之间的关系可以用函数关系来表达。非确定性关系，即随机变量的相关关系。例如，人的身高与体重之间存在着关系，一般来说，人高一些，体重要重一些，但同样身高的人的体重往往不相同。人的血压与年龄之间也存在着关系，但同年龄的人的血压往往也不相同。气象中的温度与湿度之间的关系也是这样。这是因为涉及的变量(如体重、血压、湿度)是随机变量，这种变量关系是非确定性的。

回归分析是研究相关关系的一种数学方法，是用统计数据寻求变量间关系的近似表达式——经验公式，它能帮助我们用一个变量取得的值去估计另一变量所取的值。下面主要解决以下几方面问题：

(1)从一组观察数据出发，建立因变量 y 与自变量 $x_1, x_2, \cdots, x_m$ 之间的回归模型(经验公式)；

(2)对回归模型的可信度进行检验；

(3)判断每个自变量 $x_i (i=1,2,\cdots,m)$ 对 y 的影响是否显著；

(4)诊断回归模型是否适合这组数据；

(5)利用回归模型进行预报或控制。

1. 一元线性回归

回归方程最简单也最完善的一种情况，就是线性回归方程。许多实际问题中，当自变量局限于一定范围时，可以取这种模型作为真实模型的近似，其误差从实用的观点看无关紧要。MATLAB 软件有非常有效的线性回归方面的计算程序，使用者只要把数据按程序要求输入计算机，就可很快得到所要的各种计算结果和相应的图形，用起来十分方便。

例 5.2　测 14 名成年女子的身高与腿长，所得数据如表 5-3 所示。

表 5-3　女子身高与腿长数据

身高/cm	143	145	146	147	149	150	153	154	155	156	157	158	159	160
腿长/cm	88	85	88	91	92	93	93	95	96	98	97	96	98	99

以身高 x 为横坐标，以腿长 y 为纵坐标将这些数据点 (x_i, y_i) 在平面直角坐标系上标出。

由图 5-3 可以看出，数据点大致落在一条直线附近，这说明两个变量之间的关系大致可以看成是直线关系，不过这些点又不在同一条直线上，表明这两个变量之间的关系是非确定性关系。

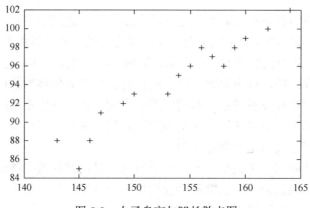

图 5-3　女子身高与腿长散点图

一般地，称由 $y = \beta_0 + \beta_1 x + \varepsilon$ 确定的模型为**一元线性回归模型**，记为

$$\begin{cases} y = \beta_0 + \beta_1 x + \varepsilon \\ E\varepsilon = 0, D\varepsilon = \sigma^2 \end{cases}$$

固定的未知参数 β_0，β_1 称为回归系数；ε 是随机误差；自变量 x 也称为回归变量；$y = \beta_0 + \beta_1 x$，称为 y 对 x 的回归直线方程。

2. 多元线性回归

一元线性回归的一个自然推广是 x 为多元变量，形如

$$y = \beta_0 + \beta_1 x_1 + \cdots + \beta_m x_m \tag{5-4}$$

$m \geqslant 2$，或者更一般地

$$y = \beta_0 + \beta_1 f_1(x) + \cdots + \beta_m f_m(x) \tag{5-5}$$

其中，$x = (x_1, \cdots, x_m)$，$f_j(j = 1, \cdots, m)$ 是已知函数。这里 y 对回归系数 $\beta = (\beta_0, \beta_1, \cdots, \beta_m)$ 是线性的，称为多元线性回归。不难看出，对自变量 x 作变量代换，就可将式 (5-5) 化为式 (5-4) 的形式，所以下面以式 (5-4) 作为多元线性回归的标准模型。

1) 数学模型

在回归分析中自变量 $x = (x_1, x_2, \cdots, x_m)$ 是影响因变量 y 的主要因素，是人们能控制或能观察的，而 y 还受到随机因素的干扰，可以合理地假设这种干扰服从零均值的正态分布，于是模型记作

$$\begin{cases} y = \beta_0 + \beta_1 x_1 + \cdots + \beta_m x_m + \varepsilon \\ \varepsilon \sim N(0, \sigma^2) \end{cases} \tag{5-6}$$

其中，σ 未知。现得到 n 个独立观测数据 $(y_i, x_{i1}, \cdots, x_{im})$，$i = 1, \cdots, n$，$n > m$，由式 (5-6) 得

$$\begin{cases} y_i = \beta_0 + \beta_1 x_{i1} + \cdots + \beta_m x_{im} + \varepsilon_i \\ \varepsilon_i \sim N(0, \sigma^2), \quad i = 1, \cdots, n \end{cases} \tag{5-7}$$

记

$$X = \begin{bmatrix} 1 & x_{11} & \cdots & x_{1m} \\ \vdots & \vdots & & \vdots \\ 1 & x_{n1} & \cdots & x_{nm} \end{bmatrix}, \quad Y = \begin{bmatrix} y_1 \\ \vdots \\ y_n \end{bmatrix} \tag{5-8}$$

$$\varepsilon = [\varepsilon_1 \quad \cdots \quad \varepsilon_n]^{\mathrm{T}}, \quad \beta = [\beta_0 \quad \beta_1 \quad \cdots \quad \beta_m]^{\mathrm{T}}$$

式 (5-7) 可表示为

$$\begin{cases} Y = X\beta + \varepsilon \\ \varepsilon \sim N(0, \sigma^2) \end{cases} \tag{5-9}$$

2) 参数估计

A. 用最小二乘法估计模型 (5-6) 中的参数 β

由式 (5-7) 可得这组数据的误差平方和：

$$Q(\beta) = \sum_{i=1}^{n} \varepsilon_i^2 = (Y - X\beta)^{\mathrm{T}}(Y - X\beta) \tag{5-10}$$

求 β 使 $Q(\beta)$ 最小，得到 β 的最小二乘估计，记作 $\hat{\beta}$，可以推出

$$\hat{\beta} = (X^{\mathrm{T}}X)^{-1}X^{\mathrm{T}}Y \tag{5-11}$$

将 $\hat{\beta}$ 代回原模型得到 y 的估计值

$$\hat{y} = \hat{\beta}_0 + \hat{\beta}_1 x_1 + \cdots + \hat{\beta}_m x_m \tag{5-12}$$

而这组数据的拟合值为 $\hat{Y} = X\hat{\beta}$，拟合误差 $e = Y - \hat{Y}$ 称为残差，可作为随机误差 ε 的估计，而

$$Q = \sum_{i=1}^{n} e_i^2 = \sum_{i=1}^{n} (y_i - \hat{y}_i)^2 \tag{5-13}$$

为残差平方和(或剩余平方和)，即 $Q(\hat{\beta})$。

B. σ^2 的无偏估计

不加证明地给出以下结果。

(1) $\hat{\beta}$ 是 β 的线性无偏最小方差估计。指的是 $\hat{\beta}$ 是 Y 的线性函数；$\hat{\beta}$ 的期望等于 β；在 β 的线性无偏估计中，$\hat{\beta}$ 的方差最小。

(2) $\hat{\beta}$ 服从正态分布：

$$\hat{\beta} \sim N(\beta, \sigma^2 (X^T X)^{-1}) \tag{5-14}$$

(3) 对残差平方和 Q，$EQ = (n - m - 1)\sigma^2$，且

$$\frac{Q}{\sigma^2} \sim \chi^2 (n - m - 1) \tag{5-15}$$

由此得到 σ^2 的无偏估计：

$$s^2 = \frac{Q}{n - m - 1} = \hat{\sigma}^2 \tag{5-16}$$

s^2 是剩余方差(残差的方差)，s 是剩余标准差。

(4) 对总平方和 $S = \sum_{i=1}^{n} (y_i - \overline{y})^2$ 进行分解，有

$$S = Q + U, \quad U = \sum_{i=1}^{n} (\hat{y}_i - \overline{y})^2 \tag{5-17}$$

其中，Q 是由式(5-13)定义的残差平方和，反映随机误差对 y 的影响，U 称为回归平方和，反映自变量对 y 的影响。

3) 回归系数的假设检验与置信区间

A. F 检验

因变量 y 与自变量 $x_1, \cdots, x_m$ 之间是否存在如模型(5-4)所示的线性关系是需要检验的。显然，如果所有的 $|\hat{\beta}_j|$ $(j = 1, \cdots, m)$ 都很小，那么 y 与 $x_1, \cdots, x_m$ 的线性关系就不明显，所以可令原假设为

$$H_0 : \beta_j = 0 \quad (j = 1, \cdots, m)$$

当 H_0 成立时，由分解式(5-17)定义的 U, Q 满足

$$F = \frac{U / m}{Q / (n-m-1)} \sim F(m, n-m-1) \tag{5-18}$$

在显著性水平 α 下，有 $1-\alpha$ 分位数 $F_{1-\alpha}(m, n-m-1)$，若 $F < F_{1-\alpha}(m, n-m-1)$，接受 H_0；否则，拒绝。

注意 拒绝 H_0 只说明 y 与 $x_1, \cdots, x_m$ 的线性关系不明显，可能存在非线性关系，如平方关系。

B. R 检验

还有一些衡量 y 与 $x_1, \cdots, x_m$ 相关程度的指标，用回归平方和与总平方和的比值定义，即

$$R^2 = \frac{U}{S} \tag{5-19}$$

其中，$R \in [0,1]$ 称为相关系数，R 越大，y 与 $x_1, \cdots, x_m$ 的相关关系越密切，通常，R 大于 0.8（或 0.9）才认为相关关系成立。

C. t 检验

当上面的 H_0 被拒绝时，β_j 不全为零，但是不排除其中若干个等于零。所以应进一步作如下 m 个检验 $(j = 1, \cdots, m)$：

$$H_0^{(j)} : \beta_j = 0$$

由式(5-14)，$\hat{\beta}_j \sim N(\beta_j, \sigma^2 c_{jj})$，$c_{jj}$ 是 $(X^{\mathrm{T}} X)^{-1}$ 对角线上的元素，用 s^2 代替 σ^2，由式(5-14)~式(5-16)，当 $H_0^{(j)}$ 成立时

$$t_j = \frac{\hat{\beta}_j / \sqrt{c_{jj}}}{\sqrt{Q / (n-m-1)}} \sim t(n-m-1) \tag{5-20}$$

对给定的 α，若 $|t_j| < t_{1-\frac{\alpha}{2}}(n-m-1)$，接受 $H_0^{(j)}$；否则，拒绝。

D. 回归系数的置信区间

由式(5-20)也可用于对 β_j 作区间估计 $(j = 0, 1, \cdots, m)$，在置信水平 $1-\alpha$ 下，β_j 的置信区间为

$$\left[\hat{\beta}_j - t_{1-\frac{\alpha}{2}}(n-m-1)s\sqrt{c_{jj}}, \ \hat{\beta}_j + t_{1-\frac{\alpha}{2}}(n-m-1)s\sqrt{c_{jj}} \right] \tag{5-21}$$

其中，$s = \sqrt{\dfrac{Q}{n-m-1}}$。

4) 利用回归模型进行预测

当回归模型和系数通过检验后，可由给定的 $x_0 = (x_{01}, \cdots, x_{0m})$ 预测 y_0，y_0 是随机的，显然其预测值（点估计）为

$$\hat{y}_0 = \hat{\beta}_0 + \hat{\beta}_1 x_{01} + \cdots + \hat{\beta}_m x_{0m} \tag{5-22}$$

给定 α 可以算出 y_0 的预测区间(区间估计),结果较复杂,但当 n 较大且 x_{0i} 接近平均值 $\bar{x}_i$ 时, y_0 的预测区间可简化为

$$\left[\hat{y}_0 - u_{1-\frac{\alpha}{2}} s, \hat{y}_0 + u_{1-\frac{\alpha}{2}} s \right] \tag{5-23}$$

其中, $u_{1-\frac{\alpha}{2}}$ 是标准正态分布的 $1-\frac{\alpha}{2}$ 分位数。

对 y_0 的区间估计方法可用于给出已知数据残差 $e_i = y_i - \hat{y}_i$ $(i=1,\cdots,n)$ 的置信区间, e_i 服从均值为零的正态分布,所以若某个 e_i 的置信区间不包含零点,则认为这个数据是异常的,可予以剔除。

5)MATLAB 实现

MATLAB 统计工具箱用命令 regress 实现多元线性回归,用的方法是最小二乘法,用法是

```
b=regress(Y,X)
```

其中, Y, X 为按式(5-8)排列的数据, b 为回归系数估计值 $\hat{\beta}_0, \hat{\beta}_1, \cdots, \hat{\beta}_m$。

```
[b,bint,r,rint,stats]=regress(Y,X,alpha)
```

这里 Y, X 同上,alpha 为显著性水平(缺省时设定为 0.05), b, bint 为回归系数估计值和它们的置信区间, r, rint 为残差(向量)及其置信区间,stats 是用于检验回归模型的统计量,有三个数值,第一个是 R^2(见式(5-19)),第二个是 F(见式(5-18)),第三个是与 F 对应的概率 p, $p < \alpha$ 拒绝 H_0,回归模型成立。

残差及其置信区间可以用 rcoplot(r, rint)画图,见例 5.3。

例 5.3 合金强度 y 与其中的碳含量 x 有比较密切的关系,现从生产中收集了一批数据,如表 5-4 所示。

表 5-4　合金强度与碳含量数据

x	0.1	0.11	0.12	0.13	0.14	0.15	0.16	0.17	0.18
y/(N/mm)	42.0	41.5	45.0	45.5	45.0	47.5	49.0	55.0	50.0

试先拟合一个函数 $y(x)$,再用回归分析对它进行检验。

解 先画出散点图(图 5-4):

```
x=0.1:0.01:0.18;
y=[42,41.5,45.0,45.5,45.0,47.5,49.0,55.0,50.0];
plot(x,y,'+')
```

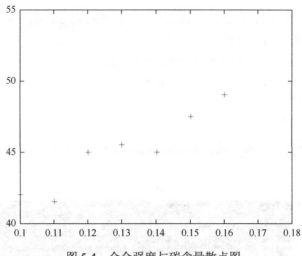

图 5-4 合金强度与碳含量散点图

可知 y 与 x 大致上为线性关系。

设回归模型为

$$y = \beta_0 + \beta_1 x \qquad (5\text{-}24)$$

用 regress 和 rcoplot 编程如下：

```
clc,clear
x1=[0.1:0.01:0.18]';
y=[42,41.5,45.0,45.5,45.0,47.5,49.0,55.0,50.0]';
x=[ones(9,1),x1];
[b,bint,r,rint,stats]=regress(y,x);
b,bint,stats,rcoplot(r,rint)
```

运行结果：

```
b=27.4722  137.5000
bint=18.6851    36.2594
      75.7755    199.2245
stats=0.7985    27.7469    0.0012    4.0883
```

即 $\hat{\beta}_0 = 27.4722$，$\hat{\beta}_1 = 137.5000$，$\hat{\beta}_0$ 的置信区间是 $[18.6851, 36.2594]$，$\hat{\beta}_1$ 的置信区间是 $[75.7755, 199.2245]$；$R^2 = 0.7985$，$F = 27.7469$，$p = 0.0012$。

可知模型 (5-24) 成立。

图 5-5 程序如下：

```
clc,clear
x1=[0.1:0.01:0.18]';
```

```
y=[42,41.5,45.0,45.5,45.0,47.5,49.0,55.0,50.0]';
x=[ones(9,1),x1];
[b,bint,r,rint,stats]=regress(y,x);
b,bint,stats,rcoplot(r,rint)
xlabel('箱号');
ylabel('残差');
title('残差格序图');
```

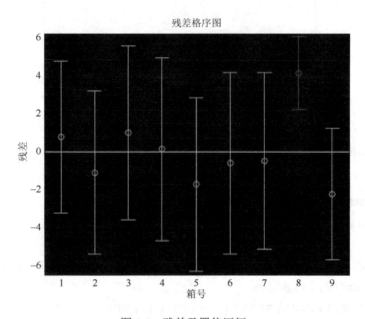

图 5-5　残差及置信区间

观察命令 rcoplot(r，rint)所画的残差分布，除第 8 个数据外其余残差的置信区间均包含零点，第 8 个点应视为异常点，将其剔除后重新计算，可得

```
b=30.7820        109.3985
bint=26.2805     35.2834
      76.9014    141.8955
stats=0.9188     67.8534      0.0002
```

采用修改后的这个结果得回归模型为 $y = 31 + 109x$。

例 5.4　某厂生产的一种电器的销售量 y 与竞争对手的价格 x_1 和本厂的价格 x_2 有关。表 5-5 是该商品在 10 个城市的销售记录。

表 5-5 某 10 个城市的电器销售记录

x_1/元	120	140	190	130	155	175	125	145	180	150
x_2/元	100	110	90	150	210	150	250	270	300	250
y/台	102	100	120	77	46	93	26	69	65	85

试根据这些数据建立 y 与 x_1 和 x_2 的关系式，对得到的模型和系数进行检验。若某市本厂产品售价为 160(元)，竞争对手售价为 170(元)，预测商品在该市的销售量。

解 分别画出 y 关于 x_1 和 y 关于 x_2 的散点图(图 5-6)，可以看出 y 与 x_2 有较明显的线性关系，而 y 与 x_1 之间的关系则难以确定，我们将作几种尝试，用统计分析决定优劣。

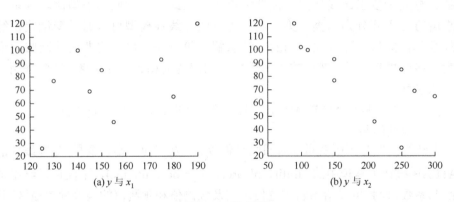

(a) y 与 x_1 (b) y 与 x_2

图 5-6 散点图

设回归模型为

$$y = \beta_0 + \beta_1 x_1 + \beta_2 x_2 \tag{5-25}$$

编写如下程序：

```
x1=[120,140,190,130,155,175,125,145,180,150]';
x2=[100,110,90,150,210,150,250,270,300,250]';
y=[102,100,120,77,46,93,26,69,65,85]';
x=[ones(10,1),x1,x2];
[b,bint,r,rint,stats]=regress(y,x);
b,bint,stats
```

运行结果：

        b=66.5176   0.4139   -0.2698

```
bint=-32.5060   165.5411
        -0.2018     1.0296
        -0.4611    -0.0785
stats=0.6527   6.5786      0.0247      351.0445
```

可以看出结果不是太好：$p = 0.0247$，取 $\alpha = 0.05$ 时回归模型 (5-25) 可用，但取 $\alpha = 0.01$ 时模型不能用；$R^2 = 0.6527$ 较小；$\hat{\beta}_0, \hat{\beta}_1$ 的置信区间包含了零点。

3. 非线性回归和逐步回归

在很多实际问题中，从统计数据的散点图或从机理分析判断，两个变量之间的关系并不是线性关系，而是非线性关系。要描述这种非线性关系，就需要对这两个变量建立非线性回归模型。由于非线性回归模型的类型有无穷多种，而且求解的计算复杂度也比线性回归模型大得多，因此非线性回归模型比较复杂。它的求解方法主要分为两类：第一类是有一些非线性模型可以通过变量代换等方法线性化，然后按照线性回归的方法求解；第二类是可以将非线性回归模型转化为非线性规划问题，然后按照非线性规划问题的相关算法求解。通常采用第一类方法求解。

下面介绍怎样用 MATLAB 统计工具箱实现非线性回归和逐步回归。

1) 非线性回归

非线性回归是指因变量 y 对回归系数 $\beta_1, \cdots, \beta_m$（而不是自变量）是非线性的。MATLAB 统计工具箱中的 nlinfit、nlparci、nlpredci、nlintool，不仅可以给出拟合的回归系数，而且可以给出它的置信区间及预测值和预测值的显著性置信区间等。下面通过例题说明这些命令的用法。

例 5.5 出钢时所用的盛钢水的钢包，由于钢水对耐火材料的侵蚀，容积不断增大。我们希望得到使用次数与增大容积之间的关系。对一钢包作实验，测得的数据列于表 5-6。数据散点图见图 5-7。

表 5-6 使用次数与增大容积数据

使用次数	增大容积/m³	使用次数	增大容积/m³
2	6.42	10	10.49
3	8.20	11	10.59
4	9.58	12	10.60
5	9.50	13	10.80
6	9.70	14	10.60
7	10.00	15	10.90
8	9.93	16	10.76
9	9.99		

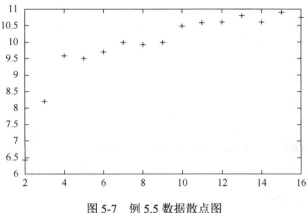

图 5-7　例 5.5 数据散点图

此即非线性回归或曲线回归问题。

(1)假设非线性模型 $y = a\mathrm{e}^{\frac{b}{x}}$，建立 M 文件 volum.m 如下：

```
function yhat=volum(beta,x)
yhat=beta(1)*exp(beta(2)./x);
```

(2)输入数据：

```
x=2:1:16;
y=[6.42,8.20,9.58,9.5,9.7,10,9.93,9.99,10.49,10.59,10.60,
    10.80,10.60,10.90,10.76];
beta0=[8 2]';
```

(3)求回归系数：

```
[beta,r,J]=nlinfit(x',y','volum',beta0)
            beta
```

运行结果：

```
beta=11.6037
     -1.0641
```

即得回归模型：$y = 11.6037\mathrm{e}^{\frac{1.0641}{x}}$。

(4)预测：

```
[Y,delta]=nlpredci('volum',x,beta,r,J)%求 nlinfit 所得的
```
回归函数在 x 处的预测值 Y 及预测值的显著性为 1-alpha 的置信区间 Y±delta

```
    plot(x,y,'k+',x,Y,'r')
```

运行结果：

```
Y=
```

6.8159

8.1385

8.8932

9.3792

9.7179

9.9672

10.1584

10.3097

10.4323

10.5337

10.6190

10.6917

10.7544

10.8090

10.8570

delta=

0.3957

0.2751

0.2033

0.1650

0.1483

0.1447

0.1478

0.1539

0.1611

0.1684

0.1753

0.1819

0.1879

0.1934

0.1984

图 5-8 中实线为非线性回归的拟合曲线与图 5-7 的散点图对比。以上结果说明非线性回归模型 $y = 11.6037 e^{\frac{1.0641}{x}}$ 效果良好。

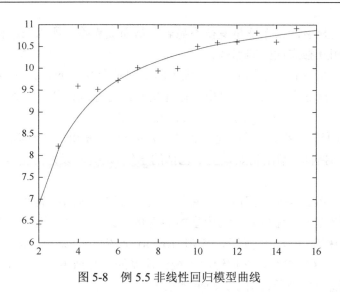

图 5-8 例 5.5 非线性回归模型曲线

2) 逐步回归

实际问题中影响因变量的因素可能很多，我们希望从中挑选出影响显著的自变量来建立回归模型，这就涉及变量选择的问题，逐步回归是一种从众多变量中有效地选择重要变量的方法。以下只讨论线性回归模型式(5-4)的情况。

变量选择的标准，简单地说就是所有对因变量影响显著的变量都应选入模型，而影响不显著的变量都不应选入模型，从便于应用的角度，应使模型中的变量个数尽可能少。

若候选的自变量集合为 $S = \{x_1, \cdots, x_m\}$，从中选出一个子集 $S_1 \subset S$，设 S_1 中有 l 个自变量 $(l=1, \cdots, m)$，由 S_1 和因变量 y 构造的回归模型的误差平方和为 Q，则模型的剩余标准差的平方 $S^2 = \dfrac{Q}{n-l-1}$，n 为数据样本容量。所选子集 S_1 应使 S 尽量小，通常回归模型中包含的自变量越多，误差平方和 Q 越小，但若模型中包含有对 y 影响很小的变量，那么 Q 不会由于包含这些变量而减少多少，却会因 l 的增加可能使 S 增大，同时这些对 y 影响不显著的变量也会影响模型的稳定性，因此可将剩余标准差 S 最小作为衡量变量选择的一个数量标准。

逐步回归是实现变量选择的一种方法，基本思路为：先确定一初始子集，然后每次从子集外影响显著的变量中引入一个对 y 影响最大的，再对原来子集中的变量进行检验，从变得不显著的变量中剔除一个影响最小的，直到不能引入和剔除为止。使用逐步回归有两点值得注意：一是要适当地选定引入变量的显著性水平 α_{in} 和剔除变量的显著性水平 α_{out}，显然，α_{in} 越大，引入的变量越多；α_{out} 越大，剔除的变量越少；二是由于各个变量之间的相关性，一个新的变量引入后，会使原来认为显著的某个变量变得不显著，从而被剔除，所以在最初选择变量时应尽量选择相互独立性强的那些。

在MATLAB统计工具箱中用作逐步回归的是命令stepwise，它提供了一个交互式画面，通过这个工具可以自由地选择变量，进行统计分析，其通常用法是

$$stepwise(x,y,inmodel,alpha)$$

其中，x是自变量数据，y是因变量数据，分别为$n×m$和$n×1$矩阵，inmodel是矩阵x的列数的指标，给出初始模型中包括的子集(缺省时设定为空)，alpha为显著性水平。

Stepwise Regression 窗口显示回归系数、其置信区间和其他一些统计量的信息。在电脑操作中，蓝色表明在模型中的变量，红色表明从模型中移去的变量。在这个窗口中有 Export 按钮，单击 Export 产生一个菜单，表明了要传送给MATLAB工作区的参数，它们给出了统计计算的一些结果。

下面通过一个例子说明 stepwise 的用法。

例 5.6 水泥凝固时放出的热量 y 与水泥中的 4 种化学成分 x_1, x_2, x_3, x_4 有关，今测得一组数据如下，试用逐步回归来确定一个线性模型。

序号	x_1	x_2	x_3	x_4	y
1	7	26	6	60	78.5
2	1	29	15	52	74.3
3	11	56	8	20	104.3
4	11	31	8	47	87.6
5	7	52	6	33	95.9
6	11	55	9	22	109.2
7	3	71	17	6	102.7
8	1	31	22	44	72.5
9	2	54	18	22	93.1
10	21	47	4	26	115.9
11	1	40	23	34	83.8
12	11	66	9	12	113.3
13	10	68	8	12	109.4

编写程序如下：

```
clc,clear
x0=[1      7     26     6     60     78.5
    2      1     29     15    52     74.3
    3      11    56     8     20     104.3
    4      11    31     8     47     87.6
```

```
5        7       52       6       33       95.9
6        11      55       9       22       109.2
7        3       71       17      6        102.7
8        1       31       22      44       72.5
9        2       54       18      22       93.1
10       21      47       4       26       115.9
11       1       40       23      34       83.8
12       11      66       9       12       113.3
13       10      68       8       12       109.4];
x=x0(:,2:5);
y=x0(:,6);
stepwise(x,y,[1:4])
```

得到如下图形界面(图 5-9)：

可以看出，x_3, x_4 不显著，移去这两个变量后的统计结果如图 5-10 所示。在电脑操作中，x_3, x_4 两行用红色显示，表明它们已移去。

从新的统计结果可以看出，虽然剩余标准差 S(RMSE)没有太大的变化，但是统计量 F 的值明显增大，因此新的回归模型更好一些。可以求出最终的模型为

$$y = 52.5773 + 1.4683x_1 + 0.6623x_2$$

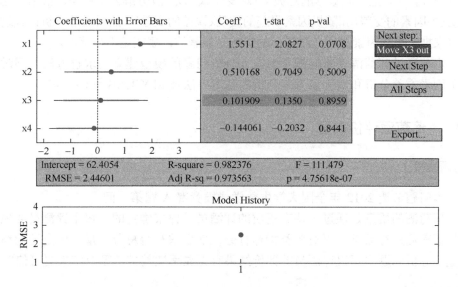

图 5-9　Stepwise Regression 窗口显示信息

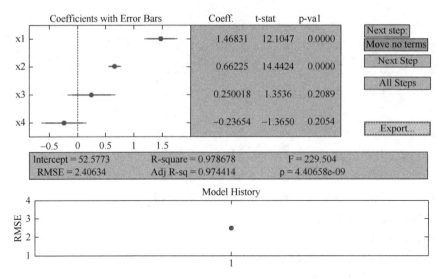

图 5-10 移去 x_3, x_4 后的 Stepwise Regression 窗口显示信息

5.2 方 差 分 析

方差分析是分析试验(或观测)数据的一种统计方法。在工农业生产和科学研究中，经常要分析各种因素及因素之间的交互作用对研究对象某些指标值的影响。在方差分析中，把试验数据的总波动(总变差或总方差)分解为由所考虑因素引起的波动(各因素的变差)和随机因素引起的波动(误差的变差)，然后通过分析比较这些变差来推断哪些因素对所考察指标的影响是显著的，哪些是不显著的。

本节通过葡萄酒评价问题了解方差分析问题的模型建立与求解方法，同时掌握单因素方差分析和双因素方差分析的基本方法及 MATLAB 软件求解。

5.2.1 葡萄酒评价问题

【问题背景】

本问题节选 2012 年全国大学生数学建模竞赛 A 题第一问。

葡萄酒的质量是通过一些有资质的评酒员品评来确定的。每个评酒员要先对样品葡萄酒进行品尝，再对各类指标打分，然后求和得总分，最后确定葡萄酒的质量。分析问题中两组评酒员的评价结果有无显著性差异，哪组结果更可信？

【模型假设】

假设呈给评酒员的酒样品没有出错，品酒过程中无突发事件发生。

【符号说明】

符号说明见表 5-7。

表 5-7　符号说明

序号	符号	符号的意义
1	p	anova1 命令的返回值
2	$a_{1i}(i=1,2,3,\cdots,27)$	第一组 10 位评酒员对红葡萄酒样品的总评分
3	$a_{2i}(i=1,2,3,\cdots,27)$	第二组 10 位评酒员对红葡萄酒样品的总评分
4	$S_{1i}(i=1,2,3,\cdots,27)$	第一组每位评酒员的评分方差
5	$S_{2i}(i=1,2,3,\cdots,27)$	第二组每位评酒员的评分方差

【问题分析】

由于所给数据存在错误，需要剔除出给定数据中明显错误的数据，以真实地反映出两组评酒员的差异及可信度问题。由于数据量较大，需要通过求各组评酒员对酒样品的总评分，然后对数据进行整合、简化。

对于两组评酒员的评价结果有无显著性差异的问题，因为影响因素只有组数，拟建立单因素方差分析模型，用 MATLAB 软件中的 anova1 命令来处理此均衡数据，得到返回值 p，来评价两组评酒员的评分有无显著性差异。

对于哪组结果更可信问题，通过组内成员的打分在均值周围的波动情况判断，拟建立方差分析模型，编写 MATLAB 程序来解决。通过计算第一、二组对红、白葡萄酒样品评分的方差和，比较得出方差和小的那一组结果更可信。

具体数据处理办法：

首先，第一组红葡萄酒品尝评分表中，4 号评酒员对 20 号酒样品的色调未作评价，将此 20 号酒样品的色调数据剔除出去。第一组白葡萄酒品尝评分表中，6 号评酒员对 3 号酒样持久性打分超过满分，9 号评酒员对 8 号酒样持久性打分超过满分，所以剔除数据。

然后，求出第一组中每位评酒员对每个红葡萄酒样品的评分总和，将每个评酒员的评分总和相加，再取平均值，这样就得到了评酒员对每个红葡萄酒样品的平均分。同理求得第二组中评酒员对每个红葡萄酒样品的平均分。将红葡萄酒样品按序号排列，整理得到一、二组红葡萄酒平均分表格，见表 5-8。用同样的方法处理白葡萄酒样品的评分表，得到一、二组白葡萄酒平均分表格，见表 5-9。

表 5-8　红葡萄酒样品的平均分

样品酒代号	1	2	3	4	5	6	7
第一组红	62.7	80.3	80.4	68.6	73.3	72.2	71.5
第二组红	68.1	74	74.6	71.2	72.1	66.3	65.3
样品酒代号	8	9	10	11	12	13	14
第一组红	72.3	81.5	74.2	70.1	53.9	74.6	73
第二组红	66	78.2	68.8	61.6	68.3	68.8	72.6
样品酒代号	15	16	17	18	19	20	21
第一组红	58.7	74.9	79.3	60.1	78.6	79.222	77.1
第二组红	65.7	69.9	74.5	65.4	72.6	75.8	72.2
样品酒代号	22	23	24	25	26	27	
第一组红	77.2	85.6	78	69.2	73.8	73	
第二组红	71.6	77.1	71.5	68.2	72	71.5	

表 5-9　白葡萄酒样品的平均分

样品酒代号	1	2	3	4	5	6	7
第一组白	82	74.2	85.3	79.4	71	68.4	77.5
第二组白	77.9	75.8	75.6	76.9	81.5	75.5	74.2
样品酒代号	8	9	10	11	12	13	14
第一组白	71.4	72.9	74.3	72.3	63.3	65.9	72
第二组白	72.3	80.4	79.8	71.4	72.4	73.9	77.1
样品酒代号	15	16	17	18	19	20	21
第一组白	72.4	74	78.8	73.1	72.2	77.8	76.4
第二组白	78.4	67.3	80.3	76.7	76.4	76.6	79.2
样品酒代号	22	23	24	25	26	27	28
第一组白	71	75.9	73	77.1	81.3	64.8	81.3
第二组白	79.4	77.4	76.1	79.5	74.3	77	79.6

【模型的建立与求解】

1. 利用单因素方差分析建立模型求解显著性差异问题

对于两组评酒员的评价结果有无显著性差异的问题，只考虑一个因素 A(不同组)对红、白葡萄酒质量评价的影响，可以通过建立两个单因素方差分析模型分别得出。先看红葡萄酒，单因素 A 取两个水平 A_1，A_2(即第一组和第二组)，在水平 A_i 下总体 x_i 服从正态分布 $N(\mu_i,\sigma^2)$，$i=1,2$，μ_i，σ^2 未知，μ_i 可以不同，但假定 x_i 有相同的方差。

又设在每个水平 A_i 下作了 27 次独立试验(即 27 个红葡萄酒样品)，试验过程中除 A 外其他影响指标的因素都保持不变。将这些数据列成表 5-10 形式。

表 5-10　单因素分析表

A_1	x_{11}	x_{12}	$\cdots$	x_{127}
A_2	x_{21}	x_{22}	$\cdots$	x_{227}

其中，x_{ij} 为第 i 组第 j 次独立试验。

判断 A 的两个水平对评分有无显著影响，相当于要作以下假设检验。

$$H_0:\mu_1=\mu_2;\quad H_1:\ \mu_1\neq\mu_2$$

由于 x_{ij} 的取值受 A_i 与随机因素 ε_{ij} 的影响，所以需要将其分解

$$x_{ij}=\mu_i+\varepsilon_{ij},\quad i=1,2,\ j=1,2,\cdots,27 \tag{5-26}$$

其中，$\varepsilon_{ij}\sim N(0,\sigma^2)$，且相互独立。记 μ 为红葡萄酒样品得分的总均值，α_i 为水平 A_i 对评分的效应，则

$$\mu=\frac{1}{n}\sum_{i=1}^{2}n_i\mu_i,\quad n=\sum_{i=1}^{2}n_i,\quad \alpha_i=\mu_i-\mu,\quad i=1,2 \tag{5-27}$$

由式(5-26)，式(5-27)可将模型表示为

$$\begin{cases} x_{ij}=\mu+\alpha_i+\varepsilon_{ij} \\ \sum_{i=1}^{2}\alpha_i=0 \\ \varepsilon_{ij}\sim N(0,\sigma^2),\quad i=1,2,j=1,2,\cdots,n_i \end{cases}$$

原假设为

$$H_0:\alpha_1=\alpha_2=0$$

取 $\alpha=0.01$，拒绝 H_0，称因素 A 的影响非常显著；取 $\alpha=0.01$，不拒绝 H_0，但取 $\alpha=0.05$，拒绝 H_0，称因素 A 的影响显著；取 $\alpha=0.05$，不拒绝 H_0，称因素 A 无显著影响。

此模型我们用 MATLAB 统计工具箱中的单因素方差分析的 anova1 命令来求解。本题的数据为均衡数据，处理方法为

```
p=anoval(x)
```

返回值 p 是一个概率，当 $p>\alpha$ 时接受 H_0。x 为矩阵，第一列为第一组评酒员对

每个红葡萄酒样品的平均分,第二列为第二组评酒员对该红葡萄酒样品的平均分。

MATLAB 程序如下:

```
B=S2;      %S2 为第二组评酒员对红葡萄酒样品的打分值
A=B';
for j=1:10
    for i=1:27
        m=10*i-9;
        n=10*i;
        K(j,i)=sum(A(j,m:n));
    end
end
G=K';
for i=1:27
    S(i)=var(G(i,:),1);
end
SS1=S';
SS=sum(S);
p=anova1(G);
C=[G SS1];
A=G;
for i=1:26
    H(i)=var(A(i,:),1);
end
k=sum(H);
```

由运行结果得返回值 $p = 0.1159 > \alpha = 0.05$,说明第一组与第二组评酒员对红葡萄酒的评分无显著差异。

然后,将两组中的评酒员用单因素方差分析在组内进行比较,用 MATLAB 软件中的 anova1 命令求解,程序同上。由运行结果得出第一组的返回值为 0.0006,第二组的返回值为 0,说明第一组与第二组中的 10 位评酒员的评分间均有显著差异,即两组评酒员在各项打分上都与平均值相差较大。

对白葡萄酒评分数据用同样方法处理,得到返回值为 0.0226,说明第一组与第二组对白葡萄酒的评分有显著差异。

综上,由单因素方差分析模型得出:两组在红葡萄酒的评分上无显著差异;两组在白葡萄酒的评分上存在显著差异。

2. 利用方差分析建立模型求解哪组更可信问题

为了解决哪组结果更可信的问题，建立方差分析模型如下：

记第一组 10 位评酒员对红葡萄酒样品的总评分为 $a_{1i}(i=1,2,3,\cdots,27)$；每一位评酒员的评分方差为 $S_{1i}(i=1,2,3,\cdots,27)$。

第二组 10 位评酒员对红葡萄酒样品的总评分为 $a_{2i}(i=1,2,3,\cdots,27)$；每一位评酒员的评分方差为 $S_{2i}(i=1,2,3,\cdots,27)$。

再对 S_{1i} 和 S_{2i} 中的元素分别求和，得到两组品鉴红葡萄酒的方差和。同理得出两组品鉴白葡萄酒的方差和。结果如表 5-11 所示。

表 5-11　一、二组对红、白葡萄酒样品评分的方差和

方差和	第一组	第二组
红葡萄酒样品	1410.7	821.11
白葡萄酒样品	2970.5	1411.7

由表 5-11 得：第二组对红白葡萄酒的方差和均比较小，说明第二组的结果更可信。

【模型评价与应用】

(1)优点。建立的方差分析模型，将可信度的比较转化为方差大小的比较，当评酒员组数增多时，此模型同样适用。

(2)缺点。不能得到第二组组内方差，可以再对第二组内的每个评酒员的评分做方差分析，看方差大小，进一步得出第二组内哪些评酒员更可靠。

5.2.2　单因素方差分析

某个可控因素 A 对结果的影响大小可通过如下实验来间接反映，在其他所有可控因素都保持不变的情况下，只让因素 A 变化，并观测其结果的变化，这种试验称为单因素试验。因素 A 的变化严格控制在几个不同的状态或等级上进行变化，因素 A 的每个状态或等级称为因素 A 的一个水平。

1. 数学模型

设 A 取 r 个水平 $A_1, A_2, \cdots, A_r$，在水平 A_i 下总体 x_i 服从正态分布 $N(\mu_i, \sigma^2)$，$i=1,\cdots,r$，这里 μ_i, σ^2 未知，μ_i 可以互不相同，但假定 x_i 有相同的方差。又设在每

个水平 A_i 下都作了 n 次独立试验，即从中抽取容量为 n 的样本，记作 $x_{ji}, j = 1, \cdots, n$，x_{ji} 服从 $N(\mu_i, \sigma^2)$，$i = 1, \cdots, r, j = 1, \cdots, n$，且相互独立。将这些数据列成表 5-12（单因素试验数据表）的形式。

表 5-12　单因素试验数据表

	A_1	A_2	$\cdots$	A_r
1	x_{11}	x_{12}	$\cdots$	x_{1r}
2	x_{21}	x_{22}	$\cdots$	x_{2r}
$\vdots$	$\vdots$	$\vdots$	$\vdots$	$\vdots$
n	x_{n1}	x_{n2}	$\cdots$	x_{nr}

将第 i 列称为第 i 组数据。判断 A 的 r 个水平对指标有无显著影响，相当于要作以下的假设检验。

$$H_0 : \mu_1 = \mu_2 = \cdots = \mu_r; \quad H_1 : \mu_1, \mu_2, \cdots, \mu_r \text{ 不全相等}$$

由于 x_{ji} 的取值既受不同水平 A_i 的影响，又受 A_i 固定下随机因素的影响，所以将它分解为

$$x_{ji} = \mu_i + \varepsilon_{ji}, \quad i = 1, \cdots, r, \ j = 1, \cdots, n \tag{5-28}$$

其中，$\varepsilon_{ji} \sim N(0, \sigma^2)$，且相互独立。记

$$\mu = \frac{1}{r}\sum_{i=1}^{r}\mu_i, \quad \alpha_i = \mu_i - \mu, \ i = 1, \cdots, r \tag{5-29}$$

μ 是总均值，α_i 是水平 A_i 对指标的效应。由式 (5-28)，式 (5-29) 模型可表示为

$$\begin{cases} x_{ji} = \mu + \alpha_i + \varepsilon_{ji} \\ \sum_{i=1}^{r}\alpha_i = 0 \\ \varepsilon_{ji} \sim N(0, \sigma^2), \quad i = 1, \cdots, r, \ j = 1, \cdots, n \end{cases} \tag{5-30}$$

原假设为（以后略去备选假设）

$$H_0 : \alpha_1 = \alpha_2 = \cdots = \alpha_r = 0 \tag{5-31}$$

2. 统计分析

记

$$\bar{x}_i = \frac{1}{n}\sum_{j=1}^{n}x_{ji}, \quad \bar{x} = \frac{1}{r}\sum_{i=1}^{r}\bar{x}_i = \frac{1}{rn}\sum_{i=1}^{r}\sum_{j=1}^{n}x_{ji} \tag{5-32}$$

$\overline{x}_i$ 是第 i 组数据的组平均值，$\overline{x}$ 是总平均值。考察全体数据对 $\overline{x}$ 的偏差平方和

$$S = \sum_{i=1}^{r}\sum_{j=1}^{n}(x_{ji} - \overline{x})^2 \tag{5-33}$$

经分解可得

$$S = \sum_{i=1}^{r} n(\overline{x}_i - \overline{x})^2 + \sum_{i=1}^{r}\sum_{j=1}^{n}(x_{ji} - \overline{x}_i)^2$$

记

$$S_A = \sum_{i=1}^{r} n(\overline{x}_i - \overline{x})^2 \tag{5-34}$$

$$S_E = \sum_{i=1}^{r}\sum_{j=1}^{n}(x_{ji} - \overline{x}_i)^2 \tag{5-35}$$

则

$$S = S_A + S_E \tag{5-36}$$

S_A 是各组均值对总方差的偏差平方和，称为组间平方和；S_E 是各组内的数据对均值偏差平方和的总和。S_A 反映 A 不同水平间的差异，S_E 则反映在同一水平下随机误差的大小。

对 S_E 和 S_A 作进一步分析可得

$$ES_E = r(n-1)\sigma^2 \tag{5-37}$$

$$ES_A = (r-1)\sigma^2 + \sum_{i=1}^{r} n\alpha_i^2 \tag{5-38}$$

当 H_0 成立时

$$ES_A = (r-1)\sigma^2 \tag{5-39}$$

可知若 H_0 成立，S_A 只反映随机波动，而若 H_0 不成立，则它还反映了 A 的不同水平的效应 α_i。单从数值上看，当 H_0 成立时，由式(5-37)，式(5-39)对于一次试验应有

$$\frac{S_A / (r-1)}{S_E / [r(n-1)]} \approx 1$$

而当 H_0 不成立时这个比值将远大于 1。当 H_0 成立时,该比值服从自由度 $n_1 = r - 1$,$n_2 = r(n-1)$ 的 F 分布, 即

$$F = \frac{S_A / (r-1)}{S_E / [r(n-1)]} \sim F(r-1, r(n-1)) \qquad (5\text{-}40)$$

为检验 H_0,给定显著性水平 α,记 F 分布的 $1-\alpha$ 分位数为 $F_{1-\alpha}(r-1, r(n-1))$,检验规则为

$$F < F_{1-\alpha}(r-1, r(n-1)) \text{ 时接受 } H_0, \text{ 否则拒绝}$$

以上对 S_A, S_E, S 的分析相当于对组间、组内等方差的分析,所以这种假设检验方法称方差分析。

3. 方差分析表

将试验数据按上述分析、计算的结果排成表 5-13 的形式,称为单因素方差分析表。

表 5-13 单因素方差分析表

方差来源	平方和	自由度	平方均值	F 值	概率
因素 A	S_A	$r-1$	$\bar{S}_A = \dfrac{S_A}{r-1}$	F_{1-p}	$p > \alpha$
误差	S_E	$r(n-1)$	$\bar{S}_E = \dfrac{S_E}{r(n-1)}$		
总和	S	$rn-1$			

最后一列给出的概率 $p > \alpha$ 相当于 $F < F_{1-\alpha}(r-1, r(n-1))$。

方差分析一般用的显著性水平: 取 $\alpha = 0.01$,拒绝 H_0,称因素 A 的影响(或 A 各水平的差异)非常显著;取 $\alpha = 0.01$,不拒绝 H_0,但取 $\alpha = 0.05$,拒绝 H_0,称因素 A 的影响显著;取 $\alpha = 0.05$,不拒绝 H_0,称因素 A 无显著影响。

4. MATLAB 实现

在 MATLAB 中,单因素方差分析由函数 anova1 实现。

anova1 是一个 4×6 表: Source 为方差来源, SS 为平方和, df 为自由度, MS 为均方值, F 为统计量, Prob>F 为 P 的值, Columns 为因素, Error 为误差, Total 为总和。

函数 anova1%单因素试验的方差分析, 比较两组或多组数据的均值, 返回均值相等的概率值。

格式：P=anoval(X)

P=anoval(X, group)

说明 anoval(X)为对样本 X 中的两列或多列数据进行均衡(即各组数据个数相等)的单因素方差分析，比较各列的均值。其返回值 P 表示 X 中各列的均值相等的概率值，如果该值接近于 0(即 $P<\alpha$)，则各列均值不显著。anoval(X)除了给出 P 外，还输出一个方差表和一个箱形图，箱形图反映了各组数据的特征。X 为数据矩阵，其各列为各样本值。

anoval(X, group)为处理非均衡数据(即各组数据个数不相等)，X 为数组(向量)，从第 1 组到第 r 组数据依次排列；group 为与 X 同长度的数组(向量)，标志 X 中数据的组别(在与 X 第 i 组数据相应的位置处输入整数 $i(i = 1, 2, \cdots, r)$)。

例 5.7 一位教师想要检查 3 种不同的教学方法的效果，为此随机地选取水平相当的 15 位学生。把他们分为 3 组，每组 5 人，每一组用一种方法教学，一段时间以后，这位教师给 15 位学生进行统考，成绩见表 5-14。问这 3 种教学方法的效果有没有显著差异。

表 5-14 学生统考成绩表

方法	成绩/分				
甲	75	62	71	58	73
乙	81	85	68	92	90
丙	73	79	60	75	81

调用函数： P=anoval(X)

MATLAB 编写程序如下：

```
Score=[75,81,73;62,85,79;71,68,60;58,92,75;73,90,81];
P=anoval(Score)
```

输出结果：方差分析表(图 5-11)和箱形图(图 5-12)

```
                          ANOVA Table
Source      SS      df     MS       F     Prob>F
-------------------------------------------------
Columns    604.93    2    302.467   4.26   0.0401
Error      852.8    12     71.067
Total     1457.73   14
```

图 5-11 例 5.7 输出的方差分析表

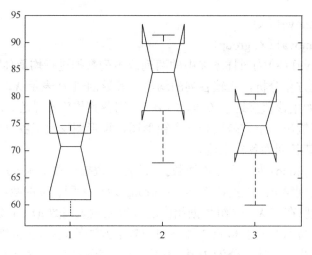

图 5-12　例 5-7 输出的箱形图

由于 p 值小于 0.05，认为 3 种教学方法存在显著差异。

例 5.8　用 4 种工艺生产灯泡，从各种工艺制成的灯泡中各抽出了若干个测量其寿命，结果如表 5-15 所示，试推断这几种工艺制成的灯泡寿命是否有显著差异。

表 5-15　四种工艺灯泡的寿命情况　　　　　　　　　（单位：h）

序号工艺	A_1	A_2	A_3	A_4
1	1620	1580	1460	1500
2	1670	1600	1540	1550
3	1700	1640	1620	1610
4	1750	1720		1680
5	1800			

解　MATLAB 编写程序如下：

```
x=[1620    1580    1460    1500
   1670    1600    1540    1550
   1700    1640    1620    1610
   1750    1720    1680    1800];
x=[x(1:4),x(16),x(5:8),x(9:11),x(12:15)];
g=[ones(1,5),2*ones(1,4),3*ones(1,3),4*ones(1,4)];
p=anova1(x,g)
```

输出结果：方差分析表(图 5-13)和箱形图(图 5-14)

ANOVA Table

Source	SS	df	MS	F	Prob>F
Groups	62820	3	20940	4.06	0.0331
Error	61880	12	5156.67		
Total	124700	15			

图 5-13　例 5.8 输出的方差分析表

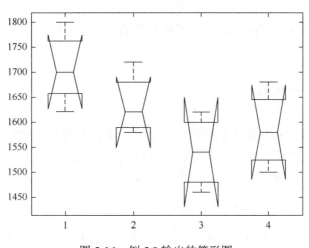

图 5-14　例 5.8 输出的箱形图

因此，求得 $0.01 < P = 0.0331 < 0.05$，所以几种工艺制成的灯泡寿命有显著差异。

5. 多重比较

在灯泡寿命问题中，为了确定哪几种工艺制成的灯泡寿命有显著差异，先算出各组数据的均值(表 5-16)。

表 5-16　4 种工艺灯泡均值表

工艺	A_1	A_2	A_3	A_4
均值	1708	1635	1540	1585

虽然 A_1 的均值最大，但要判断它与其他几种有显著差异，尚需作两个总体均值的假设检验。用 ttest2 检验的结果如表 5-17 所示。

表 5-17　两个总体均值假设检验结果

原假设	$\mu_1 = \mu_2$	$\mu_1 = \mu_3$	$\mu_1 = \mu_4$
h	0	1	1
p	0.1459	0.0202	0.0408

即 A_1 与 A_3，A_4 有显著差异 $(\alpha = 0.05)$，但与 A_2 无显著差异，要想进一步比较优劣，应增加试验数据。

以上作的几个两总体均值的假设检验，是多重比较的一部分。一般多重比较要对所有 r 个总体作两两对比，分析相互间的差异。根据问题的具体情况可以减少对比次数。

5.2.3　双因素方差分析

如果要考虑两个因素 A, B 对指标的影响，A, B 各划分几个水平，对每一个水平组合作若干次试验，对所得数据进行方差分析，检验两因素是否分别对指标有显著影响，或者还要进一步检验两因素是否对指标有显著的交互影响。

1. 数学模型

设 A 取 r 个水平 $A_1, A_2, \cdots, A_r$，B 取 s 个水平 $B_1, B_2, \cdots, B_s$，在水平组合 (A_j, B_i) 下总体 x_{ij} 服从正态分布 $N(\mu_{ij}, \sigma^2)$，$i = 1, \cdots, s$，$j = 1, \cdots, r$。又设在水平组合 (A_j, B_i) 下作了 t 个试验，所得结果记作 x_{ijk}，x_{ijk} 服从 $N(\mu_{ij}, \sigma^2)$，$i = 1, \cdots, s$，$j = 1, \cdots, r$，$k = 1, \cdots, t$，且相互独立。将这些数据列成表 5-18 的形式。

表 5-18　双因素方差分析表

	A_1	A_2	$\cdots$	A_r
B_1	$x_{111} \cdots x_{11t}$	$x_{121} \cdots x_{12t}$	$\cdots$	$x_{1r1} \cdots x_{1rt}$
B_2	$x_{211} \cdots x_{21t}$	$x_{221} \cdots x_{22t}$	$\cdots$	$x_{2r1} \cdots x_{2rt}$
$\vdots$	$\vdots$	$\vdots$		$\vdots$
B_s	$x_{s11} \cdots x_{s1t}$	$x_{s21} \cdots x_{s2t}$	$\cdots$	$x_{sr1} \cdots x_{srt}$

将 x_{ijk} 分解为

$$x_{ijk} = \mu_{ij} + \varepsilon_{ijk}, \quad i = 1, \cdots, s, \ j = 1, \cdots, r, \ k = 1, \cdots, t \tag{5-41}$$

其中，$\varepsilon_{ijk} \sim N(0, \sigma^2)$，且相互独立。记

$$\mu = \frac{1}{rs}\sum_{i=1}^{s}\sum_{j=1}^{r}\mu_{ij}, \quad \mu_{i\cdot} = \frac{1}{r}\sum_{j=1}^{r}\mu_{ij}, \quad \beta_i = \mu_{i\cdot} - \mu$$

$$\mu_{\cdot j} = \frac{1}{s}\sum_{i=1}^{s}\mu_{ij}, \quad \alpha_j = \mu_{\cdot j} - \mu, \quad \gamma_{ij} = \mu_{ij} - \mu - \alpha_j - \beta_i \tag{5-42}$$

μ 是总均值，α_j 是水平 A_j 对指标的效应，β_i 是水平 B_i 对指标的效应，γ_{ij} 是水平 A_j 与 B_i 对指标的交互效应。模型为

$$\begin{cases} x_{ijk} = \mu + \alpha_i + \beta_j + \gamma_{ij} + \varepsilon_{ijk} \\ \sum_{j=1}^{r}\alpha_j = 0, \sum_{i=1}^{s}\beta_i = 0, \sum_{i=1}^{s}\gamma_{ij} = \sum_{j=1}^{r}\gamma_{ij} = 0 \\ \varepsilon_{ijk} \sim N(0,\sigma^2), \quad i=1,\cdots,s, j=1,\cdots,r, k=1,\cdots,t \end{cases} \tag{5-43}$$

原假设为

$$H_{01}: \alpha_j = 0 \quad (j=1,\cdots,r)$$
$$H_{02}: \beta_i = 0 \quad (i=1,\cdots,s)$$
$$H_{03}: \gamma_{ij} = 0 \quad (i=1,\cdots,s, j=1,\cdots,r)$$

2. 无交互影响的双因素方差分析

如果根据经验或某种分析能够事先判定两因素之间没有交互影响，那么每组试验就不必重复，即可令 $t=1$，过程大为简化。

3. MATLAB 实现

统计工具箱中用 anova2 作双因素方差分析。命令为

```
p=anova2(x,reps)
```

其中，x 不同列中的数据表示单一因素的变化情况，不同行中的数据表示另一因素的变化情况。如果每种行-列对（"单元"）有不止一个的观测值，则用参数 reps 来表明每个"单元"多个观测值的不同标号，即 reps 给出重复试验的次数 t。下面的矩阵中，列因素有三种水平，行因素有两种水平，但每组水平有两组样本，相应地用下标来标识。

$$\begin{bmatrix} x_{111} & x_{121} & x_{131} \\ x_{112} & x_{122} & x_{132} \\ x_{211} & x_{221} & x_{231} \\ x_{212} & x_{222} & x_{232} \end{bmatrix}$$

例 5.9 一火箭使用了 4 种燃料，3 种推进器作射程试验，每种燃料与每种推进器的组合各发射火箭两次，测得结果如表 5-19 所示。

表 5-19　燃料与推进器不同组合测得的火箭射程　　　　（单位：nmile）

燃料 A	推进器 B		
	B_1	B_2	B_3
A_1	58.2000 52.6000	56.2000 41.2000	65.3000 60.8000
A_2	49.1000 42.8000	54.1000 50.5000	51.6000 48.4000
A_3	60.1000 58.3000	70.9000 73.2000	39.2000 40.7000
A_4	75.8000 71.5000	58.2000 51.0000	48.7000 41.4000

考察推进器和燃料这两个因素对射程是否有显著的影响。

解　在 MATLAB 中应用 anova2 函数来解决此问题。

```
X=[58.2000  56.2000  65.3000
   52.6000  41.2000  60.8000
   49.1000  54.1000  51.6000
   42.8000  50.5000  48.4000
   60.1000  70.9000  39.2000
   58.3000  73.2000  40.7000
   75.8000  58.2000  48.7000
   71.5000  51.0000  41.4000];
p=anova2(X,2)
```

输出：

```
p=0.0035   0.0260    0.0001
```

由图 5-15 结果可知，各试验均值相等的概率都是小概率，故可拒绝概率相等假设，即认为不同燃料或不同推进器下的射程有显著差异。也就是说，燃料和推进器对射程的影响都是显著的。

ANOVA Table

```
Source        SS       df    MS       F      Prob>F
-----------------------------------------------------
Columns      370.98     2   185.49    9.39   0.0035
Rows         261.68     3    87.225   4.42   0.026
Interaction 1768.69     6   294.782  14.93   0.0001
Error        236.95    12    19.746
Total       2638.3     23
```

图 5-15　例 5.9 输出的方差分析表

5.3　聚 类 分 析

在生产实际中经常遇到给产品等级进行分类的问题,如一等品、二等品等,在生物学中,要根据生物的特征进行分类;在考古时要对古生物化石进行科学分类;在球类比赛中经常要对各球队进行分组确定种子队,这些问题就是聚类分析问题。随着科学技术的发展,我们利用已知数据首先提取数据特征,然后借助计算机依据这些特征进行分类,聚类的依据在于各类别之间的接近程度如何计量,通常采取距离与相似系数进行衡量。

设有 n 个样品的 p 元观测数据组成一个数据矩阵

$$X = \begin{bmatrix} x_{11} & x_{12} & \cdots & x_{1p} \\ x_{21} & x_{22} & \cdots & x_{2p} \\ \vdots & \vdots & & \vdots \\ x_{n1} & x_{n2} & \cdots & x_{np} \end{bmatrix}$$

其中,每一行表示一个样品,每一列表示一个指标,x_{ij} 表示第 i 个样品关于第 j 项指标的观测值,聚类分析的基本思想就是在样品之间定义距离,在指标之间定义相似系数,样品之间的距离表明样品之间的相似度,指标之间的相似系数刻画指标之间的相似度。将样品(或变量)按相似度的大小逐一归类,关系密切的聚集到较小的一类,关系疏远的聚集到较大的一类。

聚类分析根据分类对象的不同可分为两种类型:一种是对样品的分类,称为 Q 型,另一种是对变量(指标)的分类,称为 R 型。

R 型聚类分析的主要作用:

(1)不但可以了解个别变量之间的亲疏程度,而且可以了解各个变量组合之间的亲疏程度。

(2)根据变量的分类结果以及它们之间的关系,可以选择主要变量进行 Q 型聚类分析或回归分析(R_2 为选择标准)。

Q 型聚类分析的主要作用:

(1)可以综合利用多个变量的信息对样本进行分析。

(2)分类结果直观,聚类谱系图清楚地表现数值分类结果。

(3)聚类分析所得到的结果比传统分类方法更细致、全面、合理。

本节通过高等教育发展状况问题了解聚类分析模型的建立与求解方法,同时掌握系统聚类和动态聚类的基本方法及 MATLAB 软件求解。

5.3.1　高等教育发展状况问题

【问题背景】

　　近年来，我国普通高等教育得到了迅速发展，为国家培养了大批人才。但由于我国各地区经济发展水平不均衡，加之高等院校原有布局，所以各地区高等教育发展的起点不一致，因而各地区普通高等教育的发展水平存在一定的差异，不同的地区具有不同的特点。对我国各地区普通高等教育的发展状况进行聚类分析，明确各类地区普通高等教育发展状况的差异与特点，有利于管理和决策部门从宏观上把握我国普通高等教育的整体发展现状，分类制定相关政策，更好地指导和规划我国高等教育事业的整体健康发展。

　　数据资料：

　　指标的原始数据取自中国统计年鉴(1995 年)和中国教育统计年鉴(1995 年)，用它们除以各地区相应的人口数得到十项指标值，见表 5-20。其中，x_1 为每百万人口高等院校数；x_2 为每十万人口高等院校毕业生数；x_3 为每十万人口高等院校招生数；x_4 为每十万人口高等院校在校生数；x_5 为每十万人口高等院校教职工数；x_6 为每十万人口高等院校专职教师数；x_7 为高级职称占专职教师的比例；x_8 为平均每所高等院校的在校生数；x_9 为国家财政预算内普通高等教育经费占国内生产总值的比例；x_{10} 为生均教育经费。

表 5-20　我国部分地区普通高等教育发展状况数据

地区	x_1	x_2	x_3	x_4	x_5	x_6	x_7	x_8	x_9	x_{10}
1 北京	5.96	310	461	1557	931	319	44.36	2615	2.20	13631
2 上海	3.39	234	308	1035	498	161	35.02	3052	0.90	12665
3 天津	2.35	157	229	713	295	109	38.40	3031	0.86	9385
4 陕西	1.35	81	111	364	150	58	30.45	2699	1.22	7881
5 辽宁	1.50	88	128	421	144	58	34.30	2808	0.54	7733
6 吉林	1.67	86	120	370	153	58	33.53	2215	0.76	7480
7 黑龙江	1.17	63	93	296	117	44	35.22	2528	0.58	8570
8 湖北	1.05	67	92	297	115	43	32.89	2835	0.66	7262
9 江苏	0.95	64	94	287	102	39	31.54	3008	0.39	7786
10 广东	0.69	39	71	205	61	24	34.50	2988	0.37	11355
11 四川	0.56	40	57	177	61	23	32.62	3149	0.55	7693
12 山东	0.57	58	64	181	57	22	32.95	3202	0.28	6805

续表

地区	x_1	x_2	x_3	x_4	x_5	x_6	x_7	x_8	x_9	x_{10}
13 甘肃	0.71	42	62	190	66	26	28.13	2657	0.73	7282
14 湖南	0.74	42	61	194	61	24	33.06	2618	0.47	6477
15 浙江	0.86	42	71	204	66	26	29.94	2363	0.25	7704
16 新疆	1.29	47	73	265	114	46	25.93	2060	0.37	5719
17 福建	1.04	53	71	218	63	26	29.01	2099	0.29	7106
18 山西	0.85	53	65	218	76	30	25.63	2555	0.43	5580
19 河北	0.81	43	66	188	61	23	29.82	2313	0.31	5704
20 安徽	0.59	35	47	146	46	20	32.83	2488	0.33	5628
21 云南	0.66	36	40	130	44	19	28.55	1974	0.48	9106
22 江西	0.77	43	63	194	67	23	28.81	2515	0.34	4085
23 海南	0.70	33	51	165	47	18	27.34	2344	0.28	7928
24 内蒙古	0.84	43	48	171	65	29	27.65	2032	0.32	5581
25 西藏	1.69	26	45	137	75	33	12.10	810	1.00	14199
26 河南	0.55	32	46	130	44	17	28.41	2341	0.30	5714
27 广西	0.60	28	43	129	39	17	31.93	2146	0.24	5139
28 宁夏	1.39	48	62	208	77	34	22.70	1500	0.42	5377
29 贵州	0.64	23	32	93	37	16	28.12	1469	0.34	5415
30 青海	1.48	38	46	151	63	30	17.87	1024	0.38	7368

【问题分析】

建立综合评价指标体系：

高等教育是依赖高等院校进行的，高等教育的发展状况主要体现在高等院校的相关方面。遵循可比性原则，从高等教育的五个方面选取十项评价指标，具体如图 5-16 所示。

【模型的建立与求解】

1. R 型聚类分析

定性考察反映高等教育发展状况的五个方面十项评价指标，可以看出，某些指标之间可能存在较强的相关性。比如每十万人口高等院校毕业生数、每十万人口高等院校招生数与每十万人口高等院校在校生数之间可能存在较强的相关性，每十万人口高等院校教职工数和每十万人口高等院校专职教师数之间可能存在较

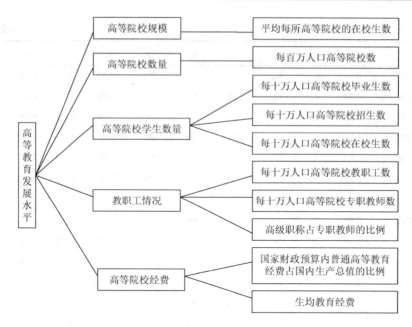

图 5-16　高等教育的十项评价指标

强的相关性。为了验证这种想法，运用 MATLAB 软件计算十个指标之间的相关系数，相关系数矩阵为

R=[1.0000　0.9434　0.9528　0.9591　0.9746　0.9798　0.4065　0.0663　0.8680　0.6609

　　　0.9434　1.0000　0.9946　0.9946　0.9743　0.9702　0.6136　0.3500　0.8039　0.5998

　　　0.9528　0.9946　1.0000　0.9987　0.9831　0.9807　0.6261　0.3445　0.8231　0.6171

　　　0.9591　0.9946　0.9987　1.0000　0.9878　0.9856　0.6096　0.3256　0.8276　0.6124

　　　0.9746　0.9743　0.9831　0.9878　1.0000　0.9986　0.5599　0.2411　0.8590　0.6174

　　　0.9798　0.9702　0.9807　0.9856　0.9986　1.0000　0.5500　0.2222　0.8691　0.6164

　　　0.4065　0.6136　0.6261　0.6096　0.5599　0.5500　1.0000　0.7789　0.3655　0.1510

　　　0.0663　0.3500　0.3445　0.3256　0.2411　0.2222　0.7789　1.0000　0.1122　0.0482

　　　0.8680　0.8039　0.8231　0.8276　0.8590　0.8691　0.3655　0.1122　1.0000　0.6833

　　　0.6609　0.5998　0.6171　0.6124　0.6174　0.6164　0.1510　0.0482　0.6833　1.0000]

　　可以看出某些指标之间确实存在很强的相关性，因此可以考虑从这些指标中选取几个有代表性的进行聚类分析。为此，把十个指标根据其相关性进行 R 型聚类，再从每个类中选取有代表性的指标。首先对每个变量（指标）的数据分别进行标准化处理。

　　变量间相近性度量采用相关系数，类间相近性度量的计算选用类平均法。聚类树型见图 5-17。

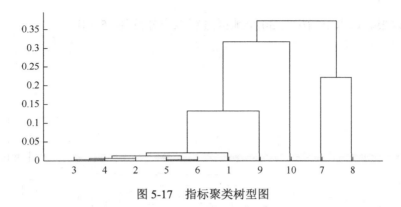

图 5-17 指标聚类树型图

计算的 MATLAB 程序如下：

```
load gj.txt %把原始数据保存在纯文本文件 gj.txt 中
r=corrcoef(gj)%计算相关系数矩阵
d=1-r;%进行数据变换,把相关系数转化为距离
d=tril(d);%取出矩阵 d 的下三角元素
d=nonzeros(d);%取出非零元素
d=d';%化成行向量
z=linkage(d,'average');%按类平均法聚类
dendrogram(z);%画聚类图
T=cluster(z,'maxclust',6)%把变量划分成 6 类
for i=1:6
tm=find(T==i);%求第 i 类的对象
tm=reshape(tm,1,length(tm));%变成行向量
fprintf('第%d 类的有%s\n',i,int2str(tm));%显示分类结果
end
```

从聚类图中可以看出，每十万人口高等院校招生数、每十万人口高等院校在校生数、每十万人口高等院校教职工数、每十万人口高等院校专职教师数、每十万人口高等院校毕业生数五个指标之间有较大的相关性，最先被聚到一起。如果将十个指标分为六类，其他五个指标各自为一类。这样就从十个指标中选定了六个分析指标。

x_1：每百万人口高等院校数；

x_2：每十万人口高等院校毕业生数；

x_7：高级职称占专职教师的比例；

x_8：平均每所高等院校的在校生数；

x_9：国家财政预算内普通高等教育经费占国内生产总值的比例；

x_{10}：生均教育经费。

可以根据这六个指标对 30 个地区进行聚类分析(图 5-18)。

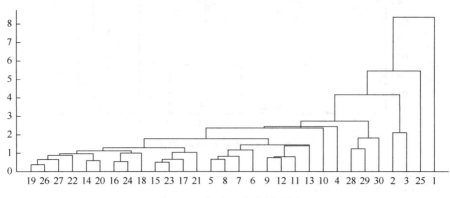

图 5-18　各地区聚类树型图

2. Q 型聚类分析

根据这六个指标对 30 个地区进行聚类分析。首先对每个变量的数据分别进行标准化处理，样本间相似性采用欧氏距离度量，类间距离的计算选用类平均法。

计算的 MATLAB 程序如下：

```
clc,clear
load gj.txt   %把原始数据保存在纯文本文件 gj.txt 中
gj(:,3:6)=[];   %删除数据矩阵的第 3 列～第 6 列,即使用变量 1,2,7,8,
9,10
gj=zscore(gj);   %数据标准化
y=pdist(gj);   %求对象间的欧氏距离,每行是一个对象
z=linkage(y,'average');   %按类平均法聚类
dendrogram(z);   %画聚类图
for k=3:5
fprintf('划分成%d类的结果如下:\n',k)
T=cluster(z,'maxclust',k);   %把样本点划分成 k 类
for i=1:k
tm=find(T==i);   %求第 i 类的对象
tm=reshape(tm,1,length(tm));%变成行向量
fprintf('第%d类的有%s\n',i,int2str(tm));   %显示分类结果
end
if k==5
break
```

```
end
fprintf('*******************************\n');
end
```

【结果分析】

各地区高等教育发展状况存在较大的差异，高等教育资源的地区分布很不均衡。
如果根据各地区高等教育发展状况把 30 个地区分为三类，结果如下。

第一类：北京；第二类：西藏；第三类：其他地区。

如果根据各地区高等教育发展状况把 30 个地区分为四类，结果如下。

第一类：北京；第二类：西藏；第三类：上海，天津；第四类：其他地区。

如果根据各地区高等教育发展状况把 30 个地区分为五类，结果如下。

第一类：北京；第二类：西藏；第三类：上海，天津；第四类：宁夏、贵州、青海；第五类：其他地区。

从以上结果结合聚类图中的合并距离可以看出，北京的高等教育状况与其他地区相比有非常大的不同，主要表现在每百万人口高等院校的学校数和每十万人口高等院校的在校生数以及国家财政预算内普通高等教育经费占国内生产总值的比例等方面远高于其他地区。上海和天津作为另外两个较早的直辖市，高等教育状况和北京是类似的状况。宁夏、贵州和青海的高等教育状况极为类似，高等教育资源相对匮乏。西藏作为一个特殊的边疆民族地区，其高等教育状况具有和其他地区不同的情形，被单独聚为一类，主要表现在每百万人口高等院校数比较高，国家财政预算内普通高等教育经费占国内生产总值的比例和生均教育经费也相对较高，而高级职称占专职教师的比例与平均每所高等院校的在校生数又都是全国最低的。这正是西藏高等教育状况的特殊之处：人口相对较少、经费比较充足、高等院校规模较小、师资力量薄弱。其他地区的高等教育状况较为类似，共同被聚为一类。针对这种情况，有关部门可以采取相应措施对宁夏、贵州、青海和西藏地区进行扶持，促进当地高等教育事业的发展。

5.3.2　常见距离公式

1. 常用点间距离(距离度量)

1) 欧氏距离

欧氏(Euclidean)距离定义为

$$d_{ij} = \sqrt{\sum_{k=1}^{m} (x_{ik} - x_{jk})^2} \quad (i, j = 1, \cdots, n)$$

欧氏距离是聚类分析中使用最广泛的距离，上式也称为**简单欧氏距离**。另一种常用的形式是**平方欧氏距离**，即取上式的平方，记为 d_{ij}^2。平方欧氏距离的优点是，不再计算平方根，不仅理论上简单，而且提高了计算机的运算速度。

2）Pearson 距离

欧氏距离虽然使用最为广泛，但是该距离是有量纲的，而且它与各变量的量纲有关，因而从数值上说，各维之间可能因单位而相差悬殊；也没有考虑各变量方差的不同。从欧氏距离的定义中易见，方差大的变量在距离中的作用（贡献）就会大。为此我们引入了 **Pearson 距离**的概念。

$$d_{ij} = \sqrt{\sum_{k=1}^{m}(x_{ik}-x_{jk})^2 / V_k} \quad (i,j=1,\cdots,n)$$

其中，V_k 是第 k 个变量的方差。这个距离考虑到了各个变量的不同标准差，但未考虑各变量间可能存在的相关性。对上式取平方，就得到 **Pearson 平方距离**。

3）绝对距离

绝对距离（又称为 Manhattan 距离）定义为

$$d_{ij} = \sum_{k=1}^{m}|x_{ik}-x_{jk}| \quad (i,j=1,\cdots,n)$$

绝对距离是一个应用很广泛的距离，它具有稳健性：野点的影响较小。**平方绝对距离**是对上式取平方。

4）马氏距离

欧氏距离、Pearson 距离和绝对距离都没有考虑变量间的相关性：当变量之间不相关时效果较好；如果变量之间相关，则聚类结果往往不够好，为此考虑马氏距离（Mahalanobis distance）。

设样本方差阵为 S，设 X_i, X_j 是 2 个样本所成向量。则 X_i, X_j 的**马氏距离**是

$$\sqrt{(X_i - X_j)^{\mathrm{T}} S^{-1}(X_i - X_j)}$$

有时为了避免开平方，称 $(X_i - X_j)^{\mathrm{T}} S^{-1}(X_i - X_j)$ 为**平方马氏距离**。马氏距离的优点是能消除变量间的相关性带来的不利影响。

2. 常用类间距离（连接法）

1）最短距离法（single linkage）

定义类与类之间的距离为两类内最近样品间的距离，即

$$D_{pq} = \min_{i \in G_p, j \in G_q} d_{ij} \text{（这里 } i \in G_p \text{ 表示 } X_{(i)} \in G_p，\text{以下同）}$$

2）最长距离法（complete method）

类与类之间的距离定义为两类内相距最远的样品间的距离，即

$$D_{pq} = \max_{i \in G_p, j \in G_q} d_{ij}$$

3）中间距离法（median method）

如果类与类之间的距离既不采用两类内样品间的最近距离，也不采用两类内样品间的最远距离，而是采用类似于三角形中线公式的计算类之间的距离方法，那么这种方法称为**中间距离法（简称中线法）**。

当某步骤类 G_p 和 G_q 合并成 G_r 后，按中间距离法计算新类 G_r 与其他类 G_k 的类间距离，其递推公式为

$$D_{rk}^2 = \frac{1}{2}(D_{pk}^2 + D_{qk}^2) + \beta D_{pq}^2 \quad \left(-\frac{1}{4} \leqslant \beta \leqslant 0, k \neq p, q \right)$$

常取 $\beta = -\dfrac{1}{4}$。

4）重心法（centroid method）

每一类的重心就是属于该类的所有样品的均值向量。将两类间的距离定义为两类重心间的距离，这种距离方法称为**重心法**。重心法一般采用欧氏距离定义样品间的距离。

重心法比其他系统聚类方法考虑得更全面。其主要缺点是在聚类过程中，不能保证合并的类之间的距离值呈单调增加的趋势，也即本次合并的两类之间的距离可能小于上一次合并的两类之间的距离，在树状图上会出现图形逆转；也不能保证相似性水平呈单调减少的趋势。

5）类平均法（average linkage）

类平均法有两种定义，一种定义方法是把类与类之间的距离定义为所有样品对之间的平均距离，即

$$D_{pq} = \frac{1}{n_p n_q} \sum_{i \in G_p, j \in G_q} d_{ij}$$

其中，n_p, n_q 分别为类 G_p 和类 G_q 的样品个数。D_{pq} 简称**平均法**。

另一种定义方法是定义类与类之间的平方距离为样品对之间平方距离的平均值，即

$$D_{pq}^2 = \frac{1}{n_p n_q} \sum_{i \in G_p, j \in G_q} d_{ij}^2$$

6）离差平方和法（WARD）

假设已经将 n 个样品分为 k 类，$\overline{X}^{(t)}$ 表示 G_t 的重心，$X_{(i)}^{(t)}$ 表示 G_t 中第 i 个样

品 $(i = 1, \cdots n_t)$ ，则 G_t 中样品的**离差平方和为**

$$W_t = \sum_{i=1}^{n_t} (X_{(i)}^{(t)} - \bar{X}^{(t)})'(X_{(i)}^{(t)} - \bar{X}^{(t)})$$

其中， $X_{(i)}^{(t)}, \bar{X}^{(t)}$ 为 m 维向量； W_t 为一数值 $(t = 1, \cdots, k)$ ，代表 G_t 类内的分散程度。

k 个类的**总离差平方和为**

$$W = \sum_{t=1}^{k} W_t = \sum_{t=1}^{k} \sum_{i=1}^{n_t} (X_{(i)}^{(t)} - \bar{X}^{(t)})'(X_{(i)}^{(t)} - \bar{X}^{(t)})$$

它们反映了各类内样品的分散程度的总和。设某一步将类 G_p 和 G_q 合并成 G_r ，而 G_p ， G_q 和 G_r 类中样品的离差平方和分别为 W_p ， W_q 和 W_r 。如果 G_p 和 G_q 这两类相距较近，则合并之后所增加的离差平方和 $W_r - W_p - W_q$ 应较小；否则，应较大。于是我们定义 G_p 和 G_q 之间的平方距离为

$$D_{pq}^2 = W_r - (W_p + W_q)$$

在进行聚类分析的过程中，上述 4 种点间距离，6 种类间距离的定义方法各有优缺点，很难保证说哪种定义方法一定最优，因此应根据实际情况选取合适的类间距离和点间距离定义。如果无法从机理上进行选取，则可以都试验一下，再根据结果的合理性来选取。

5.3.3　系统聚类法

1. 系统聚类的基本思想

距离相近的样品(或变量)先聚成类，距离相远的后聚成类，过程一直下去，每个样品(或变量)总能聚到合适的类中。

2. 系统聚类的步骤

步骤1：若有 n 个样本点,计算出每两个样本点之间的距离 d_{ij} ,即矩阵 $D = (d_{ij})_{n \times n}$ ；

步骤2：建立 n 个类，每个类中仅有一个样本点，且每个类的平台高度都为0；

步骤3：将距离最近的两个类合并为新类，选取聚类图的平台高度为这两类之间的距离值；

步骤4：求出新类和目前各类之间的距离，如果类的个数等于1，执行步骤5，否则，返回执行步骤3；

步骤5：画出聚类图；

步骤6：确定类的数目和类。

例 5.10 设有 5 个销售员 w_1, w_2, w_3, w_4, w_5，他们的销售业绩由二维变量 (v_1, v_2) 描述，见表 5-21。

表 5-21 销售员业绩表

销售员	v_1(销售量)/百件	v_2(回款项)/万元
w_1	1	0
w_2	1	1
w_3	3	2
w_4	4	3
w_5	2	5

记销售员 $w_i(i = 1, 2, 3, 4, 5)$ 的销售业绩为 (v_{i1}, v_{i2})。若使用绝对距离来测量点与点之间的距离，使用最短距离法来测量类与类之间的距离，即

$$d(w_i, w_j) = \sum_{k=1}^{2} |v_{ik} - v_{jk}|, \quad D(G_p, G_q) = \min_{\substack{w_i \in G_p \\ w_j \in G_q}} \{d(w_i, w_j)\}$$

步骤 1：题中有 5 个样本点，计算出每两个样本点之间的距离 d_{ij}，即矩阵 D 为

$$\begin{bmatrix} 0 & 1 & 4 & 6 & 6 \\ & 0 & 3 & 5 & 5 \\ & & 0 & 2 & 4 \\ & & & 0 & 4 \\ & & & & 0 \end{bmatrix}$$

步骤 2：建立 5 个类 $H_1 = \{w_1, w_2, w_3, w_4, w_5\}$。每个类的平台高度 $f(w_i)(i = 1, 2, 3, 4, 5)$ 都为 0；

步骤 3：将 w_1, w_2 合并为新类 w_6，选取新的平台高度为 1，此时有 $H_1 = \{w_6, w_3, w_4, w_5\}$；

步骤 4：将 w_3, w_4 合并为新类 w_7，选取新的平台高度为 2，此时有 $H_2 = \{w_6, w_7, w_5\}$；

步骤 5：将 w_6, w_7 合并为新类 w_8，选取新的平台高度为 3，此时有 $H_3 = \{w_8, w_5\}$；

步骤 6：将 w_8, w_5 合并为新类 w_9，选取新的平台高度为 4，此时有 $H_4 = \{w_9\}$；

步骤 7：画出聚类图（图 5-19）：

从聚类图可以看出，在这五个推销员中，w_5 的工作成绩最佳，w_3, w_4 的工作成绩较好，而 w_1, w_2 的工作成绩较差。

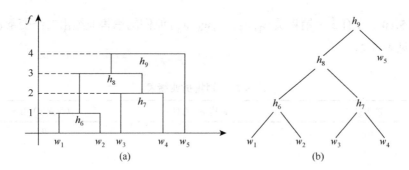

图 5-19   聚类图

类似上述步骤，以最长距离法来计算类间距离，就称为系统聚类法中的最长距离法。

3. 系统聚类的 MATLAB 实现

(1)输入数据矩阵，注意行与列的实际意义。

(2)计算各样品之间的距离。

欧氏距离:d=pdist(A)   % 注意计算 A 中各行之间的距离；

绝对距离:d=pdist(A,'cityblock');

马氏距离:d=pdist(A,'mahal');

注意   以上命令输出的结果是一个行向量，如果要得到距离矩阵，可以用命令：

D=squareform(d),

如果要得到三角阵，可以用命令：

D=tril(squareform(d1))

(3)选择不同的类间距离进行聚类。

最短距离:z1=linkage(d)   %此处及以下的 d 都是(2)中算出的距离行向量

最长距离:z2=linkage(d,'complete')

中间距离:z3=linkage(d,'centroid')

重心距离:z4=linkage(d,'average')

离差平方和:z5=linkage(d,'ward')

注意   此时输出的结果是一个 $n-1$ 行 3 列的矩阵，每一行表示在某水平上合并为一类的序号。

(4)作出谱系聚类图。

H=dendrogram(z,d)   %注意若样本少于 30,可以省去 d,否则必须填写。

(5)根据分类数目，输出聚类结果。

```
T=cluster(z,k)   %注意 k 是分类数目,z 是(3)中的结果
Find(T==k0)   %找出属于第 k0 类的样品编号
```

例 5.11 为研究辽宁、浙江、河南、甘肃、青海 5 省份在某年城镇居民生活消费的分布规律，需要用调查资料对这 5 个省分类，数据见表 5-22。

表 5-22　5 省某年城镇居民生活消费指标　　　　　（单位：元/日）

省份	指标							
	X_1	X_2	X_3	X_4	X_5	X_6	X_7	X_8
辽宁	7.90	39.77	8.49	12.94	19.27	11.05	2.04	13.29
浙江	7.68	50.37	11.35	13.30	19.25	14.59	2.75	14.87
河南	9.42	27.93	8.20	8.14	16.17	9.42	1.55	9.76
甘肃	9.16	27.98	9.01	9.32	15.99	9.10	1.82	11.35
青海	10.06	28.64	10.52	10.05	16.18	8.39	1.96	10.81

注：X_1 为人均粮食支出；X_2 为人均副食品支出；X_3 为人均烟、酒、茶支出；X_4 为人均其他副食品支出；X_5 为人均衣着商品支出；X_6 为人均日用品支出；X_7 为人均燃料支出；X_8 为人均非商品支出。

解 b=[7.9　39.77　8.49　　12.94 19.27 11.05 2.04　13.29
　　　　7.68　50.37　11.35　13.3　19.25 14.59 2.75　14.87
　　　　9.42　27.93　8.2　　8.14　16.17 9.42　1.55　9.76
　　　　9.16　27.98　9.01　9.32　15.99 9.1　1.82　11.35
　　　　10.06 28.64　10.52　10.05 16.18 8.39　1.96　10.81];

欧氏距离:d1=pdist(b);　%b 中每行之间距离

%五种类间距离聚类

```
z1=linkage(d1)
z2=linkage(d1,'complete')
z3=linkage(d1,'average')
z4=linkage(d1,'centroid')
z5=linkage(d1,'ward')
```

其中 z1 输出结果为

z1=

3.0000	4.0000	2.2033
6.0000	5.0000	2.2159
1.0000	2.0000	11.6726
8.0000	7.0000	12.7983

%在 2.2033 的水平,G3,G4 合成一类为 G6

```
%在 2.2159 的水平,G6,G5 合成一类为 G7
%在 11.6726 的水平,G1,G2 合成一类为 G8
%在 12.7983 的水平,G7,G8 合成一类为 G9
作谱系聚类图：H=dendrogram(z1)
%输出分类结果
T=cluster(z1,3)
T
    1
    2
    3
    3
    3
```

结果表明：若分为三类，则辽宁是一类，浙江是一类，河南、青海和甘肃是另一类。

5.3.4　动态聚类法——*K-*均值聚类算法

系统聚类法是一种比较成功的聚类方法。然而当样本点数目十分庞大时，则是一件非常繁重的工作，且聚类的计算速度也比较慢。比如在市场抽样调查中，有 4 万人就其对衣着的偏好作了回答，希望能迅速将其分为几类。这时，采用系统聚类法就很困难，而动态聚类法就会显得方便、适用。动态聚类适用于大型数据，我们将讨论一种比较流行的动态聚类法——*K-*均值聚类法。

1. *K* -均值聚类的基本思想

K -均值聚类算法是一种基于划分的聚类算法，它通过不断的迭代过程来进行聚类，当算法收敛到一个结束条件时就终止迭代过程，输出聚类结果。由于其算法思想简便，又容易实现，因此 *K* -均值算法已成为目前最常用的聚类算法之一。

K -均值算法解决的是将含有 n 个数据点(实体)的集合 $X = \{x_1, x_2, \cdots, x_n\}$ 划分为 k 个类 C_j 的问题，其中 $j = 1, 2, \cdots, k$，算法首先随机选取 k 个数据点作为 k 个类的初始类中心，集合中每个数据点被划分到与其距离最近的类中心所在的类中，形成了 k 个聚类的初始分布。对分配完的每一个类计算新的类中心，然后继续进行数据分配的过程，这样迭代若干次之后，若类中心不再发生变化，则说明数据对象全部分配到自己所在的类中，证明函数收敛。在每一次的迭代过程中都要对全体数据点的分配进行调整，然后重新计算类中心，进入下一次迭代过程，若在某一次迭代

过程中, 所有数据点的位置没有变化, 相应的类中心也没有变化, 则标志着聚类准则函数已经收敛, 算法结束。通常采用的目标函数形式为平方误差准则函数:

$$E = \sum_{i=1}^{K} \sum_{x_i = c_i} \| x_i - c_i \|^2$$

其中, x_i 表示数据对象, c_i 表示类 C_i 的质心, E 则表示数据集中所有对象的误差平方和。该目标函数采用欧氏距离。

2. K-均值聚类算法的步骤

(1)随机选取 K 个样本作为类中心;
(2)计算各样本与各类中心的距离;
(3)将各样本归于近的类中心点, 求各类样本的均值, 作为新的类中心;
(4)判定: 若类中心不再发生变动或达到迭代次数, 算法结束, 否则回到(2)。

3. K-均值聚类算法的 MATLAB 实现

例 5.12　选取一组点(三维或二维), 在空间内绘制出来, 之后根据 K-均值聚类, 把这组点分为 n 类。

此例中选取的三维空间内的点由均值分别为(0, 0, 0), (4, 4, 4), (-4, 4, -4), 协方差分别为 $\begin{bmatrix} 3 & 0 & 0 \\ 0 & 3 & 0 \\ 0 & 0 & 3 \end{bmatrix}$ $\begin{bmatrix} 0 & 0 & 0 \\ 0 & 3 & 0 \\ 0 & 0 & 3 \end{bmatrix}$ $\begin{bmatrix} 3 & 0 & 0 \\ 0 & 3 & 0 \\ 0 & 0 & 3 \end{bmatrix}$ 由 mvnrnd 函数随机生成的 150 个数组成。

在二维和三维空间里, 原样本点为蓝色, 随机选取样本点中的四个点作为中心, 用*表示, 其他对象根据与这四个聚类中心(对象)的距离, 根据最近距离原则, 逐个分别聚类到这四个聚类中心所代表的聚类中, 每完成一轮聚类, 聚类的中心会发生相应的改变, 之后更新这四个聚类的聚类中心, 根据所获得的四个新聚类中心、各对象与这四个聚类中心的距离, 以及最近距离原则, 对所有对象进行重新归类。

再次重复上述过程就可获得聚类结果, 当各聚类中的对象(归属)已不再变化时, 整个聚类操作结束。

经过 K-均值聚类计算, 样本点分为红、蓝、绿、黑四个聚类, 计算出新的四个聚类中心, 用*表示, 见图 5-20。

该算法, 一次迭代中把每个数据对象分到离它最近的聚类中心所在类, 这个过程的时间复杂度为 $O(nkd)$, 这里的 n 是总的数据对象个数, k 是指定的聚类数, d 是数据对象的位数。新的分类产生后需要计算新的聚类中心, 这个过程

的时间复杂度为 $O(nd)$。因此，这个算法一次迭代后所需要的总时间复杂度为 $O(nkd)$。

通过实验可以看出，k 个初始聚类中心点的选取对聚类结果有较大的影响，因为在该算法中是随机地任意选取 k 个点作为初始聚类中心，分类结果受到取定的类别数目和聚类中心初始位置的影响，所以结果只是局部最优。K-均值算法常采用误差平方和准则函数作为聚类准则函数（目标函数）。目标函数在空间状态是一个非凸函数，非凸函数往往存在很多个局部极小值，只有一个是全局最小。所以通过迭代计算，目标函数常常达到局部最小而难以达到全局最小。

聚类个数 k 的选定是很难估计的，很多时候我们事先并不知道给定的数据集应该分成多少类才合适。关于 K-均值聚类算法中聚类数据 k 值的确定，有些根据方差分析理论，应用混合 F 统计量来确定最佳分类树，并应用模糊划分熵来验证最佳分类的准确性。

将类的质心（均值点）作为聚类中心进行新一轮聚类计算，将导致远离数据密集区的孤立点和噪声点偏离真正的数据密集区，所以 K-均值算法对噪声点和孤立点非常敏感。见图 5-21。

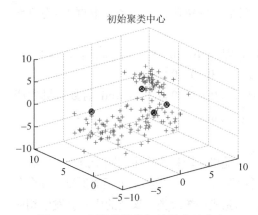

图 5-20　未聚类前的初始样本及中心

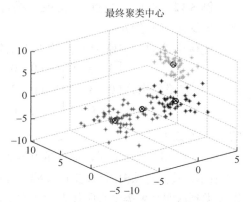

图 5-21　聚类后的样本及中心

MATLAB 程序：

```
clear;
clc;

TH=0.001;
N=20;
n=0;
```

```
th=1;
%第一类数据
mu1=[0 0 0];  %均值
S1=[3 0 0;0 3 0;0 0 3];  %协方差矩阵
X1=mvnrnd(mu1,S1,50);  %产生多维正态随机数,mu1 为期望向量,s1
为协方差矩阵,50 为规模
%第二类数据
mu2=[4 4 4];  %均值
S2=[0 0 0;0 3 0;0 0 3];  %协方差矩阵
X2=mvnrnd(mu2,S2,50);
%第三类数据
mu3=[-4 4 -4];  %均值
S3=[3 0 0;0 3 0;0 0 3];  %协方差矩阵
X3=mvnrnd(mu3,S3,50);

X=[X1;X2;X3];  %三类数据合成一个不带标号的数据类

plot3(X(:,1),X(:,2),X(:,3),'+');  %显示
hold on
grid on
title('初始聚类中心');
k=4;
[count,d]=size(X);
centers=X(round(rand(k,1)*count),:);
id=zeros(count,1);
%画出聚类中心
plot3(centers(:,1),centers(:,2),centers(:,3),'kx',...
     'MarkerSize',10,'LineWidth',2)
 plot3(centers(:,1),centers(:,2),centers(:,3),'ko',...
     'MarkerSize',10,'LineWidth',2)
dist=zeros(k,1);
newcenters=zeros(k,d);

while(n<N && th>TH)
%while n<N
```

```matlab
for ix=1:count
    for ik=1:k
            dist(ik)=sum((X(ix,:)-centers(ik,:)).^2);
    end
    [~,tmp]=sort(dist);   %离哪个类最近则属于哪个类
    id(ix)=tmp(1);
end
th=0;
for ik=1:k
    idtmp=find(id==ik);
    if length(idtmp)==0
            return;
    end
    newcenters(ik,:)=sum(X(idtmp,:),1)./length(idtmp);
    th=th+sum((newcenters(ik,:)-centers(ik,:)).^2);
end
centers=newcenters;
n=n+1;
end

figure(2)
plot3(X(find(id==1),1),X(find(id==1),2),X(find(id==1),
3),'r*'),hold on
plot3(X(find(id==2),1),X(find(id==2),2),X(find(id==2),
3),'g*'),hold on
plot3(X(find(id==3),1),X(find(id==3),2),X(find(id==3),
3),'b*'),hold on
plot3(X(find(id==4),1),X(find(id==4),2),X(find(id==4),
3),'k*'),hold on
title('最终聚类中心');
plot3(centers(:,1),centers(:,2),centers(:,3),'kx',...
        'MarkerSize',10,'LineWidth',2)
plot3(centers(:,1),centers(:,2),centers(:,3),'ko',...
        'MarkerSize',10,'LineWidth',2)
grid on
```

5.4 主成分分析

在许多实际问题中，多个变量之间是具有一定的相关关系的。因此，我们就会很自然地想到，能否在各个变量之间的相关关系研究的基础上，用较少的新变量代替原来较多的变量，而且使这些较少的新变量尽可能多地保留原来较多的变量所反映的信息？事实上，这种想法是可以实现的，这里介绍的主成分分析方法就是综合处理这种问题的一种强有力的方法。

本节通过高等教育发展状况问题了解主成分分析模型建立与求解方法，同时掌握主成分分析的基本方法及 MATLAB 软件求解。

5.4.1 高等教育发展状况问题

【问题背景】

同 5.3 节，对我国各地区普通高等教育的发展水平进行综合评价。

【模型的建立与求解】

    1. 构造原始数据矩阵

$$X = \begin{bmatrix} x_1 \\ x_2 \\ \vdots \\ x_{10} \end{bmatrix}$$

    2. 使矩阵 X 标准化

MATLAB 程序如下：
```
load gj.txt %把原始数据保存在纯文本文件 gj.txt 中
Z=zscore(gj) %数据标准化
Z=4.3685    3.9057    4.0909    4.1392    4.5401    4.5748    2.4120
   0.3954    1.9862    2.6869    2.3854    2.4187    2.0965    1.9157
   0.8299    1.1346    1.0221    1.4520    1.5048    1.3575    0.9509
   1.0406    1.4024    1.0991    0.0952    0.2331    0.1895    0.2072
   0.1326    0.1823    0.0558    0.5375    0.2342    0.3453    0.3790
   0.3951    0.0988    0.1823    0.7080    0.7219    0.3918    0.3133
```

```
 0.2898    0.2270    0.1495    0.1823    0.5775   -0.2813   -0.0717
-0.0556   -0.0111   -0.0169   -0.0536   -0.0533    0.8638    0.2482
-0.1829    0.0086   -0.0223   -0.0136   -0.0649   -0.0701    0.4691
 0.7675   -0.2756   -0.0396    0        -0.0466   -0.1383   -0.1374
 0.2405    1.0602   -0.5166   -0.4405   -0.2564   -0.3168   -0.3696
-0.3899    0.7418    1.0264   -0.6371   -0.4245   -0.4124   -0.4091
-0.3696   -0.4067    0.4234    1.2987   -0.6279   -0.1358   -0.3344
-0.3959   -0.3922   -0.4235    0.4793    1.3884   -0.4981   -0.3924
-0.3567   -0.3663   -0.3414   -0.3562   -0.3371    0.4664   -0.4703
-0.3924   -0.3678   -0.3531   -0.3696   -0.3899    0.4979    0.4005
-0.3590   -0.3924   -0.2564   -0.3201   -0.3414   -0.3562   -0.0305
-0.0309    0.0396   -0.3122   -0.2341   -0.1191   -0.0705   -0.0196
-0.7098   -0.5435   -0.1922   -0.2160   -0.2564   -0.2740   -0.3584
-0.3562   -0.1881   -0.4775   -0.3683   -0.2160   -0.3233   -0.2740
-0.2850   -0.2889   -0.7606    0.2939   -0.4054   -0.3764   -0.3121
-0.3729   -0.3696   -0.4067   -0.0509   -0.1155   -0.6093   -0.5047
-0.5239   -0.5113   -0.4543   -0.4572    0.4590    0.1806   -0.5444
-0.4886   -0.6019   -0.5640   -0.4656   -0.4740   -0.2660   -0.6889
-0.4425   -0.3764   -0.3455   -0.3531   -0.3358   -0.4067   -0.2220
 0.2262   -0.5074   -0.5367   -0.4793   -0.4487   -0.4486   -0.4909
-0.4709   -0.0630   -0.3776   -0.3764   -0.5128   -0.4289   -0.3471
-0.3057   -0.4184   -0.5908    0.4103   -0.6490   -0.5462   -0.5410
-0.2906   -0.2384   -3.0524   -2.6580   -0.6464   -0.5528   -0.5350
-0.5640   -0.4656   -0.5077   -0.2897   -0.0681   -0.6001   -0.6169
-0.5685   -0.5673   -0.4938   -0.5077    0.3065   -0.3980   -0.1322
-0.2962   -0.3567   -0.3070   -0.2793   -0.2216   -1.2569   -1.4908
-0.5630   -0.6971   -0.6911   -0.6860   -0.5051   -0.5245   -0.3388
-1.5432    0.2157   -0.4565   -0.5350   -0.4948   -0.3584   -0.2889
-2.0750   -2.2960
```

3. 构造矩阵相关系数矩阵 R

MATLAB 程序如下:

```
R=corrcoef(gj)
R=1.0000  0.9434  0.9528  0.9591  0.9746  0.9798  0.4065
   0.0663  0.9434  1.0000  0.9946  0.9946  0.9743  0.9702
```

```
0.6136   0.3500   0.9528   0.9946   1.0000   0.9987   0.9831
0.9807   0.6261   0.3445   0.9591   0.9946   0.9987   1.0000
0.9878   0.9856   0.6096   0.3256   0.9746   0.9743   0.9831
0.9878   1.0000   0.9986   0.5599   0.2411   0.9798   0.9702
0.9807   0.9856   0.9986   1.0000   0.5500   0.2222   0.4065
0.6136   0.6261   0.6096   0.5599   0.5500   1.0000   0.7789
0.0663   0.3500   0.3445   0.3256   0.2411   0.2222   0.7789
1.0000   0.8680   0.8039   0.8231   0.8276   0.8590   0.8691
0.3655   0.1122   0.6609   0.5998   0.6171   0.6124   0.6174
0.6164   0.1510   0.0482
```

4. 求出 R 的特征值和累计贡献率

MATLAB 程序如下：

[x,y,z]=Pcacov(R)

$\lambda_1 = 7.5022$，贡献率 $\tau_1 = \dfrac{\lambda_1}{10} = 75.0216\%$；

$\lambda_2 = 1.577$，累计贡献率 $\tau_1 + \tau_2 = 90.7915\%$；

$\lambda_3 = 0.5362$，累计贡献率 $\tau_1 + \tau_2 + \tau_3 = 96.1536\%$；

$\lambda_4 = 0.2064$，累计贡献率 $\tau_1 + \tau_2 + \tau_3 + \tau_4 = 98.2174\%$。

可以看出，前两个特征根的累计贡献率就达到90%以上，主成分分析效果很好。下面选取前四个主成分（累计贡献率达到98%）进行综合评价。

5. 构造主成分

MATLAB 程序如下：

```
f=repmat(sign(sum(x)),size(x,1),1)
x=x.*f
```

将特征向量标准化后可得

$v_1 =$ 0.3497   0.3590   0.3623   0.3623   0.3605   0.3602   0.2241   0.1201
0.3192   0.2452

$v_2 =$ −0.1972   0.0343   0.0291   0.0138   −0.0507   −0.0646   0.5826   0.7021
−0.1941   −0.2865

$v_3 =$ −0.1639   −0.1084   −0.0900   −0.1128   −0.1534   −0.1645   −0.0397
0.3577   0.1204   0.8637

$v_4 =$ −0.1022   −0.2266   −0.1692   −0.1607   −0.0442   −0.0032   0.0812
0.0702   0.8999   0.2457

(1)构造第一主成分:

第一主成分 $F_1 = v_{11}Z_1 + v_{12}Z_2 + \cdots + v_{110}Z_{10} = 0.3497Z_1 + 0.3590Z_2 + \cdots + 0.2452Z_{10}$

(2)构造第二主成分:

第二主成分 $F_2 = v_{21}Z_1 + v_{22}Z_2 + \cdots + v_{210}Z_{10} = -0.1972Z_1 + 0.0343Z_2 + \cdots - 0.2865Z_{10}$

(3)构造第三主成分:

第三主成分 $F_3 = v_{31}Z_1 + v_{32}Z_2 + \cdots + v_{310}Z_{10} = -0.1639Z_1 - 0.1084Z_2 + \cdots + 0.8637Z_{10}$

(4)构造第四主成分:

第四主成分 $F_4 = v_{41}Z_1 + v_{42}Z_2 + \cdots + v_{410}Z_{10} = -0.1022Z_1 - 0.2266Z_2 + \cdots + 0.2457Z_{10}$

6. 构建主成分综合评价模型

$$Z = 0.7502F_1 + 0.1577F_2 + 0.0536F_3 + 0.0206F_4$$

7. 得出结论

把各地区的四个主成分值代入上式,MATLAB 程序如下:

```
num=4;
df=gj*x(:,1:num);
tf=df*z(1:num)/100;
[stf,ind]=sort(tf,'descend')
```

可以得到各地区高等教育发展水平的综合评价值以及排名结果,如表 5-23 所示。

表 5-23　各地区高等教育发展水平综合评价值

名次及地区	综合评价值
1 北京	8.6043
2 上海	4.4738
3 天津	2.7881
4 陕西	0.8119
5 辽宁	0.7621
6 吉林	0.5884
7 黑龙江	0.2971
8 湖北	0.2455
9 江苏	0.0581
10 广东	0.0058
11 四川	−0.268
12 山东	−0.3645

续表

名次及地区	综合评价值
13 甘肃	−0.4879
14 湖南	−0.5065
15 浙江	−0.7016
16 新疆	−0.7428
17 福建	−0.7697
18 山西	−0.7965
19 河北	−0.8895
20 安徽	−0.8917
21 云南	−0.9557
22 江西	−0.9610
23 海南	−1.0147
24 内蒙古	−1.1246
25 西藏	−1.1470
26 河南	−1.2059
27 广西	−1.2250
28 宁夏	−1.2513
29 贵州	−1.6514
30 青海	−1.68

5.4.2 主成分分析的基本原理

主成分分析是把原来多个变量化为少数几个综合指标的一种统计分析方法，从数学角度来看，这是一种降维处理技术。假定有 n 个地理样本，每个样本共有 p 个变量描述，这样就构成了一个 $n \times p$ 的地理数据矩阵：

$$X = \begin{bmatrix} x_{11} & x_{12} & \cdots & x_{1p} \\ x_{21} & x_{22} & \cdots & x_{2p} \\ \vdots & \vdots & & \vdots \\ x_{n1} & x_{n2} & \cdots & x_{np} \end{bmatrix}$$

如何从多变量的数据中抓住地理数据的内在规律性呢？要解决这一问题，自然要在 p 维空间中加以考察，这是比较麻烦的。为了克服这一困难，就需要进行降维处理，即用较少的几个综合指标来代替原来较多的变量指标，而且使这些较少的综合指标既能尽量多地反映原来较多指标所反映的信息，同时它们之间又是彼此独立的。那么，这些综合指标(即新变量)应如何选取呢？显然，其最简单的形式就是取原来变量指标的线性组合，适当调整组合系数，使新的变量指标之间相互独立且代表性最好。

如果记原来的变量指标为 $x_1, x_2, \cdots, x_p$，它们的综合指标——新变量指标为 $z_1, z_2, \cdots, z_m (m \leqslant p)$，则

$$
\begin{cases}
z_1 = l_{11}x_1 + l_{12}x_2 + \cdots + l_{1p}x_p \\
z_2 = l_{21}x_1 + l_{22}x_2 + \cdots + l_{2p}x_p \\
\qquad\qquad\cdots\cdots \\
z_m = l_{m1}x_1 + l_{m2}x_2 + \cdots + l_{mp}x_p
\end{cases}
$$

在上式中，系数 l_{ij} 由下列原则来决定：

(1) z_i 与 $z_j (i \neq j, i, j = 1, 2, \cdots, m)$ 相互无关；

(2) z_1 是 $x_1, x_2, \cdots, x_p$ 的一切线性组合中方差最大者；z_2 是与 z_1 不相关的 x_1, $x_2, \cdots, x_p$ 的所有线性组合中方差最大者；z_m 是与 $z_1, z_2, \cdots, z_{m-1}$ 都不相关的 $x_1, x_2, \cdots, x_p$ 的所有线性组合中方差最大者。

这样决定的新变量指标 $z_1, z_2, \cdots, z_m$ 分别称为原变量指标 $x_1, x_2, \cdots, x_p$ 的第 1，第 2，$\cdots$，第 m 主成分。其中，z_1 在总方差中占的比例最大，$z_2, z_3, \cdots, z_m$ 的方差依次递减。在实际问题的分析中，常挑选前几个最大的主成分，这样既减少了变量的数目，又抓住了主要矛盾，简化了变量之间的关系。

从以上分析可以看出，找主成分就是确定原来变量 $x_j (j = 1, 2, \cdots, p)$ 在诸主成分 $z_i (i = 1, 2, \cdots, m)$ 上的载荷 $l_{ij} (i = 1, 2, \cdots, m; j = 1, 2, \cdots, p)$，从数学上容易知道，它们分别是 $x_1, x_2, \cdots, x_p$ 的相关矩阵的 m 个较大的特征值所对应的特征向量。

5.4.3 主成分分析的计算步骤

1. 计算相关系数矩阵

$$
R = \begin{bmatrix}
r_{11} & r_{12} & \cdots & r_{1p} \\
r_{21} & r_{22} & \cdots & r_{2p} \\
\vdots & \vdots & & \vdots \\
r_{p1} & r_{p2} & \cdots & r_{pp}
\end{bmatrix}
$$

式中，$r_{ij} (i, j = 1, 2, \cdots, p)$ 为原变量 x_i 与 x_j 之间的相关系数，其计算公式为

$$r_{ij} = \frac{\sum_{k=1}^{n}(x_{ki} - \overline{x}_i)(x_{kj} - \overline{x}_j)}{\sqrt{\sum_{k=1}^{n}(x_{ki} - \overline{x}_i)^2 \sum_{k=1}^{n}(x_{kj} - \overline{x}_j)^2}}$$

因为 R 是实对称矩阵(即 $r_{ij} = r_{ji}$),所以只需计算上三角元素或下三角元素即可。

2. 计算特征值与特征向量

首先解特征方程 $|\lambda I - R| = 0$,通常用雅可比(Jacobi)法求出特征值 $\lambda_i(i = 1, 2, \cdots, p)$,并使其按大小顺序排列,即 $\lambda_1 \geqslant \lambda_2 \geqslant \cdots \geqslant \lambda_p \geqslant 0$;然后分别求出对应于特征值 λ_i 的特征向量 $e_i(i = 1, 2, \cdots, p)$。这里要求 $\| e_i \| = 1$,即 $\sum_{j=1}^{p} e_{ij}^2 = 1$,其中,$e_{ij}$ 表示向量 e_i 的第 j 个分量。

3. 计算主成分贡献率及累计贡献率

主成分 z_i 的贡献率为

$$\frac{\lambda_i}{\sum_{k=1}^{p} \lambda_k} \quad (i = 1, 2, \cdots, p)$$

累计贡献率为

$$\frac{\sum_{k=1}^{i} \lambda_k}{\sum_{k=1}^{p} \lambda_k} \quad (i = 1, 2, \cdots, p)$$

一般取累计贡献率达 85%~95% 的特征值 $\lambda_1, \lambda_2, \cdots, \lambda_m$ 所对应的第 1,第 2,$\cdots$,第 $m(m \leqslant p)$ 个主成分。

4. 计算主成分载荷

其计算公式为

$$l_{ij} = p(z_i, x_j) = \sqrt{\lambda_i} e_{ij} \quad (i, j = 1, 2, \cdots, p)$$

得到各主成分的载荷以后,可以进一步计算,得到各主成分的得分

$$Z = \begin{bmatrix} z_{11} & z_{12} & \cdots & z_{1m} \\ z_{21} & z_{22} & \cdots & z_{2m} \\ \vdots & \vdots & & \vdots \\ z_{n1} & z_{n2} & \cdots & z_{nm} \end{bmatrix}$$

5.4.4　MATLAB 实现

在软件 MATLAB 中实现主成分分析可以采取两种方式实现：一是通过编程来实现；二是通过直接调用 MATLAB 中的自带程序实现。

1. 利用 MATLAB 的矩阵计算功能编程实现主成分分析

1)程序结构(图 5-22)

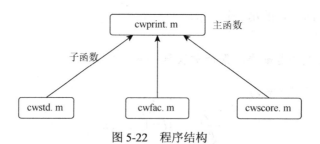

图 5-22　程序结构

2)函数作用

cwstd.m：用总和标准化法标准化矩阵。

cwfac.m：计算相关系数矩阵；计算特征值和特征向量；对主成分进行排序；计算各特征值贡献率；挑选主成分(累计贡献率大于 85%)，输出主成分个数；计算主成分载荷。

cwscore.m：计算各主成分得分、综合得分并排序。

cwprint.m：读入数据文件；调用以上三个函数并输出结果。

3)源程序

A. cwstd.m 总和标准化法标准化矩阵

```
    %cwstd.m,用总和标准化法标准化矩阵
function std=cwstd(vector)
cwsum=sum(vector,1);  %对列求和
[a,b]=size(vector);    %矩阵大小,a 为行数,b 为列数
for i=1:a
        for j=1:b
```

```
        std(i,j)=vector(i,j)/cwsum(j);
    end
end
```

B. cwfac.m 计算相关系数矩阵

```
%cwfac.m
function result=cwfac(vector);
fprintf('相关系数矩阵:\n')
std=CORRCOEF(vector)  %计算相关系数矩阵
fprintf('特征向量(vec)及特征值(val):\n')
[vec,val]=eig(std)  %求特征值(val)及特征向量(vec)
newval=diag(val);
[y,i]=sort(newval);  %对特征根进行排序,y为排序结果,i为索引
fprintf('特征根排序:\n')
for z=1:length(y)
    newy(z)=y(length(y)+1-z);
end
fprintf('%g\n',newy)
rate=y/sum(y);
fprintf('\n贡献率:\n')
newrate=newy/sum(newy)
sumrate=0;
newi=[];
for k=length(y):-1:1
    sumrate=sumrate+rate(k);
    newi(length(y)+1-k)=i(k);
    if sumrate>0.85 break;
    end
end  %记下累计贡献率大于85%的特征值的序号, 放入newi中
fprintf('主成分数: %g\n\n', length(newi));
fprintf('主成分载荷:\n')
for p=1: length(newi)
    for q=1:length(y)
        result(q,p)=sqrt(newval(newi(p)))*vec(q,newi(p));
    end
```

```
end   %计算载荷
disp(result)
```

C. cwscore.m

```
%cwscore.m,计算得分
function score=cwscore(vector1,vector2);
sco=vector1*vector2;
csum=sum(sco,2);
[newcsum,i]=sort(-1*csum);
[newi,j]=sort(i);
fprintf('计算得分:\n')
score=[sco,csum,j]
       %得分矩阵:sco 为各主成分得分;csum 为综合得分;j 为排序结果
```

D. cwprint.m

```
%cwprint.m
function print=cwprint(filename,a,b);
       %filename 为文本文件名,a 为矩阵行数(样本数),b 为矩阵列数
       (变量指标数)
fid=fopen(filename,'r')
vector=fscanf(fid,'%g',[a b]);
fprintf('标准化结果如下:\n')
v1=cwstd(vector)
result=cwfac(v1);
cwscore(v1,result);
```

例 5.13　中国 35 个城市某年的 10 项社会经济统计指标数据见表 5-24。

表 5-24　中国 35 个城市某年的 10 项社会经济统计指标数据

城市名称	年底总人口数/万人	非农业人口比/%	农业总产值/万元	工业总产值/万元	客运总量/万人	货运总量/万吨	地方财政预算内收入/万元	城乡居民年底储蓄余额/万元	在岗职工人数/万人	在岗职工工资总额/万元
北京	1249.90	0.5978	1843427	19999706	20323	45562	2790863	26806646	410.80	5773301
天津	910.17	0.5809	1501136	22645502	3259	26317	1128073	11301931	202.68	2254343
石家庄	875.40	0.2332	2918680	6885768	2929	1911	352348	7095875	95.60	758877
太原	299.92	0.6563	236038	2737750	1937	11895	203277	3943100	88.65	654023
呼和浩特	207.78	0.4412	365343	816452	2351	2623	105783	1396588	42.11	309337
沈阳	677.08	0.6299	1295418	5826733	7782	15412	567919	9016998	135.45	1152811
大连	545.31	0.4946	1879739	8426385	10780	19187	709227	7556796	94.15	965922

续表

城市名称	年底总人口数/万人	非农业人口比/%	农业总产值/万元	工业总产值/万元	客运总量/万人	货运总量/万吨	地方财政预算内收入/万元	城乡居民年底储蓄余额/万元	在岗职工人数/万人	在岗职工工资总额/万元
长春	691.23	0.4068	1853210	5966343	4810	9532	357096	4803744	102.63	884447
哈尔滨	927.09	0.4627	2663855	4186123	6720	7520	481443	6450020	172.79	1309151
上海	1313.12	0.7384	2069019	54529098	6406	44485	4318500	25971200	336.84	5605445
南京	537.44	0.5341	989199	13072737	14269	11193	664299	5680472	113.81	1357861
杭州	616.05	0.3556	1414737	12000796	17883	11684	449593	7425967	96.90	1180947
宁波	538.41	0.2547	1428235	10622866	22215	10298	501723	5246350	62.15	824034
合肥	429.95	0.3184	628764	2514125	4893	1517	233628	1622931	47.27	369577
福州	583.13	0.2733	2152288	6555351	8851	7190	467524	5030220	69.59	680607
厦门	128.99	0.4865	333374	5751124	3728	2570	418758	2108331	46.93	657484
南昌	424.20	0.3988	688289	2305881	3674	3189	167714	2640460	62.08	479555
济南	557.63	0.4085	1486302	6285882	5915	11775	460690	4126970	83.31	756696
青岛	702.97	0.3693	2382320	11492036	13408	17038	658435	4978045	103.52	961704
郑州	615.36	0.3424	677425	5287601	10433	6768	387252	5135338	84.66	696848
武汉	740.20	0.5869	1211291	7506085	9793	15442	604658	5748055	149.20	1314766
长沙	582.47	0.3107	1146367	3098179	8706	5718	323660	3461244	69.57	596986
广州	685.00	0.6214	1600738	23348139	22007	23854	1761499	20401811	182.81	3047594
深圳	119.85	0.7931	299662	20368295	8754	4274	1847908	9519900	91.26	1890338
南宁	285.87	0.4064	720486	1149691	5130	3293	149700	2190918	45.09	371809
海口	54.38	0.8354	44815	717461	5345	2356	115174	1626800	19.01	198138
重庆	3072.34	0.2067	4168780	8585525	52441	25124	898912	9090969	223.73	1606804
成都	1003.56	0.335	1935590	5894289	40140	19632	561189	7479684	132.89	1200671
贵阳	321.50	0.4557	362061	2247934	15703	4143	197908	1787748	55.28	419681
昆明	473.39	0.3865	793356	3605729	5604	12042	524216	4127900	88.11	842321
西安	674.50	0.4094	739905	3665942	10311	9766	408896	5863980	114.01	885169
兰州	287.59	0.5445	259444	2940884	1832	4749	169540	2641568	65.83	550890
西宁	133.95	0.5227	65848	711310	1746	1469	49134	855051	27.21	219251
银川	95.38	0.5709	171603	661226	2106	1193	74758	814103	23.72	178621
乌鲁木齐	158.92	0.8244	78513	1847241	2668	9041	254870	2365508	55.27	517622

运行结果

```
>>cwprint('cwbook.txt',35,10)

fid=
```

6

数据标准化结果如下：

v1=

```
0.0581  0.0356  0.0435  0.0680  0.0557  0.1112  0.1194  0.1184
0.1083  0.1392  0.0423  0.0346  0.0354  0.0770  0.0089  0.0642
0.0483  0.0499  0.0534  0.0544  0.0407  0.0139  0.0688  0.0234
0.0080  0.0047  0.0151  0.0314  0.0252  0.0183  0.0139  0.0391
0.0056  0.0093  0.0053  0.0290  0.0087  0.0174  0.0234  0.0158
0.0097  0.0263  0.0086  0.0028  0.0064  0.0064  0.0045  0.0062
0.0111  0.0075  0.0315  0.0375  0.0305  0.0198  0.0213  0.0376
0.0243  0.0398  0.0357  0.0278  0.0253  0.0295  0.0443  0.0286
0.0295  0.0468  0.0304  0.0334  0.0248  0.0233  0.0321  0.0242
0.0437  0.0203  0.0132  0.0233  0.0153  0.0212  0.0270  0.0213
0.0431  0.0276  0.0628  0.0142  0.0184  0.0184  0.0206  0.0285
0.0455  0.0316  0.0610  0.0440  0.0488  0.1853  0.0176  0.1086
0.1848  0.1148  0.0888  0.1352  0.0250  0.0318  0.0233  0.0444
0.0391  0.0273  0.0284  0.0251  0.0300  0.0327  0.0286  0.0212
0.0334  0.0408  0.0490  0.0285  0.0192  0.0328  0.0255  0.0285
0.0250  0.0152  0.0337  0.0361  0.0609  0.0251  0.0215  0.0232
0.0164  0.0199  0.0200  0.0190  0.0148  0.0085  0.0134  0.0037
0.0100  0.0072  0.0125  0.0089  0.0271  0.0163  0.0508  0.0223
0.0243  0.0175  0.0200  0.0222  0.0183  0.0164  0.0060  0.0290
0.0079  0.0195  0.0102  0.0063  0.0179  0.0093  0.0124  0.0159
0.0197  0.0237  0.0162  0.0078  0.0101  0.0078  0.0072  0.0117
0.0164  0.0116  0.0259  0.0243  0.0350  0.0214  0.0162  0.0287
0.0197  0.0182  0.0220  0.0182  0.0327  0.0220  0.0562  0.0391
0.0367  0.0416  0.0282  0.0220  0.0273  0.0232  0.0286  0.0204
0.0160  0.0180  0.0286  0.0165  0.0166  0.0227  0.0223  0.0168
0.0344  0.0349  0.0286  0.0255  0.0268  0.0377  0.0259  0.0254
0.0393  0.0317  0.0271  0.0185  0.0270  0.0105  0.0239  0.0140
0.0139  0.0153  0.0183  0.0144  0.0318  0.0370  0.0377  0.0793
0.0603  0.0582  0.0754  0.0901  0.0482  0.0735  0.0056  0.0472
```

0.0071 0.0692 0.0240 0.0104 0.0791 0.0421 0.0240 0.0456
0.0133 0.0242 0.0170 0.0039 0.0141 0.0080 0.0064 0.0097
0.0119 0.0090 0.0025 0.0497 0.0011 0.0024 0.0146 0.0057
0.0049 0.0072 0.0050 0.0048 0.1428 0.0123 0.0983 0.0292
0.1437 0.0613 0.0385 0.0402 0.0590 0.0387 0.0466 0.0199
0.0456 0.0200 0.1100 0.0479 0.0240 0.0331 0.0350 0.0290
0.0149 0.0271 0.0085 0.0076 0.0430 0.0101 0.0085 0.0079
0.0146 0.0101 0.0220 0.0230 0.0187 0.0123 0.0154 0.0294
0.0224 0.0182 0.0232 0.0203 0.0313 0.0244 0.0174 0.0125
0.0283 0.0238 0.0175 0.0259 0.0300 0.0213 0.0134 0.0324
0.0061 0.0100 0.0050 0.0116 0.0073 0.0117 0.0173 0.0133
0.0062 0.0311 0.0016 0.0024 0.0048 0.0036 0.0021 0.0038
0.0072 0.0053 0.0044 0.0340 0.0040 0.0022 0.0058 0.0029
0.0032 0.0036 0.0063 0.0043 0.0074 0.0491 0.0019 0.0063
0.0073 0.0221 0.0109 0.0105 0.0146 0.0125

相关系数矩阵:

std=

1.0000 −0.3444 0.8425 0.3603 0.7390 0.6215 0.4039 0.4967
0.6761 0.4689 −0.3444 1.0000 −0.4750 0.3096 −0.3539 0.1971
0.3571 0.2600 0.1570 0.3090 0.8425 −0.4750 1.0000 0.3358
0.5891 0.5056 0.3236 0.4456 0.5575 0.3742 0.3603 0.3096
0.3358 1.0000 0.1507 0.7664 0.9412 0.8480 0.7320 0.8614
0.7390 −0.3539 0.5891 0.1507 1.0000 0.4294 0.1971 0.3182
0.3893 0.2595 0.6215 0.1971 0.5056 0.7664 0.4294 1.0000
0.8316 0.8966 0.9302 0.9027 0.4039 0.3571 0.3236 0.9412
0.1971 0.8316 1.0000 0.9233 0.8376 0.9527 0.4967 0.2600
0.4456 0.8480 0.3182 0.8966 0.9233 1.0000 0.9201 0.9731
0.6761 0.1570 0.5575 0.7320 0.3893 0.9302 0.8376 0.9201
1.0000 0.9396 0.4689 0.3090 0.3742 0.8614 0.2595 0.9027
0.9527 0.9731 0.9396 1.0000

特征向量(vec):

vec=

```
-0.1367   0.2282   -0.2628  0.1939   0.6371   -0.2163  0.3176
-0.1312  -0.4191    0.2758  -0.0329  -0.0217   0.0009  0.0446
-0.1447  -0.4437    0.4058  -0.5562   0.5487   0.0593  -0.0522
-0.0280   0.2040   -0.0492  -0.5472  -0.4225   0.3440  0.3188
-0.4438   0.2401    0.0067  -0.4176  -0.2856  -0.2389  0.1926
-0.4915  -0.4189    0.2726   0.2065   0.3403   0.0404  0.1408
 0.0896   0.0380   -0.1969  -0.0437  -0.4888  -0.6789  -0.4405
 0.1861  -0.0343    0.2360   0.0640  -0.8294   0.0377  0.2662
 0.1356  -0.1290    0.0278   0.3782   0.2981   0.4739  0.5685
 0.2358   0.1465   -0.1502  -0.2631   0.1245   0.2152  0.3644
 0.1567   0.3464   -0.6485   0.2489  -0.4043   0.2058  -0.0704
 0.0462   0.1214    0.3812   0.4879  -0.5707   0.1217  0.1761
 0.0987   0.3550    0.3280  -0.0139   0.0071   0.3832  -0.7894
-0.1628   0.1925    0.2510  -0.0422   0.2694   0.0396  0.0456
 0.1668   0.3799
```

特征值(val)：

val=

```
0.0039   0         0         0         0         0         0         0         0
  0      0       0.0240      0         0         0         0         0         0
  0      0         0         0       0.0307      0         0         0         0
  0      0         0         0         0         0       0.0991      0         0
  0      0         0         0         0         0         0         0       0.1232
  0      0         0         0         0         0         0         0         0
  0    0.2566      0         0         0         0         0         0         0
  0      0         0       0.3207      0         0         0         0
  0      0         0         0         0         0       0.5300      0         0
  0      0         0         0         0         0         0         0       2.3514
  0      0         0         0         0         0         0         0         0
  0    6.2602
```

特征根排序：

6.26022
2.35138
0.530047
0.320699
0.256639
0.123241
0.0990915
0.0307088
0.0240355
0.00393387

各主成分贡献率：

newrate=

0.6260 0.2351 0.0530 0.0321 0.0257 0.0123 0.0099
0.0031 0.0024 0.0004

第一、二主成分的载荷：

0.6901	−0.6427
0.1483	0.8414
0.6007	−0.6805
0.8515	0.3167
0.4656	−0.6754
0.9463	0.0426
0.9117	0.3299
0.9537	0.1862
0.9589	0.0109
0.9506	0.2558

第一、二、三、四主成分的得分：

score=

0.7185	0.0499	0.7684	2.0000
0.3806	0.0386	0.4192	4.0000
0.1848	-0.0433	0.1414	21.0000
0.1186	0.0311	0.1497	20.0000
0.0549	0.0115	0.0664	33.0000
0.2288	0.0070	0.2358	7.0000
0.2364	-0.0081	0.2283	10.0000
0.1778	-0.0167	0.1611	16.0000
0.2292	-0.0337	0.1955	14.0000
0.8382	0.1339	0.9721	1.0000
0.2276	0.0064	0.2340	8.0000
0.2279	-0.0222	0.2056	12.0000
0.1989	-0.0382	0.1607	18.0000
0.0789	-0.0061	0.0728	32.0000
0.1711	-0.0317	0.1394	23.0000
0.0926	0.0266	0.1192	25.0000
0.0900	-0.0000	0.0899	28.0000
0.1692	-0.0082	0.1610	17.0000
0.2441	-0.0318	0.2124	11.0000
0.1507	-0.0108	0.1399	22.0000
0.2316	0.0012	0.2328	9.0000
0.1294	-0.0211	0.1083	27.0000
0.4716	0.0328	0.5045	3.0000
0.2737	0.0834	0.3570	5.0000
0.0754	-0.0013	0.0741	31.0000
0.0448	0.0349	0.0797	30.0000
0.4759	-0.2028	0.2731	6.0000
0.2907	-0.0883	0.2024	13.0000
0.0944	-0.0118	0.0826	29.0000
0.1546	0.0035	0.1581	19.0000
0.1718	-0.0092	0.1626	15.0000
0.0865	0.0230	0.1095	26.0000
0.0349	0.0216	0.0566	35.0000
0.0343	0.0228	0.0572	34.0000
0.0889	0.0422	0.1310	24.0000

2. 直接调用 MATLAB 中的程序实现主成分分析

$$[\text{pc},\text{score},\text{variance},\text{t2}]=\text{princomp}(X)$$

式中，X 为输入数据矩阵：

$$X = \begin{bmatrix} x_{11} & x_{12} & \cdots & x_{1m} \\ x_{21} & x_{22} & \cdots & x_{2m} \\ \vdots & \vdots & & \vdots \\ x_{n1} & x_{n2} & \cdots & x_{nm} \end{bmatrix} \quad （一般要求 n>m）$$

输出变量：

（1）pc 是主分量 f_i 的系数，也叫因子系数，注意：$pc^{\mathrm{T}}pc$=单位阵。

（2）score 是主分量 f_i 的得分值；得分矩阵与数据矩阵 X 的阶数是一致的。

（3）variance 是 score 对应列的方差向量，即 A 的特征值；容易计算方差所占的百分比：

$$\text{percent-v}=100*\text{variance}/\text{sum}(\text{variance})$$

（4）t_2 表示检验的 t_2-统计量（方差分析要用）。

计算过程中应用到计算模型：

$$\begin{bmatrix} f_1 \\ f_2 \\ \vdots \\ f_p \end{bmatrix} = A^{\mathrm{T}} \begin{bmatrix} x_1 \\ x_2 \\ \vdots \\ x_m \end{bmatrix} + \xi \quad （要求 p<m）$$

例 5.14　表 5-25 为某地区农业生态经济系统各区域单元相关指标数据，运用主成分分析方法可以用更少的指标信息较为精确地描述该地区农业生态经济的发展状况。

表 5-25　某农业生态经济系统各区域单元的有关数据

样本序号	人口密度 x_1/(人/km²)	人均耕地面积 x_2/hm²	森林覆盖率 x_3/%	农民人均纯收入 x_4/(元/人)	人均粮食产量 x_5/(kg/人)	经济作物占农作物播面比率 x_6/%	耕地占土地面积比率 x_7/%	果园与林地面积之比 x_8/%	灌溉田占耕地面积比率 x_9/%
1	363.912	0.352	16.101	192.11	295.34	26.724	18.492	2.231	26.262
2	141.503	1.684	24.301	1 752.35	452.26	32.314	14.464	1.455	27.066
3	100.695	1.067	65.601	1 181.54	270.12	18.266	0.162	7.474	12.489
4	143.739	1.336	33.205	1 436.12	354.26	17.486	11.805	1.892	17.534
5	131.412	1.623	16.607	1 405.09	586.59	40.683	14.401	0.303	22.932
6	68.337	2.032	76.204	1 540.29	216.39	8.128	4.065	0.011	4.861

续表

样本序号	人口密度 x_1/(人/km²)	人均耕地面积 x_2/hm²	森林覆盖率 x_3/%	农民人均纯收入 x_4/(元/人)	人均粮食产量 x_5/(kg/人)	经济作物占农作物播面比率 x_6/%	耕地占土地面积比率 x_7/%	果园与林地面积之比 x_8/%	灌溉田占耕地面积比率 x_9/%
7	95.416	0.801	71.106	926.35	291.52	8.135	4.063	0.012	4.862
8	62.901	1.652	73.307	1 501.24	225.25	18.352	2.645	0.034	3.201
9	86.624	0.841	68.904	897.36	196.37	16.861	5.176	0.055	6.167
10	91.394	0.812	66.502	911.24	226.51	18.279	5.643	0.076	4.477
11	76.912	0.858	50.302	103.52	217.09	19.793	4.881	0.001	6.165
12	51.274	1.041	64.609	968.33	181.38	4.005	4.066	0.015	5.402
13	68.831	0.836	62.804	957.14	194.04	9.110	4.484	0.002	5.790
14	77.301	0.623	60.102	824.37	188.09	19.409	5.721	5.055	8.413
15	76.948	1.022	68.001	1 255.42	211.55	11.102	3.133	0.010	3.425
16	99.265	0.654	60.702	1 251.03	220.91	4.383	4.615	0.011	5.593
17	118.505	0.661	63.304	1 246.47	242.16	10.706	6.053	0.154	8.701
18	141.473	0.737	54.206	814.21	193.46	11.419	6.442	0.012	12.945
19	137.761	0.598	55.901	1 124.05	228.44	9.521	7.881	0.069	12.654
20	117.612	1.245	54.503	805.67	175.23	18.106	5.789	0.048	8.461
21	122.781	0.731	49.102	1 313.11	236.29	26.724	7.162	0.092	10.078

对于上述例子,MATLAB 进行主成分分析,可以得到如下结果。

(1)每一个主成分的贡献率和累计贡献率,如表 5-26 所示。

表 5-26 特征根及主成分贡献率

主成分	特征根	贡献率/%	累计贡献率/%
1	4.661	51.791	51.791
2	2.089	23.216	75.007
3	1.043	11.589	86.596
4	0.507	5.638	92.234
5	0.315	3.502	95.736
6	0.193	2.140	97.876
7	0.114	1.271	99.147
8	4.533×10^{-2}	0.504	99.650
9	3.147×10^{-2}	0.350	100.000

(2) 前 3 个主成分的载荷系数如表 5-27 所示。

表 5-27 前三个主成分在原变量上的载荷

	1	2	3
x_1	0.158	−0.255	−0.059
x_2	0.026	0.424	−0.027
x_3	−0.207	0.046	0.091
x_4	0.009	0.415	0.036
x_5	0.174	0.212	−0.011
x_6	0.176	0.086	0.120
x_7	0.200	−0.064	−0.241
x_8	0.042	−0.048	0.930
x_9	0.207	−0.012	0.088

第6章 论文写作及真题解析

数学建模竞赛论文是小组成员在建模比赛中最后形成的书面成果，是提交给专家评阅的唯一材料，是评定参赛队成绩好坏、获奖级别的依据。因此，写好一篇严谨、缜密的论文至关重要。

6.1 数学建模论文写作

论文评阅原则包括：假设的合理性、建模的创造性、结果的合理性和表述的清晰程度。因此，论文写作时就需针对性地把握三点：模型的正确性、合理性和创新性。一篇完整的数学建模论文包括的基本内容：承诺书、编号专用页、论文标题、摘要、关键词问题重述、问题分析、模型假设、符号说明及名词定义、模型建立、模型求解、模型检验、模型评价、模型推广、参考文献、附录。本小节选取部分关键内容作简要介绍。

1. 摘要及关键词

重点指出论文的研究目的、建立模型的思路、模型的求解思路、使用的方法和程序、模型的优点以及模型的可能改进等。

2. 问题重述

结合时代、社会、民生等，简单介绍问题背景和需要解决的具体问题。

3. 问题分析

重点说明要解决什么问题，需要建立什么样的模型，会使用什么方法来求解。

4. 模型假设

分析实际问题，从大量的变量中筛选出最能表现问题本质的变量，并简化它们的关系。通过假设将一些问题理想化、简单化。需要注意的是，论文中的假设要有其合理性，同时要以严格、确切的数学语言来表达，使读者不致产生任何曲解。

5. 符号说明及名词定义

主要包括建立方程符号及编程中用到的符号等。

6. 模型建立

该部分是正文的关键内容，通过问题分析、公式推导等，得到相应的数学模型。针对每一个问题，其基本模型都要有数学公式、方案等，简化模型都要明确说明简化思想、依据。需要注意的是，数学建模要解决的是实际问题，因此，不可一味追求数学上的高深莫测。相反，模型要实用，尽可能易懂，以有效解决问题为原则。

7. 模型求解

在分别对模型进行求解时，要说明计算方法或算法的原理、思想、依据、步骤，若采用现有软件，则要说明采用此软件的理由、软件名称。求解的结果表示要集中、一目了然，以便用于比较分析。

8. 模型检验

该部分要求针对模型进行检验，必要时进行模型修正。

9. 模型评价

评价模型的优点，同时指出模型的缺点及改进方法。把握的原则是"突出优点，不回避缺点"。

10. 模型推广

结合社会实际问题简单探讨模型的应用性问题。

11. 论文附录

附录主要包含：计算程序、次要而繁杂的数据(不包括题目数据)、烦琐的数值结果、图表等。

6.2　数学建模真题解析

本书选取云南大学滇池学院荣获 2018 年高教社杯全国大学生数学建模竞赛国家二等奖的两篇论文和 2019 年国家一等奖的一篇论文，以对论文撰写要求作进一步分析说明。具体真题及范文请扫二维码。

2018 年 A 题　　　　**2018 年 B 题**　　　　**2019 年 C 题**

参 考 文 献

姜启源，谢金星，叶俊. 2018. 数学模型[M]. 5 版. 北京：高等教育出版社.

谢金星，薛毅. 2005. 优化建模与 LINDO/LINGO 软件[M]. 北京：清华大学出版社.

卓金武，魏永生，李必文. 2011. MATLAB 在数学建模中的应用[M]. 北京：北京航空航天大学出版社.

宗容，施继红，尉洪，等. 2009. 数学建模与数学实验[M]. 昆明：云南大学出版社.

S keel R D，Berzins M. 1990. A method for the spatial discretization of parabolic equations in one space variable[J]. SIAM J. Sci. Stat. Comput.，11（1）：1-32.